《大数据的 Python 基础》

编 委 会 名 单

编　著　林　勇

参　编　杨　帆　汪　保　滕　宇　盛晓春

尹　志　陆星家　尹天鹤　杨　芳

陈志荣　王书琦　宋加涛　胡大威

前　言

Python 是一门拥有简洁语法和高效信息处理能力的解释型高级编程语言，采取免费、开源的方式进行维护和管理，除拥有大量功能强大的内置对象、标准库、扩展库之外，还允许各行各业的科技人员结合本领域的需要进行专门的设计和扩充，从而极大地提高了 Python 语言本身的活力和适用范围。对于大数据系统这样涵盖内容丰富、数据容量巨大又需要广泛算法支撑的业务和应用系统，Python 语言的使用具有得天独厚的优势，可以方便地进行编程并使用其各类相关的功能模块，提高数据分析处理的能力。

Python 语言的设置充分融入了现代高级编程语言的精髓，可以通过简单的语句实现以往需要编写大量代码才能够实现的功能。对于常用的数据结构、函数、字符串和正则表达式、面向对象方法、文件操作以及异常处理等基础性程序设计方法和用法均支持。本书侧重于从基础性原理和方法出发，循序渐进、由浅入深地引导学习者进行 Python 语言知识与编程方法的学习，并在学习基本编程方法的基础之上，进一步学习类的成员访问方法、迭代器和生成器等知识，进而学习 GUI 编程方法、科学计算与可视化方法、并发编程的相关知识与原理、数据库编程、网络程序设计以及大数据处理方法。

· 本书的内容组织

本书共 15 章，分基础篇和进阶篇两个部分。第 1～8 章为基础篇，主要内容包括 Python 语言概述，程序设计基础，序列结构，函数，字符串与正则表达式，面向对象程序设计，文件操作，异常处理与程序调试；第 9～15 章为进阶篇，主要内容包括成员访问、迭代器与生成器，GUI 编程，科学计算与可视化，并发编程，数据库编程，网络程序设计，大数据处理。

本书主要有以下几个特点：

(1) 涵盖 Python 程序设计的基本原理、基础知识并提供丰富的程序设计案例，信息量大、知识点紧凑、实用性强。

(2) 围绕大数据的时代特征，紧扣 Python 编程理论和技术发展趋势，对知识脉络的设计符合国际国内对高质量 Python 程序设计人员的需要。

(3) 注重对核心技术及基础性原理与方法的讲解，让学习者能够举一反三，深入了解现代程序设计的精髓与先进理念，更有利于对实际问题的领会和解决。

(4) 本书给出了丰富的案例和练习实例，有利于学习者对知识的理解和深入领会，能够辅助学习者掌握关键知识点。

· 本书的读者对象

本书适用于相关专业的本科生或研究生，供各类大专院校和职业技术学院作为教材或教学参考书使用，也可作为相关培训课程的教学资料；本书也可供相关软件开发及科技人员作为辅助学习资料与工作参考材料使用，对有兴趣学习 Python 编程技术的人员或各类相关程序设计竞赛参赛人员也具有一定的参考价值。

采用本书作为教材时，学时安排参考如下：

(1) 本书作为计算机、数据工程、信息技术、电子、自动化、人工智能、大数据等相关专业本科或研究生的程序设计教材时，建议采用 64 或 72 学时，讲授本书的全部章节，也可结合专业特点及学时安排，选取第 1～9 章作为必讲章节，第 10～15 章作为选讲章节。

(2) 本书作为会计、经济、金融、管理、统计以及其他非工科专业的研究生或本科生教材时，建议采用 64 学时，选取第 1～9 章作为必讲章节，第 10～15 章作为选讲章节。

(3) 作为非计算机相关专业的本科生公共基础课程序设计教材时，建议采用 48 或 64 学时，选取第 1～8 章作为必讲章节，第 9～15 章作为选讲章节。

(4) 作为专科院校或职业技术学院程序设计教材时，建议采用 64 或 96 学时，可结合专业特点及学时安排讲授本书的全部章节，或选取第 1～8 章作为必讲章节，第 9～15 章作为选讲章节。

(5) 作为 Python 培训用书时，建议培训时间为 7～12 天，可结合培训学时安排讲授本书的全部章节，或选取第 1～8 章作为必讲章节，第 9～15 章作为选讲章节。

· 本书的配套资源

本书配备多媒体教学资料，相关例题和一些必要资料可以直接通过书中二维码扫码查询。为方便教学，本书提供全套教学课件、全书例题的源代码、参考教学大纲、学时分配表以及试题样卷等资料，可向西安电子科技大学出版社索取，或在其官网(http://www.xduph.com)自行查询。本书也开放了课后习题的参考答案，有需要的老师请直接联系西安电子科技大学出版社获取。

本书被认定为高等学校新工科应用型人才培养“十三五”规划教材和浙江省普通高等学校新形态教材，出版过程中得到了宁波工程学院、浙江大学等院校师生和西安电子科技大学出版社、浙江大学出版社的鼎力支持和帮助，在此表示衷心的感谢。由于编者水平有限，书中难免有错漏之处，恳请广大读者不吝指出并提出宝贵意见，我们将在今后再版时修订完善。

编　者

2020 年 1 月 10 日

目　录

第一部分　基　础　篇

第二部分 进 阶 篇

第一部分　基础篇

- Python 语言概述
- 程序设计基础
- 序列结构
- 函数
- 字符串与正则表达式
- 面向对象程序设计
- 文件操作
- 异常处理与程序调试

第 1 章 Python 语言概述

21 世纪是数据信息时代，移动互联、社交网络、电子商务大大拓展了互联网的疆界和应用领域，随之而来的是各种数据及数据量的急剧膨胀，于是人们引入大数据(Big Data)一词来描述和定义信息爆炸所产生的海量数据。随着人工智能、大数据技术的发展，Python 逐步成为 C、C++、Java 之外最受欢迎的编程语言，其简单、易用和功能强大等特点，使其成为适用于数据科学和大数据技术的专业化编程工具。本章将对大数据的特点和 Python 语言的发展以及基本使用进行广泛深入的探讨。

1.1 大数据的时代特征

随着时间的推移，人们越来越多地意识到数据的重要性。大数据时代对人类的数据驾驭能力提出了新的挑战，也为人们获得更为深刻、全面的洞察能力提供了前所未有的空间与潜力。哈佛大学社会学教授加里·金说：“这是一场革命，庞大的数据资源使得各个领域开始了量化的过程，无论学术界、商界还是政府，所有领域都将展开这种过程。”进一步来说，大数据是指那些超过传统数据库系统处理能力的数据。它的数据规模很大，对传输速度要求很高，其结构已大不同于原本的数据库系统。为了获取大数据中的价值，我们必须选择另一种方式来处理它。数据中隐藏着有价值的模式和信息，在以往，需要大量的计算时间和运算成本才能提取这些信息，而当今不断更新的计算机软硬件以及云计算等资源使得大数据的处理更为方便和廉价，这样，企业和普通民众都能够享有大数据时代所带来的诸多便利。

以电子商务为例，零售业中通过对门店销售、地理和社会信息的分析能提升对客户信息和客户数量的把握程度，进而根据用户的情况实行有原则和有目的的合理化商业布局。在社交网络领域，Facebook 通过结合大量用户信息，定制出高度个性化的用户体验，并创造出新型的广告模式。这种通过大数据创造出新产品和服务的商业行为并非巧合，谷歌、雅虎、亚马逊、Facebook 以及国内的阿里巴巴、百度、淘宝、京东、QQ、微信等平台都是大数据时代的创新者。

大数据的特征可以归结为以下四点：

(1) 海量性(Volume)：企业面临着数据量的大规模增长。例如，IDC 最近的报告预测称，到 2020 年，全球数据量将扩大 50 倍。目前，大数据的规模尚是一个不断变化的指标，单一数据集的规模范围从几十太字节(TB)到数拍字节(PB)不等。而随着互联网以及移动电子商务、人工智能等技术的不断实用化，各种意想不到的来源都能产生数据。

(2) 多样性(Variety)：由于各类系统会产生海量业务数据，而网络日志、社交媒体、互联网搜索、手机通话记录及传感器网络等各类数据源也会产生品种繁多的数据。此外，大量图片、声音和视频文件的传播，也是造成网络数据多样性的因素之一。

(3) 高速性(Velocity)：高速描述的是数据被创建以及被传播的速度。随着芯片等技术的不断优化，电脑和手机的处理能力不断提高，展望即将到来的量子计算和第五代移动通信网络(5G)等技术，可以预期今后的网络和设备将以更高的频率创建新型数据，同时以更快的速度传播这些数据，满足人类日益提高的数据需求。

(4) 价值易变性(Value)：大数据具有多层结构，这意味着大数据会呈现出多变的形式和类型。相较传统的业务数据，大数据存在数据类型不规则、数据定义不统一等特点，造成很难甚至无法使用传统的应用软件进行分析。因此，企业面临的挑战是处理并从各种形式呈现的复杂数据中挖掘出有价值的信息。

大数据的这四个特点因其英文首字母都为 V 又简称为大数据的 4V 特征。这些特征给计算机软件和编程技术的发展带来了新的挑战，必须不断寻求更加高效、便捷的编程处理手段，才能够有效地适应大数据时代的技术挑战。在这一背景下，Python 语言作为新生代的编程工具得到了前所未有的爆发。简洁、开源是这款工具吸引众多程序设计人员的原因，这使得 Python 编程成为数据分析和挖掘的一种便利工具，不仅在教育、科研等领域中迅速得以推广，也在广大行业应用领域得以实际应用，解决众多国家和社会的实际问题。

1.2 Python 语言的发展

Python 是一门优雅而健壮的编程语言，它继承了传统编译语言的强大性和通用性，同时也借鉴了简单脚本语言和解释语言的易用性。简单性为大量代码的编写和阅读提供了便利，而代码的简单又并不失通用性与强大性等特征，使得原来利用 C、C++、Java 等编程语言需要编写几十甚至上百行代码的程序，在 Python 中可能仅仅利用几行程序就能实现相同的功能。这些特点为大数据的便捷分析和处理提供了可能。

1.2.1 版本更迭

荷兰的吉多・范罗苏姆(Guido van Rossum)于 1989 年底为了能够访问分布式操作系统的系统调用，创建了一种通用的程序设计语言，这就是 Python 的雏形。现如今，应用开发工程师、运维工程师、数据科学家都喜欢 Python，使得 Python 成为大数据系统的全栈式开发语言。Python 不像 C 或 C++一样需要做很多的底层工作，它可以快速进行模型验证，且语法简洁、表达能力强，可以通过较少的代码实现 C 语言、Java 语言等需要大量程序代码才能够实现的功能。与 Matlab、R 语言等科学计算领域的编程语言相比，Python 不但能够实现等价的科学计算能力，还能够方便地植入到行业应用之中直接用于解决实际问题。

当前的 Python 已经进入了第三次版本的更迭，即 Python 3。Python 3 于 2008 年年末发布，解决和修正了以前语言版本的内在设计缺陷。Python 3 开发的重点是清理代码库并删除冗余，清晰地表明只能用一种方式来执行给定的任务。

在 Python 3 发布之后又出现了 Python 2.7 版本，其目的在于通过提供兼容性的措施，使 Python 2.x 的用户更容易将功能移植到 Python 3 上。虽然 Python 2.7 和 Python 3 有许多类似的功能，但它们不应该被认为是完全可互换的。在代码语法和处理方面 Python 2 和

Python 3 将会有较大的差异，主要包括以下两个方面。

1．print 语句

在 Python 2 中，print 被视为一个语句而不是一个函数，这是一个典型的容易混淆的地方，因为在 Python 中的许多操作都需要括号内的参数来执行。如果在 Python 2 中要在控制台输出“hello world”，则输入以下 print 语句：

```
print " hello world "
```

在使用 Python 3 时，print()会被显式地视为一个函数，因此要输出上面相同的字符串，需要使用以下的函数调用语法：

```
print("hello world ")
```

这种改变使得 Python 语法更加一致，并且在不同 print 函数之间进行切换更加容易。

2．整数的除法

当进行数值计算时，我们往往希望计算机能够得到像数学方式计算出的答案，比如：

```
5 / 2 = 2.5
```

然而在 Python 2 中，整数是强类型的，不会被看成是带小数点的类型(称为浮点数)。因此 Python 2 的程序并不能够得到以上结果。当除法符号/的任一侧的两个数字是整数时，Python 2 进行底除法，使得对于商 x，返回的数字是小于或等于 x 的最大整数，在这种情形下，我们输入以下程序语句：

```
a = 5 / 2
print a
```

根据以上原则，其输出结果为：

```
2
```

为解决这个问题，可以添加小数位，以得到预期的答案 2.5，比如：

```
a = 5.0 / 2.0
print a
```

此时的输出结果为：

```
2.5
```

在 Python 3 中，整数除法变得更直观，如

```
a = 5 / 2
print(a)
```

此时的输出为：

```
2.5
```

在 Python 3 中的这种调整使得整数除法能够更为直观地符合使用者的预期。从长远的情况看，Python 3 代表了今后 Python 的发展方向，因此在本书后续章节中，如无特殊说明，将以 Python 3 编程规范为主进行介绍。一般情况下，在 Python 2.7 中可以直接运行或者进行少量调整后直接支持利用 Python 3 规范所编写的程序。

1.2.2 软件实现

Python 作为一门解释型的编程语言，程序源码不需要编译，而是由 Python 解释器将源

代码转换为字节码，再由 Python 解释器来执行这些字节码。

符合 Python 语言规范的解释程序以及标准库有多种软件实现，不同实现方法之间有一定差别。下面分别列出几个主要的实现。

(1) CPython：是 Python 的官方版本，使用 C 语言实现，使用最为广泛，新的语言特性一般也最先出现在这里。CPython 实现会将源文件(py 文件)转换成字节码文件(pyc 文件)，然后运行在 Python 虚拟机上。

(2) Jython：是 Python 的 Java 实现，相比于 CPython，它与 Java 语言之间的互操作性要远远高于 CPython 和 C 语言之间的互操作性。在 Python 中可以直接使用 Java 代码库，这使得使用 Python 可以方便地为 Java 程序写测试代码。Jython 会将 Python 代码动态编译成 Java 字节码，然后在 JVM 上运行转换后的程序，这意味着此时 Python 程序与 Java 程序没有区别，只是源代码不一样。

(3) Python for.NET：实质上是 CPython 实现的.NET 托管版本，它与.NET 库和程序代码有很好的互操作性。

(4) IronPython：是一种在.NET 及 Mono 上的 Python 实现，基于微软的 DLR 引擎。IronPython 并未实现 Python 通用类库，仅实现了部分核心类。

(5) PyPy：是 Python 的 Python 实现版本。PyPy 运行在 CPython(或者其他实现)之上，用户程序运行在 PyPy 之上。它的一个目标是成为 Python 语言自身的试验场，因为可以很容易地修改 PyPy 解释器的实现(因为它是使用 Python 编写的)。

(6) Stackless：CPython 的一个局限就是每个 Python 函数调用都会产生一个 C 函数调用。这意味着同时产生的函数调用是有限制的，因此 Python 难以实现用户级的线程库和复杂递归应用。一旦超越这个限制，程序就会崩溃。Stackless 的 Python 实现突破了这个限制，一个 C 栈帧可以拥有任意数量的 Python 栈帧。这样就能够拥有几乎无穷的函数调用，并能支持巨大数量的线程。Stackless 的问题是它要对现有的 CPython 解释器做重大修改，因而它属于一个独立的分支。

1.3　Python 开发环境配置

进行 Python 程序设计之前，首先应搭建其开发环境，并建立起程序的运行平台。有两种 Python 的安装方式，一种是采用 Python 官方文件安装 Python 软件，另一种是利用 Anaconda 包管理器安装和管理 Python 软件，以下分别进行介绍。

1.3.1　Python 的安装和运行

直接安装 Python 软件具有很大的灵活性，可以根据需要自行选择和配置 Python 安装与运行环境，需要使用扩展模块时可以自行运用 pip 包管理工具随时安装或卸载，属于标准的 Python 包管理方式，适用于初学者和高级开发人员。

进入 Python 官网 https://www.python.org/，下载合适的 Python 安装包，以下选择的是 Python 3.6.5，一般直接选择最新版本即可。完成安装包的下载后，双击下载的 exe 文件进行安装。

运行安装包后进入图 1-1 所示的安装界面，可以直接选择 Install Now 进行安装，也可以选择定制化安装 Customize installation。一般情况下，对于开发和学习用户来说，在可选特征中可以选择全部特征，方便今后的使用。安装界面中的 Add Python 3.6 to PATH 选项是将 Python 的软件目录添加到系统的可执行文件目录变量 Path 中，方便直接在命令行启动 Python，在此可以选择，也可以安装完成后手工将 Python 的安装路径直接添加到系统 Path 变量的路径之中。安装完成后，可以在操作系统的启动菜单中找到 Python 的快捷方式，如图 1-2 所示。

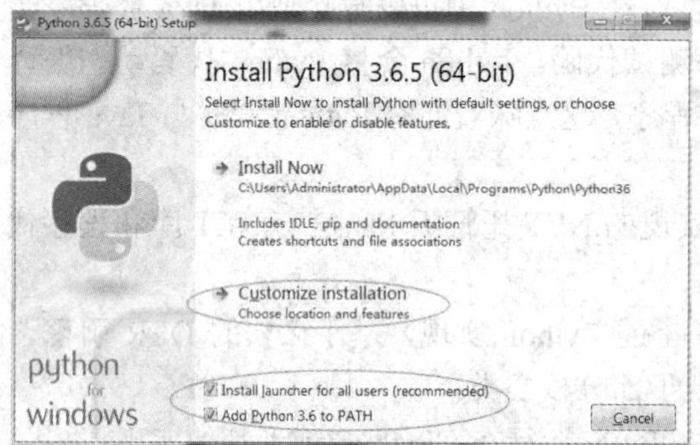

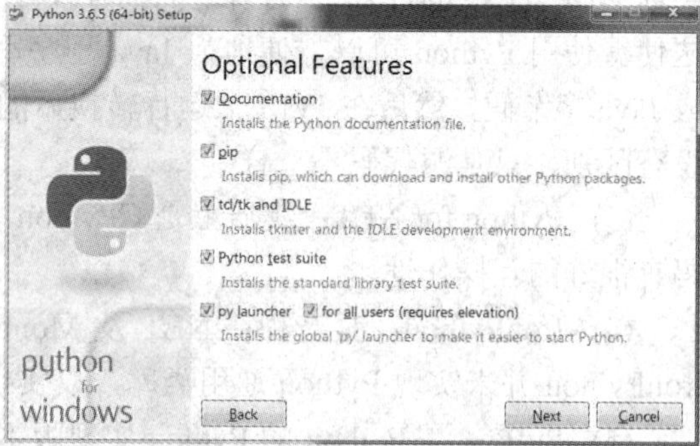

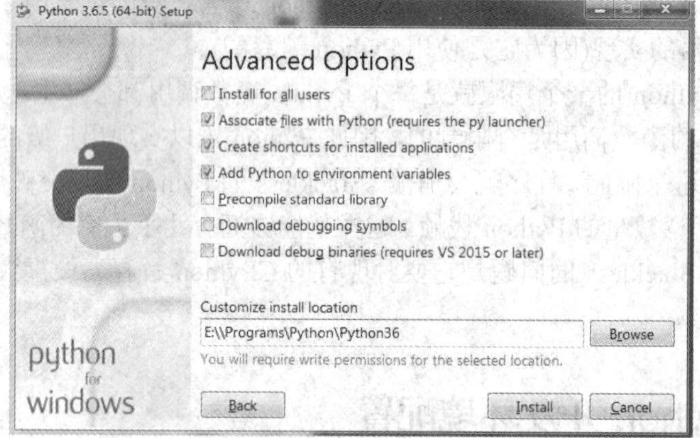

图 1-1　Python 软件安装

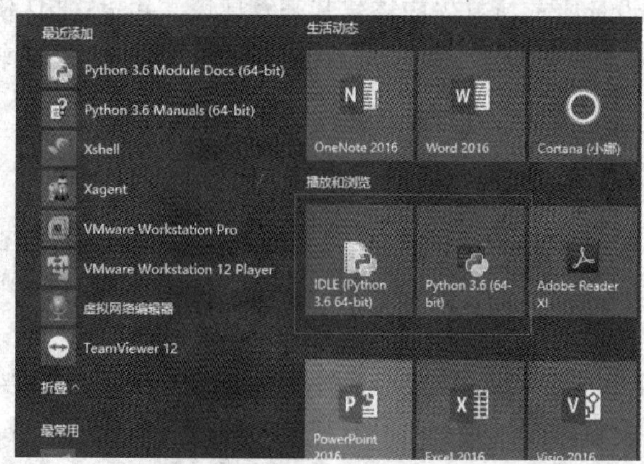

图 1-2　Python 的快捷启动方式及其终端窗口

点击 IDLE (Python 3.6 64 bit)或者 Python 3.6(64 bit)，即可通过 Python 自带的集成开发工具 IDLE 和终端窗口开始使用 Python。如果安装过程中选择了将 Python 的安装路径添加到系统环境变量的可执行路径 Path 中，也可以在安装完成后使用 Win+R 组合键，输入 cmd 打开命令提示符窗口，再输入 python 进入交互式终端。在系统的 Path 环境变量中添加 Python 一般只需要添加两个路径，如 Python 的安装路径为 C:\Program Files\Python36，则只需在 Path 环境变量中添加 C:\Program Files\Python36 和 C:\Program Files\Python36\Scripts 两个路径。

进入 Python 终端后即可看到“>>>”的交互式提示符，此时即可以程序语句的形式与系统进行交互。如图 1-3 所示，输入 print("hello world")，能够看到系统显示“hello world”。

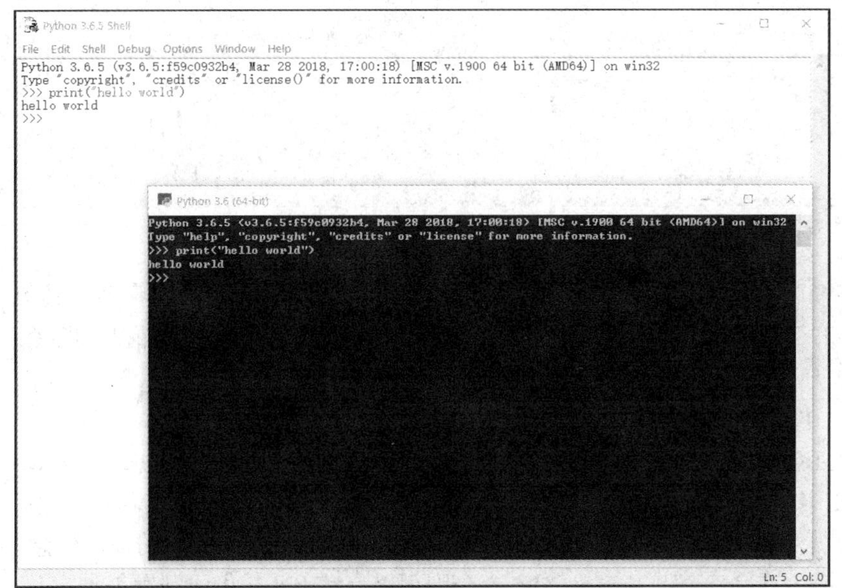

图 1-3　Python 的快捷启动方式及其终端窗口

使用 Python 内置的交互式解释器，可以配合文本编辑软件(如 Windows 记事本 Notepad.exe)进行程序的编写。也可以直接使用一些集成开发环境，如 Eclipse+Pydev 插件，这样就能够直接实现 Python 的集成化开发与运行环境。

本书的讲解以这种标准的 Python 安装、配置和运行方式为基础，利用 pip 包管理器安装或卸载 Python 的扩展模块，利用 IDLE 结合 DOS 命令行窗口进行程序运行或调试。

1.3.2　Anaconda 包管理器的使用

另一种 Python 软件的安装方式是采用 Anaconda 集成包管理器。Anaconda 的优点是已经内置了 Jupyter notebook 交互式计算环境、Spyder 集成开发环境，以及 NumPy、Pandas、Matplotlib、SciPy 等各类主要数据分析模块。安装 Anaconda 后，很多工具和模块可以直接使用，具有一定方便性。

要安装 Anaconda 软件，可以在其网站(https://www.anaconda.com/distribution)下载最新版本的安装包，如 Python 3.7 版本的 Anaconda3(注意 Anaconda2 支持的是 Python 2 编程规范)。选择对应的操作系统版本即可安装，期间需要选择安装路径并进行系统设置(见图 1-4)。

图 1-4 右侧所示的系统设置有一项选择为是否将 Anaconda 设置到系统路径环境变量，一般 Python 应用开发人员不会选择此选项(安装程序也会提示尽量不选择此选项)，而依赖于手工配置系统路径环境变量，以便更加灵活地控制和兼容多种 Python 版本。

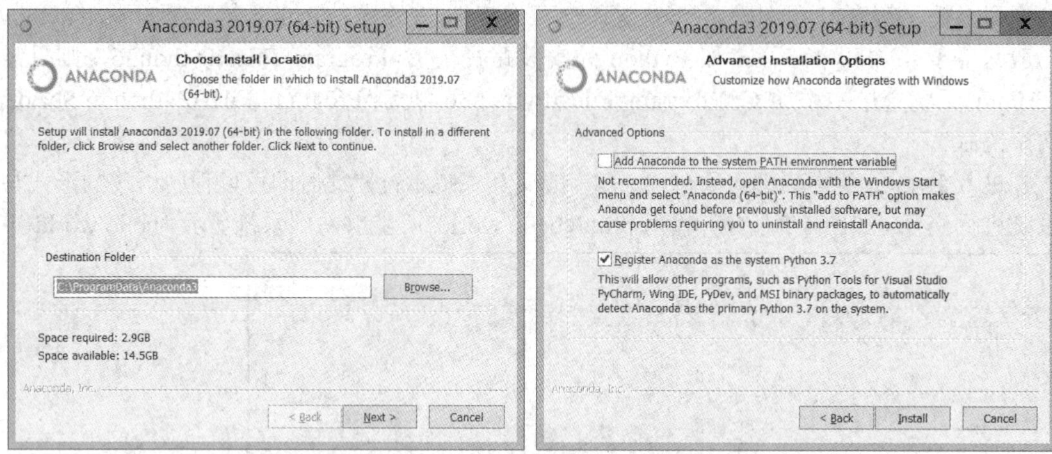

图 1-4　安装 Anaconda3 软件包

手工配置系统路径时在系统环境变量配置中添加 ANACONDA_HOME 变量名，其值设置为安装路径，如 C:\ProgramData\Anaconda3。在系统的可执行文件路径中添加以下路径：

%ANACONDA_HOME%;%ANACONDA_HOME%\Library\mingw-w64\bin;

%ANACONDA_HOME%\Library\usr\bin;%ANACONDA_HOME%\Library\bin;

%ANACONDA_HOME%\Scripts;%ANACONDA_HOME%\bin;%ANACONDA_HOME%\condabin

完成 Anaconda3 软件的安装和系统环境变量设置后，在 Anaconda3 启动菜单中找到 Anaconda Prompt，打开其命令窗口，输入 conda 命令，如果看到如图 1-5 所示的提示信息，则表示安装和设置正确。在命令窗口中输入 idle 命令则可以启动 IDLE 集成开发工具。

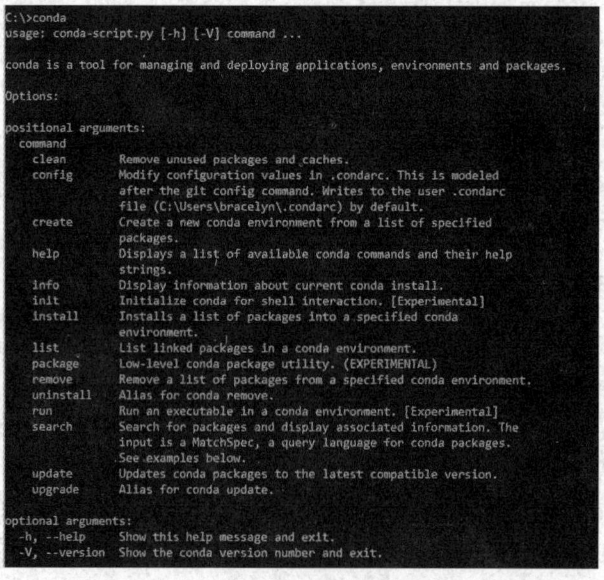

图 1-5　安装 Anaconda3 后运行 conda 命令

Anaconda3 包管理器还附带了一些额外的开发工具，包括 Spyder 和 Jupyter Notebooks，它们均可作为开发环境进行程序的编写和运行，也可以单独安装集成开发环境 PyCharm，下载地址为 https://www.jetbrains.com/pycharm/download，还可以选择其中的社区版(Community)进行下载和安装。

1.4 初识 Python 开发

要进行 Python 开发，可以先从基本的算术运算、数字类型出发，了解 Python 实现基本算数运算的相关知识和方法，进而创建变量和进行实际运算。本节还会给出一个简易的 Python 程序示例。

1.4.1 算术运算符

算术运算符负责连接用于算术运算的数值或变量，常见的如加(+)、减(–)、乘(*)、除(/)等基本运算，此外还有模运算(%)和指数运算(**)等。表 1-1 给出了不同算术运算及其结果示例。

表 1-1　算术运算

运算符	描　述	示　例
+	加法运算	2 + 3 = 5
–	减法运算	2 – 3 = –1
*	乘法运算	2 * 3 = 6
/	除法运算	3 / 2 = 1.5
%	模运算，用右操作数除左操作数并返回余数	3 % 2 = 1 2.5 % 2 = 0.5 6.3 % 2.1 = 2.0999999999999996
**	对运算符进行指数(幂)计算	2 ** 3 = 8
//	向下整除，即整除后删除小数点后的商数。如果其中一个操作数为负数，会选取小于当前结果的最大负整数	3//2 = 1 2//3 = 0 –3//2 = –2 –2//3 = –1

其中，//表示向下整除，即整除后删除小数点后的商数。如果其中一个操作数为负数，会选取小于当前结果的最大负整数，因此有–3//2 = –2。此外%作为取模运算，在其他编程语言中仅允许左右操作数为整数，而 Python 则允许浮点数也参与取模，但由于浮点数精度的影响，计算结果可能略有误差，比如 6.3 % 2.1 出现了 2.0999999999999996 的结果。

1.4.2 数字类型

数字类型(Number)是 Python 六个标准数据类型中的一个，其他还包括字符串(String)、列表(List)、元组(Tuple)、集合(Set)和字典(Dictionary)，这些将在后面的章节中逐步介绍。

数字类型是 Python 进行数值处理的数据类型。编程语言一般采用数据类型来区别变量中数据值的特点，比如在 C 语言中会区分整数为 int，而浮点数为 float，需要首先利用这些关键字对变量进行定义，才能使用该变量。而 Python 语言中采用对象处理各种数据类型，无需像其他高级语言一样声明变量的类型。

Python 3 的数字类型又包括整数(int)、浮点数(float)、布尔型(bool)和复数类型(complex)等几个子类型。

1．整数

不同于 Python 2，Python 3 中没有长整数，只有一种整数类型 int。整数类型按进制分成以下类型：

(1) 十进制数，一般性的整数默认为是十进制数。

(2) 八进制数，采用以数字 0 开头，第二个为字母 o (大写或小写均可)，后面写入实际数字的形式(数字部分只能是 0～7)。比如 0o10，表示八进制的 10，即十进制的 8。

(3) 十六进制数，采用以数字 0 开头，第二个为字母 x (大写或小写均可)，后面写入实际数字的形式(数字部分只能是 0～9 或字母 a～f，可以为大写)等。比如 0x10，表示十六进制的 10，即十进制的 16。

(4) 二进制数，采用以数字 0 开头，第二个为字母 b (大写或小写均可)，后面写入实际数字的形式(数字部分只能是 0～7)。比如 0b10，表示二进制的 10，即 10 进制的 2。

2．浮点数

浮点数(float)一般表示带有小数点的非整数数值，即数学里面常见的小数。

3．布尔型

布尔型(bool)代表了布尔真(True)和布尔假(False)两种数值，分别对应了数字的 1 和 0，因此布尔型是整数类型的子类型。

4．复数类型

复数类型(complex)则对应数学领域的复数，如 2+3j，其中实数部分为 2，虚数部分为 3。

像大多数语言一样，数值类型的赋值和计算都是很直观的。在 Python 中，可以利用内置的 type()函数来查询变量，例如：

type(10)会返回<class 'int'>，表示这是一个整数 int；

type(5.5)会返回<class 'float'>，表示这是一个浮点数 float；

type(True)会返回<class 'bool'>，表示这是一个布尔类型 bool；

type(4+3j)会返回<class 'complex'>，表示这是一个复数类型 complex。

可以利用 isinstance 函数来判断一个数值是否为某种数字类型，如以下程序所示：

```
>>> isinstance(111, int)
True
>>> isinstance(11.0, float)
True
```

在以上例子中，数值 111 是 int，通过 isinstance 判断其结果为 True，而 11.0 是 float，因此 isinstance 判断的结果也是 True。

表 1-2 给出了更多数值类型的实例，包括 int、float 和 complex 的若干例子。其中浮点数中的 e 表示以 10 为底的指数，如 32.3e2 表示 3230.0，4.53e-7j 则表示该数字没有实部只有虚部，虚部的数值相当于 4.53×10^{-7}。

表 1-2 数值类型实例

int	float	complex
10	0.0	3.14j
100	15.20	45.j
−786	−21.9	9.322e−36j
0o10	32.3e2	.876j
−0o10	−90.	−.6545+0j
−0x260	−32.54e100	3e+26j
0x69	70.2e12	4.53e−7j

Python 还支持复数，复数由实数部分和虚数部分构成，可以用 a + bj 或者 complex(a,b) 表示，复数的实部 a 和虚部 b 都是浮点型。例如：

```
>>> x=1+2j
>>> x
(1+2j)
>>> x.real
1.0
>>> x.imag
2.0
```

```
>>> x=complex(3,4)
>>> x
(3+4j)
>>> x.real
3.0
>>> x.imag
4.0
```

1.4.3 变量的创建与删除

在 Python 中变量是随着它的赋值直接创建的，只要给变量赋了值，该变量就自动成为所赋值类型的变量，无需其他额外的操作。例如：

```
>>> x1 = 1
>>> x2 = x1
>>> x3 = x1+x2
>>> x1
1
>>> x2
1
>>> x3
2
```

通过以上过程，创建了 x1、x2、x3 三个变量。而我们也可以通过 del 语句删除对象的引用，也就是删除之前所创建的对象。具体语法是：

```
del var1[,var2[,var3[....,varN]]]]
```

如上例中的 x1、x2、x3，进行以下操作：

```
>>> del x1
>>> del x2, x3
```

再次键入 x1 查看其数值时显示以下结果，从中可以看出 x1 已经是未定义的状态了。

```
>>> x1
```

Traceback (most recent call last):

  File "<pyshell#7>", line 1, in <module>

    x1

NameError: name 'x1' is not defined

1.4.4　第一个程序

以下程序示例进一步说明了数值变量的使用方法。现有函数 f(x)，具有以下关系：

$$f(x) = ax^3 + bx^2 + cx + d$$

其中 a、b、c、d 为当前输入的参数，x 是变量的值，需要计算出函数 f(x)的结果值。假定 a=1、b=1、c=2、d=1.2、x=2，易知 f(2)=17.2，下面具体看其程序实现(见图 1-6)。其中分别输入了 a、b、c、d、x 的值，给出 f 的计算公式则得到了结果 17.2。

```
Python 3.6.5 Shell
File  Edit  Shell  Debug  Options  Window  Help
Python 3.6.5 (v3.6.5:f59c0932b4, Mar 28 2018, 17:00:18) [MSC v.1900 64 bit (AMD6
4)] on win32
Type "copyright", "credits" or "license()" for more information.
>>> a=1
>>> b=1
>>> c=2
>>> d=1.2
>>> x=2
>>> f=a*x**3+b*x**2+c*x+d
>>> f
17.2
>>> print(f)
17.2
>>> isinstance(f, float)
True
>>> isinstance(f, int)
False
>>> type(f)
<class 'float'>
>>>
Ln: 6  Col: 9
```

图 1-6　程序执行过程

对于结果的输出，可以继续采用 print()函数的方式，也可以直接在 IDLE 终端中输入变量的名称，按回车键以后会自动输出其数值，与 print()得到的结果相同。

此外，Python 还有更加灵活的程序编写方式，可进一步降低编写的难度和提高程序的可读性。如 Python 可以同时为多个变量进行赋值，而无需像图 1-6 中表述的那样对单个变量分别赋值。改进后的程序如图 1-7 所示。

```
*Python 3.6.5 Shell*
File  Edit  Shell  Debug  Options  Window  Help
Python 3.6.5 (v3.6.5:f59c0932b4, Mar 28 2018, 17:00:18) [MSC v.1900 64 bit (AMD6
4)] on win32
Type "copyright", "credits" or "license()" for more information.
>>> a,b,c,d,x=1,1,2,1.2,2
>>> f=a*x**3+b*x**2+c*x+d
>>> f
17.2
>>>
Ln: 7  Col: 4
```

图 1-7　改进后的程序执行过程

综合以上所述，Python 的编程过程有以下几个特点：

(1) Python 可以同时为多个变量赋值，如 a, b = 1、2。

(2) 一个变量可以通过赋值指向不同类型的对象，例如：

```
>>> f=2
>>> print(f)
2
>>> f='hello'
>>> print(f)
'hello'
```

可以看出对于变量 f，并不是像其他高级编程语言一样，一个变量一旦定义只能归属于某种固定的数据类型，Python 采取了完全自由的方式，可以为变量赋值成任意一种数据类型。

(3) 数值的除法(/)总是返回一个浮点数，要获取整数应使用//操作符。

(4) 在混合计算时，Python 会把整型转换成为浮点数。

本章小结

本章从大数据的时代特点及其对程序设计语言的要求出发，从编程语言实现的角度引入了 Python 语言这一有力的工具。Python 语言发挥了其简单易用和功能强大等诸多优势，成为大数据时代一个起到引领作用的程序设计语言。

本章首先介绍了 Python 语言的由来与发展，进而描述了 Python 开发环境的搭建方法，并通过数字运算的介绍，呈现了 Python 编程语言的基本特征和入门知识，最后给出了一个数学计算的编程实例。

习题

一、单选题

1. Python 语言属于(　　)。

A. 机器语言　　B. 汇编语言　　C. 高级语言　　D. 以上都不是

2. 下列选项中，不属于 Python 特点的是(　　)。

A. 面向对象　　B. 可移植性

C. 免费和开源　　D. Python 支持指针数据类型

3. Python 内置的集成开发工具是(　　)。

A. PythonWin　　B. Pydev　　C. IDE　　D. IDLE

4. 开发者们选择 Python 进行大数据开发，其主要原因是(　　)。

A. Python 编写程序的方式相对简单，能够减少开发者的工作量

B. Python 能够用较少的代码编写较强功能的程序

C. 大数据要求程序设计语言运行较快，Python 程序运行速度快于其他程序设计语言

D. 由于第三方库的使用，使得 Python 具有丰富的资源，用于处理各种不同的问题

5. 下列选项中，(　　　)是最常用的 Python 版本，也称为 ClassicPython。

A. CPython　　B. Jython　　C. IronPython　　D. PyPy

二、填空题

1. Python 语言是一种解释型、面向________的计算机程序设计语言。

2. 用户编写的 Python 程序，无需修改就可以运行在任何支持 Python 的操作系统中，这是 Python 的________特性。

3. 要关闭 Python 解释器，可以使用函数________或快捷键________。

三、程序题

1. 对于以下算式，手工算出其计算结果，然后利用 Python 的交互式窗口，验证自己计算的正确性。

(1) 6/3　　(2) −12 // 11　　(3) 3.8%2　　(4) $\sqrt{3x^2+2x+1}$，x = 5

(5) 已知 a = 3 + 4j，b = 1 + 2j，求 a + b，a * b　　(6) isinstance(2/1, int)

(提示：k**0.5 可表示 $\sqrt{k}$，设两个复数 A = a + bi，B = c + di，则 A + B = a + c + (b + d)i，A * B = ac − bd + (ad + bc)i)

2. 利用文本编辑器自行编写图 1-5 中所示的程序，保存在一个 test1.py 的文件中。按照以下步骤进行操作：

(1) 打开 IDLE，在菜单中选择 File->Open 打开 test1.py 文件，此时会在新的窗口打开一个 IDLE 文本编辑器；

(2) 在文本编辑器中进行参数调整，具体为 a = 2，b = 3，c = 1，d = 4，x = 3，进行文件保存；

(3) 运行经过调整的 test1.py 文件，方法是在 IDLE 所打开的文本编辑器菜单中选择 Run->Run Module，或者直接按 F5 快捷键；

(4) 在之前打开此 IDLE 文本编辑器的 IDLE 窗口中查看执行结果(此时并不能看到正确结果输出)；

(5) 在程序末尾添加 print(f)，重新执行步骤(3)和步骤(4)，已经能够看到程序的输出结果。

第 2 章　程序设计基础

顺序、选择和循环是高级编程语言的三种基本控制结构。最基本的程序结构是顺序结构，顺序结构采取线性、有序的方式依次执行各语句，并没有特殊的流程控制。而在程序开发过程中不可避免地要涉及选择和循环及其嵌套结构，才能表达出更复杂的含义以及逻辑，这在数据工程之中也是必不可少的程序控制结构。本章首先从变量、表达式和语句等顺序结构的基本元素和基础性知识点出发，进而对选择结构和循环结构的使用方法进行详细讲解。

2.1　基本运算

Python 的基本数据类型包括整数、浮点数、复数、字符串、布尔型和空值。

2.1.1　数字计算

Python 的数字类型包括整数、浮点数和复数，在第 1 章初识 Python 开发部分已经有初步介绍。Python 支持对整数和浮点数的四则混合运算，运算规则和数学上的四则混合运算一致。从数据类型来看，加、减、乘(+ - *)运算不改变操作数的类型，而除法(/)运算则始终都会将结果处理为浮点数，除非使用向下整除运算(//)，或者利用 float()、int()作强制转换。

```
>>> float(5*2)
10.0
>>> int(5/2)
2
>>> -5//2
-3
>>> -5/2
-2.5
>>> int(-5/2)
-2
```

进一步的数学运算需要调用数学库 math，其中包含了常见的数学函数。math 数学库函数及常量如表 2-1 所示。

表 2-1　math 数学库函数及常量

函数或常量	含　义
math.pi	圆周率 π
math.e	自然常数 e
math.ceil(x)	对浮点数向上取整
math.floor(x)	对浮点数向下取整
math.fabs(x)	求 x 的绝对值

续表

函数或常量	含　义
math.pow(x,y)	计算 x 的 y 次方
math.log(x)	以 e 为基数的对数
math.log10(x)	以 10 为基数的对数
math.sqrt(x)	平方根
math.exp(x)	e 的 x 次幂
math.degrees(x)	将弧度值转换为角度值
math.radians(x)	将角度值转换为弧度值
math.sin(x)	正弦函数
math.cos(x)	余弦函数
math.tan(x)	正切函数
math.asin(x)	反正弦函数，x∈[−1.0, 1.0]
math.acos(x)	反余弦函数，x∈[−1.0, 1.0]
math.atan(x)	反正切函数

使用 math 库之前，要先通过“import math”语句导入 math 库。

```
>>> import math
>>> math.degrees(math.pi)
180.0
>>> math.log(math.e)
1.0
```

计算机中以二进制表示各种数字，其最小单位为一个二进制位(bit)。因此，适当运用位运算进行数字计算，经常会比十进制数字计算获得更高的运行效率。特别是在数字加解密等算法设计方面，位运算的操作更加普遍。位运算符参见表 2-2。

表 2-2　位　运　算

运算符	描　述	实　例
&	按位与运算	60 & 13 = 12
|	按位或运算	60 | 13 = 61
^	按位异或运算	60 ^ 13 = 49
~	按位取反运算	~60 = -61
<<	左移运算	60 << 2 = 240
>>	右移运算	60 >> 2 = 15

2.1.2　字符串规则

字符串是以单引号或双引号表示，如'hello'，"xyz"。Python3 默认所有的字符串都采用 Unicode 编码，若字符串本身需要有引号，可以使用与其不相同的另一种引号作为字符串的标识，最终形成字符串。也可以利用转义字符的方式实现对特殊字符的引用。转义字符如表 2-3 所示。

表 2-3 转义字符

字 符	描 述	字 符	描 述
\\	反斜杠符号	\v	纵向制表符
\'	单引号	\t	制表符
\"	双引号	\r	回车
\a	响铃	\f	换页
\b	退格	\ddd	八进制数
\n	换行	\xdd	十六进制数

对于多行字符串，可以使用三个单引号'''或三个双引号"""来取代原有的引号的方式加以实现。如下例所示，多行字符串会自动在每行末尾添加了'\n'作为换行符，但通过三个引号的方式可以让程序编写人员看起来更清晰。

```
>>> '''Python 是一门编程语言
Python 能做数学运算
要做好练习
'''
'Python 是一门编程语言\nPython 能做数学运算\n 要做好练习\n'
```

对于字符串的连接，可以直接采用“+”作为连接符将多个字符串拼接起来，而“*”则可实现将一个字符串复制的目的。在以下例子中，\101 为八进制数，表示十进制的 65，即 ASCII 码中的'A'。

```
>>> '\101'
'A'
>>> '\x0a'
'\n'
>>> "I've got an umbrella "+"when it rains."
"I've got an umbrella when it rains."
>>> "123"*3
'123123123'
>>> print('Darwin said: "Natural selection, \nsurvival of the fittest." is also a natural way')
Darwin said: "Natural selection,
survival of the fittest." is also a natural way
```

2.1.3 布尔运算

布尔值包括真和假(True、False)两种，对应着布尔代数。

1. 关系运算

关系运算(又称比较运算符)通过关系运算符将两个可做对比的操作数连接起来，寻找其中的关系，其结果为布尔值。关系运算符如表 2-4 所示。

表 2-4　关系运算符

运算符	示　例
==	1 == 2 为 False，'ABC' == 'ABC' 为 True
!=	2 != 3 为 True，'ABC' != 'abc' 为 False
>	10 > 2 为 True
>=	'20' > ='2C' 为 False，字符串按对应位字符的 ASCII 码大小比较
<	'20' < '19' 为 False
<=	1 <= 2 为 True

对于数值类型，关系运算符按照操作数的大小进行比较。对于字符串类型，按其中字符的 ASCII 码值大小从左至右进行比较，如果前面的字符相等，则比较下一个字符的大小，直至出现不同的字符或字符串结束。

2. 逻辑运算

逻辑运算 and、or、not 用来连接条件表达式构成更复杂的算式。逻辑与运算 and 要求所有逻辑操作数为 True 时结果为 True，若有一个为 False，则结果为 False。而逻辑或运算 or 要求有一个逻辑操作数为 True 时结果为 True，只有当所有操作数为 False 时，结果为 False。逻辑非运算 not 则为单目运算符，将 True 变为 False，False 变为 True。

当多个表达式联立的时候，对于 and 运算，若已经判别了 False，则后面的表达式不再执行，同理对于 or 运算，若已经判别了 True，则后面的表达式也不再执行。若多个关系运算符联立，相当于以数学不等式的计算，如 1<2<3，其含义是 1<2 并且 2<3。

```
>>> 1<2<3
True
>>> 1<2<2
False
>>> not 3
False
```

```
>>> not 0
True
>>> 1<2 or 3>5
True
>>> None == 0
False
```

Python 采用 None 表示空值，表示没有值，属于一个特殊的值，而 0 为一个数值，因此二者并不相等。

2.2　基本语句

要编写基本的 Python 语句，应了解程序中标识符与关键字、变量、表达式和语句的基础知识和用法，基本的输入输出语句以及赋值语句的使用方法。

2.2.1　标识符与关键字

标识符是用来表示某个实体的符号，在程序设计中常用于表达用户定义的名字，如常量、变量、函数等。标识符由字母、下划线和数字组成，且不能以数字开头。一些特殊的名称，如 if、for 等，作为 Python 语言的关键字，不能作为标识符。

以下为正确的标识符：

a_int

b52

strl_strname

funcl

以下为不正确的标识符：

99var

It's0K

For

X.Y

Python 标识符区分大小写。例如，ABC 和 abc 视为不同的名称。

关键字是系统预定义保留标识符，在 Python 语言中已经赋予了特殊的含义，因而不能用作标识符，否则容易产生编译错误。Python 关键字如表 2-5 所示。

表 2-5　Python 的关键字

False	class	finally	is	return
None	continue	for	lambds	try
True	def	form	nonlocal	while
and	del	global	not	with
as	elif	if	or	yield
assert	else	import	pass	
break	except	in	raise	

以双下划线开始和结束的名称通常具有特殊的含义，在普通标识符中应避免使用这种表达方法。例如，_init_为类的构造函数。Python 语言包含许多预定义内量置类、异常、函数等，如 float、ArithmeticError、print 等。用户应该避免使用 Python 预定义标识符名作为自定义标识符名。如查看所有内置的异常名、函数名等，可使用 Python 的内置函数：

```
>>> dir(_builtins_)
```

2.2.2 变量

1. 变量的含义

数据需要首先加载到内存才能被程序处理，变量就是程序为方便地引用内存中的值而设置的一种让使用者容易识别的名称。Python 将所有的数据都视为对象，这些数据对象具有各自的数据类型，而变量是属于指向对象的引用，因而变量不需要显式地声明其数据类型。事实上，Python 变量的数据类型只是表明其引用的数据对象的类型，而变量只是起到了一定标识的作用的名称，本身并没有类型，这点与其他编程语言有一定区别。

id()是 Python 的内置函数，用于显示对象的地址。例如：

```
>>> id(5)
1694198928
>>> a = 5
```

```
>>> id(a)
1694198928
>>> a = 'hello'
>>> id('hello')
1745026218056
>>> id(a)
1745026218056
```

以上程序代码所示，数字 5 的内存地址是 1694198928，如果设定变量 a 为 5，则 a 引用的地址与数字 5 的内存地址相同。而将字符串'hello'赋值给 a 后，可以看到，a 的内存地址与'hello'的内存地址相同。整个过程中，变量 a 仅起到引用数据对象地址的作用，并没有自身特殊的内存地址。

2. 常量的表示

常量是内存中用于保存固定值的单元，在程序中常量的值不能发生改变，Python 中的常数类型包括数字、字符串、布尔值和空值。

与其他编程语言不同的是，Python 并没有为常量定义一种固定的标识符，只能用变量来表示常量，通常的做法是采用大写字母来表示在程序里的常量。例如：

```
>>> PI =3.141592653
>>> PI
3.141592653
>>> PI = 3
>>> PI
3
```

可以看出，PI 是人为指定的一种作为常量使用的变量，其本质还是个变量，能够被重新赋值。

2.2.3 表达式和语句

表达式是可以计算的代码片段，由操作数和运算符构成。表达式通过运算后产生运算结果，运算结果的类型由操作数和运算符共同决定。运算符指示对操作数适用什么样的运算。操作数包括常量、变量、类的成员变量/函数(如 math. pi; math. sin(x))等，也可以包含子表达式，如 2**10。表达式既可以非常简单，也可以非常复杂。当表达式包含多个运算符时，运算符的优先级控制各运算符的计算顺序。

语句是 Python 程序的过程构造块，用于定义函数、定义类、创建对象、变量赋值、调用函数、控制分支、创建循环等。Python 语句的书写规则如下：

(1) 语句需要从第一列开始，前面不能有任何空格，否则会产生语法错误。

(2) 程序的注释可以出现在任何位置，以符号“#”开始，到行末结束。Python 解释器将忽略所有的注释语句，注释语句不会影响程序的执行结果。

(3) 语句不需要分号(;)作为结束符，一般一行一条语句。

(4) 若同一行内放置多个语句，可以在语句中间采用分号(;)进行分隔。

(5) 简单语句包括：表达式语句、赋值语句、assert 语句、pass 空语句、del 语句、retum 语句、yield 语句、raise 语句、break 语句、continue 语句、import 语句、global 语句、nonlocal 语句等。

(6) 复合语句包括：if 语句、while 语句、for 语句、try 语句、with 语句、函数定义、类定义等。

(7) 如果语句太长，可以使用续行符(\)，但三引号定义的字符串("""…""")、元组((...)) 列表([...])、字典({...})，可以放在多行，无需使用续行符(\)。

(8) 程序有时需要一个空语句来占位，而不是一个空行，空语句用 pass 语句表达。

```
>>> #注释可以在任意位置，以#开始，到行末结束
>>> aString="张三"; print(aString)        #同一行内多个语句
张三
>>> print("如果语句太长，可以使用续行符(\),\
续行内容。")                              #续行符(\)引导的多行语句注释要放在末尾
>>> pass   #空语句
>>> 1+2*3 #乘法优先级高于加法
7
```

2.2.4　输入与输出

Python 的输入和输出通过 input()和 print()两个系统函数实现。

1. 输入函数

input()接受从键盘输入的一个字符串，如需要其他类型需要自行进行转换。在以下例子中，x 输入的值为 10，可以看出此时为字符串，需要用 int()函数将其转换为整数赋给 y。

```
>>> x = input()
10
>>> x
'10'
>>> y = int(x)
>>> y
10
```

也可以直接在输入的时候进行类型转换，并通过 input()函数给出输入提示。

```
x = int(input('请输入数字：'))
请输入数字：9
>>> x
9
```

若要实现多值输入，可以使用 split()方法进行输入值的分割，不同的值之间以空格分隔。

```
>>> x,y = input('请输入 2 个值：').split()
请输入 2 个值：4 5
>>> x
```

```
'4'
>>> y
'5'
```

2. 输出函数

Python 中的标准输出函数是 print()，在之前的例子中，大多是采用单独写入一个变量名来获取其引用内容的方式输出，这一方法适用于 Python IDLE 编程环境，在以文件脚本等实际生产环境中，单独输入变量名的方式往往无法获得期望的输出效果。因此，规范性的变量输出方式是采用 print()函数进行输出。当有多个数值需要输出时，输入参数用逗号分隔，打印输出时各个数值之间采用空格分隔。例如：

```
>>> print(3)
3
>>> print(4,5)
4 5
>>> a,b = 6,7
>>> print(a,b,8)
6 7 8
```

print()函数缺省情况下执行一次打印换一行，若不想换行需要使用以下格式：

```
print(输出内容, end=分隔字符串)
```

【例 2-1】 执行 Python 程序文件。

在 IDLE 的文件(File)菜单中选择新建文件(New File)，编写以下内容：

```
print(1)
print(2)
print(3)
print(4,5,6)
print(7,end=' ')
print(8,end=' ')
print(9)
print(10,end=',')
print(11,end=',')
print(12)
```

在菜单中选择保存(Save)，将其保存为 2-1.py。在菜单的运行(Run)中选择运行模块(Run Module)或按键盘上的 F5 键运行程序，得到以下结果：

```
1
2
3
4 5 6
7 8 9
10,11,12
```

3. 格式化输出

格式化输出使得程序可以支持对于复杂格式的输出形式，基本的格式化输出是将内容以字符串格式进行表示，并将参数值附加到一个有%标志的参数空间。字符串格式代码如表 2-6 所示。

表 2-6　字符串格式代码

符　号	说　　明
%s	字符串
%c	字符
%d	(十进制)整数
%u	无符号整数
%o	八进制数
%x	十六进制数
%X	十六进制数(大写)
%e	用科学计数法表示浮点数
%E	同%e
%f	浮点数，可指定小数点后的精度
%g	采用%f 和%e 较短者输出
%G	采用%f 和%E 较短者输出
%p	以十六进制数格式化变量地址

格式化操作符前面可以加入辅助操作符，如表 2-7 所示。

表 2-7　字符串辅助操作符

符　号	说　　明
*	字符串
–	字符
+	(十进制)整数
#	在八进制数前面显示 0，在十六进制前面显示 0x(或 0X)
0	显示的数字签名填充 0 而不是默认空格
m.n	m 是最小总宽度，n 是小数点后位数

若需要输出多个变量，需要在格式化符号%后加入括号()，并添加多个变量。

```
>>> print('%o' % 20)        #八进制数
24
>>> print('%d' % 20)        #十进制数
20
>>> print('%x' % 20)        #十六进制数
14
>>> print('%e' % 1.11)
1.110000e+00
```

```
>>> print('%g' % 1.11)
1.11
>>> print('%E' % 1.11)
1.110000E+00
>>> print('%.1f' % 1.11)            #取 1 位小数
1.1
print('名字：%s，年龄：%d' %('张三', 20))
名字：张三，年龄：20
```

format()函数提供了比%方式更为强大的格式化方式，它通过传入的参数进行格式化，并且使用大括号‘{}’作为特殊字符代替‘%’。

```
>>> print('{} {}'.format('hello','world'))                    #不带字段
hello world
>>> print('{0} {1}'.format('hello','world'))                  #带数字编号
hello world
>>> print('{0} {1} {0}'.format('hello','world'))              #打乱顺序
hello world hello
>>> print('{a} {tom} {a}'.format(tom='hello',a='world'))      #带关键字
world hello world
>>> '{0}, {1}, {2}'.format('a', 'b', 'c')
'a, b, c'
>>> '{}, {}, {}'.format('a', 'b', 'c')
'a, b, c'
>>> '{0}{1}{0}'.format('abra', 'cad')                         #可重复
'abracadabra'
```

在 Python3.6 以后的版本中增加了一种 f 前缀的字符串格式化方法，以 f 开头的字符串中可以在{}表达式中直接添加表达式，可以进一步简化格式输出的形式。

```
>>> tom = 'hello'
>>> a = 'world'
>>> print(f'{a} {tom} {a}')
world hello world
```

2.2.5 赋值语句

Python 变量被访问之前必须被初始化，也就是赋值，否则会报错。一般每行对一个变量完成赋值操作，但也可以在一行内对多个变量进行赋值。

```
>>> x=0; y=0; z=0       #多个语句间用分号分隔
>>> strl = "abc"
>>> a, b = 1, 2         #采用多变量同时赋值
>>> c=d=3               #采用链式赋值方式
```

复合赋值运算符不仅可以简化程序代码，使程序精炼，还可以提高程序的效率。复合

赋值运算符如表 2-8 所示。

表 2-8　复合赋值运算符

运算符	含　义	举　例	等效于
+=	加法赋值 字符串拼接	sum += item aStr += "Foo"	sum = sum + item aStr = aStr + "Foo"
-=	减法赋值	count -= 1	count = count - 1
*=	乘法赋值	x *= y + 5	x = x *(y + 5)
/=	除法赋值	x /= y – z	x = x/(y - z)
//=	整除赋值	x //= y – z	x = x//(y - z)
%=	取模赋值	x %= 2	x = x%2
**=	幂运算赋值	x **= 2	x = x ** 2
<<=	左移赋值	x << = y	x = x << y
>>=	右移赋值	x >>= y	x = x >> y
&=	按位与赋值	x &= y	x = x & y
|=	按位或赋值	x |= y	x = x | y
^=	按位异或赋值	x ^= y	x = x^y

不同运算符的优先级不同，其中指数运算符**优先级最高，而逻辑运算符优先级最低。运算符的优先级如表 2-9 所示。

表 2-9　运算符的优先级

优先级	运 算 符	描　述
1	**	指数(最高优先级)
2	～　+　-	按位翻转，正负号
3	*　/　%　//	乘、除、取模和取整除
4	+　-	加法减法
5	>>　<<	右移、左移运算符
6	&	按位与
7	^　|	位运算符
8	<=　<　>　>=	比较运算符
9	==　!=	等于运算符
10	=　%=　/=　//=　-=　+=　*=　**=	赋值运算符
11	is　is not	身份运算符
12	in　not　in	成员运算符，判断一个字符串是否包含于另一个字符串
13	not　or　and	逻辑运算符

2.3　选择结构

选择结构又称分支结构，可以根据条件来控制代码的执行分支。常见的选择结构包含单分支、双分支和多分支等，具体流程如图 2-1 所示。

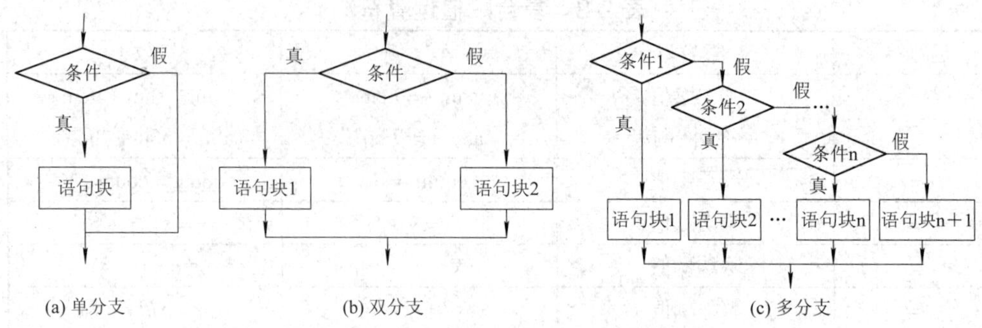

图 2-1　几种选择结构的流程图

2.3.1　单分支选择结构

if 语句引导的单分支选择结构语法如下：

```
if (条件表达式):
    语句/语句块
```

其中的冒号(:)表示其下面为一个独立的语句或者语句块，当条件表达式为真时执行这个语句块，否则不执行，直接将控制转移到 if 语句的结束之处，其流程如图 2-1(a)所示。在编写语句或语句块时要注意保持多个语句的缩进必须对齐并且缩进方式一致，Python 编译器需要根据缩进的特征来判别语句块的起始和结束。

【例 2-2】 输入两个数 a 和 b，比较两者大小，使得 a 大于 b。

```
a= int(input("请输入第 1 个整数:"))
b= int(input("请输入第 2 个整数:"))
print(str.format("输入值:{0},{1}",a,b))
if (a<b):
    t=a
    a=b
    b=t
print(str.format("降序值:{0},{1}",a,b))
```

运行结果如下：

```
请输入第 1 个整数:23
请输入第 2 个整数:34
输入值:23,34
降序值:34,23
```

2.3.2　双分支选择结构

if 语句双分支结构的语法形式如下：

```
if(条件表达式):
    语句/语句块 1
```

```
else:
    语句/语句块 2
```

当条件表达式的值为真(True)时，执行 if 后的语句(块)1，否则执行 else 后的语句(块)2，其流程如图 2-1(b)所示。

Python 提供了下列条件表达式来实现等价于其他语言的三元条件运算符(如 C 语言里的?：表达式)的功能，具体用法为：

```
X  if  C  else  Y
```

例如，如果 x>=0，则 y=x，否则 y=0，可写为：

```
y = x   if (x >= 0)   else   0
```

【例 2-3】 计算下列分段函数

$$y=\begin{cases}\sin x+2\sqrt{x+e^4}-(x+1)^3 & x\geqslant 0\\ \ln(-5x)-\dfrac{|x^2-8x|}{7x}+e & x<0\end{cases}$$

此分段函数有以下几种实现方式，请读者自行编程测试。

(1) 利用单分支结构实现。

一句单分支语句：

```
if ( x >= 0):
    y = math.sin(x) + 2 * math.sqrt( x + math.exp(4)) - math.pow(x + 1,3)
if ( x < 0):
    y = math.log( -5 * x) - math.fabs( x * x - 8 * x) / ( 7 * x) + math.e
```

(2) 利用双分支结构实现。

```
if ( x >= 0):
    y = math.sin(x) + 2 * math.sqrt( x + math. exp(4)) - math.pow(x + 1,3)
else:
    y = math.log( -5 * x) - math.fabs( x * x - 8 * x) / ( 7 * x) + math.e
```

(3) 利用条件运算语句实现。

```
y = (math.sin(x) + 2 * math.sqrt(x + math.exp(4)) - math.pow(x + 1,3)) if (x >= 0) \
    else (math.log(-5 * x) - math.fabs(x * x - 8 * x)/(7 * x) + math.e)
```

2.3.3　多分支选择结构

if 语句多分支结构的语法形式如下，用于根据不同条件表达式的值确定需要执行哪个语句(块)，其流程如图 2-1(c)所示。其中，关键字 elif 是 else if 的缩写。

```
if(条件表达式 1):
    语句/语句块 1
elif(条件表达式 2):
    语句/语句块 2
…
elif(条件表达式 n):
```

```
    语句/语句块 n
[else:
    语句/语句块 n + 1;]
```

【例 2-4】 已知坐标点(x, y)，判断其所在的象限。

```
x = int(input("请输入 x 坐标："))
y = int(input("请输入 y 坐标："))
if (x == 0 and y == 0):
print("位于原点")
elif (x == 0):
print("位于 y 轴")
elif (y == 0):
print("位于 x 轴")
elif (x>0 and y>0):
  print("位于第一象限")
elif (x<0 and y>0):
  print("位于第二象限")
elif (x<0 and y<0):
  print("位于第三象限")
else:
  print("位于第四象限")
```

运行结果如下：

```
请输入 x 坐标：1
请输入 y 坐标：2
位于第一象限
```

2.3.4 选择结构应用

在实际应用中，往往需要根据实际情况灵活选择各种选择结构，也允许在 if 条件执行的语句块中包含一个或多个 if 语句的嵌套，需要结合问题的逻辑进行设计。

【例 2-5】 能被 4 整除但不能被 100 整除，或者能被 400 整除的年份为闰年，判断某一年是否为闰年。设 y 为输入的年份，则对于该问题的解有多种方法。

方法一：使用一个逻辑表达式包含所有的闰年条件。相关语句如下：

```
if (( y% 4 == 0 and y% 100 != 0) or y% 400 == 0):
    print("是闰年")
else:
   print("不是闰年")
```

方法二：使用嵌套的 if 语句。相关语句如下：

```
if ( y % 400 == 0):
print("是闰年")
else:
    if ( y % 4 == 0):
        if ( y % 100 == 0):
            print("不是闰年")
        else:
            print("是闰年")
    else:
            print("不是闰年")
```

方法三：使用 if…elif 语句。相关语句如下：

```
if ( y% 400 == 0):
        print("是闰年")
elif ( y% 4 != 0):
        print("不是闰年")
elif ( y% 100 == 0):
        print("不是闰年")
else:
        print("是闰年")
```

2.4　循环结构

循环结构用来重复执行一条或多条语句，可以减少源程序重复书写的工作量。Python 使用 while 语句和 for 语句来实现循环结构。

2.4.1　while 循环

while 在循环开始前，并不知道重复执行循环语句序列的次数。while 语句按不同条件执行循环语句(块)零次或多次。具体格式为：

```
while(条件表达式):
    循环体语句/语句块
```

while 循环的执行流程如图 2-2 所示。

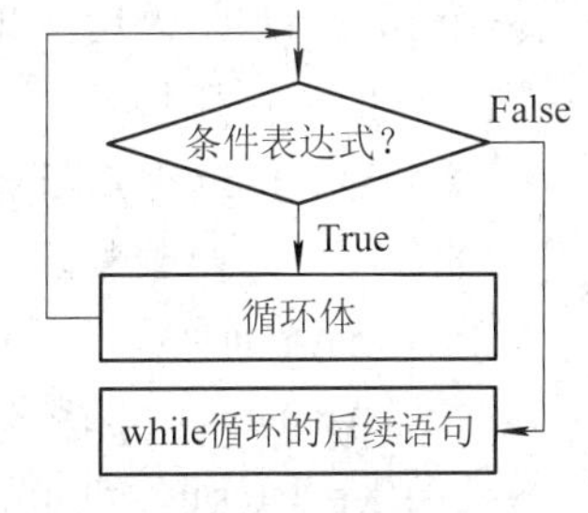

图 2-2　while 循环的执行流程

在 while 循环的执行流程中，如果条件表达式结果为 True，控制将转到循环语句(块)，即进入循环体。当到达循环语句序列的结束点时，重新进入条件判断，继续循环。如果条件表达式结果为 False，退出 while 循环，控制转到 while 循环语句的后继语句。其中条件表达式是每次进入循环之前进行判断的条件，可以为关系表达式或逻辑表达式，其运算结果为 True(真)或 False(假)。循环体部分可以是一条语句，也可以是多条语句。整个循环语句序列中至少应包含改变循环条件的语句，以使循环趋于结束，避免“死循环”。

【例 2-6】 利用 while 循环求 1～100 中所有数字的和，以及所有奇数与所有偶数的和。

```
i=1; sum_all=0; sum_odd=0; sum_even=0
while (i <= 100):
   sum_all += i
   if (i%2 == 0):
        sum_even += i
   else:
        sum_odd += i
   i += 1
print("和=%d，奇数和=%d，偶数和=%d"%(sum_all,sum_odd, sum_even))
```

运行结果如下：

和=5050，奇数和=2500，偶数和=2550

2.4.2 for 循环

for 语句用于遍历迭代对象集合中的元素，并对集合中的每个元素执行一次循环语句。当集合中的所有元素完成迭代后，将控制传递给 for 之后的下一个语句，其具体格式为：

```
for 变量 in 对象集合：
    循环体语句/语句块
```

例如：

```
>>> for i in (1,2,3):
  print(i**2)
1
4
9
```

2.4.3 break 和 continue 语句

break 语句用于退出 for、while 循环，即提前结束循环，接着执行循环语句的后继语句。当多个 for、while 语句彼此嵌套时，break 语句只应用于最里层的语句，即 break 语句只能跳出最近的一层循环。

【例 2-7】 编程判断所输入的任意一个正整数是否为素数。只要判断 m 可否被$[2,\sqrt{m}]$之中的任何一个整数整除，不能整除则 m 为素数，否则 m 为合数。

```
import math
m = int(input("请输入一个整数(>1):"))
k = int(math.sqrt(m))
for i in range(2,k+2):
    if m%i == 0:
        break          #可以整除，肯定不是素数，结束循环
if i == k+1:
    print(m, "是素数！")
else:
    print(m, "是合数！")
```

continue 语句类似于 break 语句，也必须在 for、while 循环中使用。但它会结束当前循环，即跳过循环体内自 continue 下面尚未执行的语句，返回到循环的起始处，并根据循环条件判断是否执行下一次循环。相比之下，break 语句则是结束循环，跳转到循环体的后继语句执行。

与 break 语句相类似，当多个 for、 while 语句彼此嵌套时，continue 语句只应用于最里层的语句。

【例 2-8】 使用 continue 语句跳过循环(continue_score.py)。要求输入若干学生成绩(按 Q 或 q 结束)，如果成绩小于 0，则重新输入。统计学生人数和平均成绩。

```
num = 0; scores = 0;
while True:
    s = input("请输入学生成绩(按 Q 或 q 结束):")
    if s.upper() == 'Q':
        break
    if float(s) < 0:
        continue
    num += 1
    scores += float(s)    #成绩和
print('学生人数为:{0}，平均成绩为：{1}'.format(num,scores/num))
```

运行结果如下：

```
请输入学生成绩(按 Q 或 q 结束):87
请输入学生成绩(按 Q 或 q 结束):-40
请输入学生成绩(按 Q 或 q 结束):q
学生人数为:1，平均成绩为：87.0
```

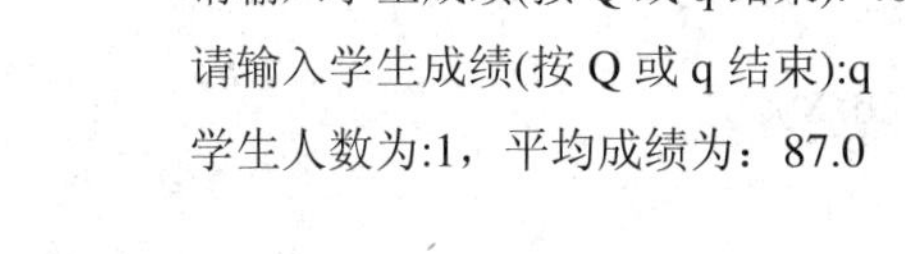

本章小结

条件语句和循环语句是程序执行过程中的主要流程控制结构。条件语句 if 可以引入单个分支的条件，也可以结合 elif 或 else 等语句实现多分支的条件。而循环语句可用于控制程序的重复执行，可以减少源程序重复书写的工作量。

Python 语言支持 while 和 for 两种循环，不支持类似 C 语言中的 do…while 循环，但通过结合 break、continue 等语句，完全可以实现 do…while 循环所期望的程序逻辑。

条件和循环语句可控制程序的流向，条件和循环所转入的语句体可以为单个语句也可以为语句块，在程序编写时，应注意 Python 对语句的嵌入式要求，即条件和循环的语句体属于一个程序块，应在 if、elif、else、while 等语句的结束部分带有冒号(:)，表示以下为该控制结构转入的程序块，同时应注意程序块内的多行代码应采用相同的嵌入方式保证各行的语句是对齐的。

习题

一、单选题

1. 在 Python 中，合法的标识符是(　　)。

A. _　　B. 3C　　C. it's　　D. str

2. 下列 Python 语句中，非法的是(　　)。

A. x = y = 1　　B. x = (y =1)　　C. x, y = y, x　　D. x = 1; y = 1

3. 已知 x=2，y=3，复合赋值语句 x*=y+5 执行后，x 变量中的值是(　　)。

A. 11　　B. 16　　C. 13　　D. 26

二、填空题

1. Python 使用符号________标示注释。

2. 在 Python 中，要表示一个空的代码块，可以使用空语句________。

3. 在 Python 解释器中，使用函数________可以进入帮助系统。

4. 在 Python 解释器的帮助系统中，使用________，可以查看关键字列表。

三、程序题

1. 利用近似公式 $e \approx 1+\frac{1}{1!}+\frac{1}{2!}+\cdots+\frac{1}{n!}$ 求自然对数的底数 e 的值，直到最后一项的绝对值小于 10^{-6} 为止。

2. 将例 2-8 改为 while 循环进行实现(提示：需设置一个 bool 变量，如 flag=True)。

3. 输入本金、年利率和年份，计算复利(结果保留两位小数)。运行效果如下：

```
请输入本金：2000
请输入年利率：5.6
请输入年份：5
本金利率和为：2626.33
```

4. 编程求解一元二次方程 $x^2-10x+16=0$。

5. 提示输入姓名和出生年份，输出姓名和 2019 年时的年龄。运行效果如下：

```
请输入您的姓名：Mary
请输入您的出生年月：1996
您好！ Mary 。 2019年您23 岁
```

6. 显示 100～200 之间不能被 3 整除的数。要求一行显示 10 个数。

第3章　序列结构

序列是程序设计中经常用到的存储方式，它采用连续的内存空间存储多个值。各类编程语言都有序列结构，如C语言的一维和多维数组。序列也是Python的基本数据结构，具体包括列表、元组、字典、字符串和集合等。除字典和集合属于无序数列之外，列表、元组、字符串等序列类型均支持双向索引，第一个元素下标为0，第二个元素下标为1，依此类推。如果采用负数作为索引，则最后一个元素下标为–1，倒数第二个元素下标为–2，依此类推。可以使用负数作为序列数据结构的索引是Python语言的一大特色，熟练掌握和运用可以大幅提高开发效率。

3.1　列　表

列表是Python的内置可变序列，采用方括号[]将相邻元素分隔开。当增加或删除元素时，列表对象自动进行内存的扩展或收缩，从而保证元素之间没有空隙。但这种自动化的内存管理可能会涉及列表中大量的元素移动，效率较低，因此应尽量从列表尾部进行元素的增加与删除操作，提高列表的工作效率。

3.1.1　创建列表

在Python之中，同一个列表中的元素可以相同也可以不同，具体的元素可以同时包含整数、实数、字符串等基本类型，也可以是列表、元组、字典、集合以及其他自定义类型的对象。创建列表后，采用赋值运算符(=)将结果赋给变量。例如：

```
>>> lst1 = ["cat","dog","tiger","1024"]
>>> lst2 = [31, 32, 101.45, "door"]
>>> print(lst1, lst2)
['cat', 'dog', 'tiger', '1024'] [31, 32, 101.45, 'door']
>>> lst3 = [1, 2, ['hello', 5]]
>>> print(lst3)
[1, 2, ['hello', 5]]
```

也可以通过list()函数来创建列表，可以将可迭代类型的数据转换为列表，包括元组数据、range对象或字符串等。range()是Python的内置函数，在数据处理过程中经常用到，具体语法为：

```
range([start,] stop [, step])
```

其接收 3 个参数，第一个参数表示起始值(默认为 0)，第二个参数表示终止值，第三个参数表示步长(默认为 1)。例如：

```
>>> list('hello world')
['h', 'e', 'l', 'l', 'o', ' ', 'w', 'o', 'r', 'l', 'd']
>>> list()
[]              #空列表
>>> range(10)
range(0, 10)
>>> list(range(10))
[0, 1, 2, 3, 4, 5, 6, 7, 8, 9]
```

需要特殊说明的是，由于 Python 中将数据、函数都作为对象来处理，因此在设置变量名字的时候不应与内置函数重名，否则会导致当前执行上下文之中该函数无法再次使用的异常情况。如以下例子中将 list 作为一个变量来使用，导致了 list()函数失效，此时要重新开启 IDLE 执行上下文才能恢复 list()函数的功能。

```
>>> list = list(range(1,5))
>>> list
[1, 2, 3, 4]                  #此处 list 变量工作正常
>>> list('hello world')       #此处的 list()函数无法工作，因为该名称被 list 变量给占用了
Traceback (most recent call last):
  File "<pyshell#13>", line 1, in <module>
    list('hello world')
TypeError: 'list' object is not callable
```

3.1.2 列表元素操作

列表是可变对象，因此可以改变列表元素对象的值。修改列表元素的语法与访问列表元素的语法类似。要修改列表元素，可指定列表名和要修改的元素的索引，再指定该元素的新值。

1. 列表元素的添加

Python 提供了多种不同的方法进行列表元素的添加，主要有以下 4 种。

(1) 列表元素的添加可以直接采用+运算符的方式进行。采用*运算符，表示复制当前列表的元素一定次数。采用 + 和 * 的方式在形式上简单且易理解，但严格意义上讲这种方式并不是真的为列表添加元素，它有可能会被处理为创建一个新的列表，并将原列表中的元素和新元素依次复制到新列表的内存空间。由于涉及大量元素的复制，该操作速度较慢，对于列表元素较多和进行大量数据操作过程中，从性能考虑，不建议使用该方法。

```
s[下标] = d        #设置元素，d 为任意值。
s += [d]           #更新列表 s，将列表 d 元素增加到列表 s 中。
s *= n             #更新列表 s，其元素重复 n 次。
```

(2) 采用列表对象的 append()方法，能够简单地将一个元素附加至列表末端，而不影响

列表中的其他元素，而且能够保障以高速的方式进行，适用于大量数据的处理。例如：

```
lst1 = ["cat","dog","tiger","1024"]
>>> id(lst1)
1714405717512
>>> lst1 += ['river']
>>> id(lst1)                    #此处没有改变变量的内存地址
1714405717512
>>> print(lst1)
['cat', 'dog', 'tiger', '1024', 'river']
>>> y = []
>>> id(y)
1714406048840
>>> y = y+[4]
>>> id(y)                       #此处改变了变量的内存地址
1714405834568
>>> y = y+[5]
>>> id(y)                       #此处再一次改变了变量的内存地址
1714406049032
>>> y.append(['sky'])
>>> id(y)                       #采用 append()方法没有改变变量的内存地址
1714406049032
```

(3) 采用列表对象的 extend()方法将另一个迭代对象的所有元素添加到当前列表的尾部。相比而言，append()方法是将所附加的内容作为一个元素来处理，当附加的内容是一个含有多个元素的列表时，相当于将该列表作为一个元素附加到原有列表的尾部。因此，extend()方法的作用与 + 运算符发挥的作用相同，只是 extend()方法能保证增加了列表元素但不改变列表的内存地址。以下例子展示了这三种方法使用上的区别。

```
>>> x = ['cat', 'dog']
>>> x += [5, 8]
>>> print(x)
['cat', 'dog', 5, 8]
>>> x.append([7, 9])
>>> print(x)
['cat', 'dog', 5, 8, [7, 9]]
>>> x.extend([10,11]
>>> print(x)
['cat', 'dog', 5, 8, [7, 9], 10, 11]
```

(4) 采用列表对象的 insert(index, object)方法将元素添加到指定位置，其中第一个参数 index 表示插入的位置，第二个参数表示要插入的对象。例如：

```
>>> a = [1,2,3]*3
>>> a
[1, 2, 3, 1, 2, 3, 1, 2, 3]
>>> a.insert(3, 4)
>>> a
[1, 2, 3, 4, 1, 2, 3, 1, 2, 3]
```

2. 列表元素的删除

删除列表元素可以采用以下三种形式。

(1) 使用 del 命令删除列表中指定位置的元素。如同删除一般的变量，del 命令也可以删除整个列表变量。

(2) 使用列表的 pop()方法删除并返回指定位置(默认为最后一个)上的元素。若指定的索引超出列表的范围，会抛出异常。

(3) 使用列表的 remove()方法删除首次出现的元素。若没有此元素，会抛出异常。

【例 3-1】 通过列表删除的方法找出 0～15 之间的所有素数。要求 n 的素数，只需要确定 1～n 之间的数字不能被 $\sqrt{n}$ 整除，此处该数字为 $\sqrt{15}$，即只需要排除能被 2 和 3 整除的数字即可。

```
#方法 1，采用 remove 和 del
x = list(range(0x10))
print('1. ', x)
for i in x:
    if i % 2==0:
        x.remove(i)
print('2. ', x)
j = 0
while (j < len(x)):
    if (x[j]%3 == 0):
        del x[j]
    j += 1
print('方法 1 的结果：', x)
#方法 2，采用 pop 的方式
x = list(range(0x10))
j = 0
while (j < len(x)):
    if (x[j]%2==0 or x[j]%3==0):
        x.pop(j)
        continue    #此处由于删除一个元素，等价于 j 已经指向下一个元素，所以 continue
    j += 1
print(方法 2 的结果：', x)
```

运行结果如下：

```
1.  [0, 1, 2, 3, 4, 5, 6, 7, 8, 9, 10, 11, 12, 13, 14, 15]
2.  [1, 3, 5, 7, 9, 11, 13, 15]
方法 1 的结果：  [1, 5, 7, 11, 13]
方法 2 的结果：  [1, 5, 7, 11, 13]
```

3.2 元 组

元组是与列表类似的一种序列结构，但元组属于不可变序列。一旦被创建，元组内的元素不可以修改，也无法添加或删除元素，若要调整，只能重新建立元组。

3.2.1 元组的创建与删除

元组采用圆括号中用逗号分隔的方式进行定义。与列表不同的是，圆括号可以省略。定义元组以后，就可以用索引访问其元素，就像访问列表元素一样。与列表相同，元组中的元素也可以为基本数据类型或者列表、元组等序列类型。若要创建只包含一个元素的元组，要在元素后加一个逗号才能正常工作，否则会按基本数据类型来处理。例如：

```
>>> a = (1, 'a', [2, 3])
>>> a
(1, 'a', [2, 3])
>>> a = 3
>>> a
3
>>> a = (3)
>>> a
3
```

```
>>> a = (3,)
>>> a
(3,)
>>> a = 1,2
>>> a
(1, 2)
>>> a = 3,
>>> a
(3,)
```

如同 list()函数将序列转换为列表一样，可以采用 tuple()函数将其他类型的序列转换为元组。

```
#空元组
>>> a = ()
>>> a
()
>>> a = tuple()
>>> a
()
>>> a = tuple('')
>>> a
()
```

```
#元组与列表的转换
>>> a = tuple('abc')
>>> a
('a', 'b', 'c')
>>> b = list((1, 3, 5))
>>> b
[1, 3, 5]
>>> c = tuple(b)
>>> c
(1, 3, 5)
```

3.2.2 元组与列表的区别

元组与列表都是序列类型的一种扩展。元组(tuple)是一组有序系列，包含 0 个或多个对象引用。元组和列表十分类似，但元组是不可变的对象，即不能修改、添加或删除元组中的元素，但可以通过索引访问元组中的元素。像列表一样，也可以用 for 循环来遍历元组中的所有值。例如：

```
>>> dimensions = (200,50)
>>> i = 0
>>> while (i<len(dimensions)):
        print(dimensions[i])
        i += 1
200
50
>>> for dimension in dimensions:
    print (dimension)
200
50
```

元组的访问和处理速度比列表更快，如果主要用途是对元素遍历或查找，而不需要对元素进行修改，一般建议使用元组而不是列表。另一方面，由于元组的内在实现不允许修改其元素值，从而适用于在一些场合中进行数据的保护。

3.3 字　典

字典是采用键值对的无序可变序列，其中每个元素包含两个部分“键”和“值”，中间用冒号分隔，相邻元素间用逗号分隔，而所有元素都放在大括号{}之中。

3.3.1 创建字典

与列表和元组等顺序排列的序列结构不同，字典类型提供了根据键值检索数据的能力。其基本形式如下：

```
{<键 1>:<值 1>, <键 2>:<值 2>, .. , <键 n>:<值 n>}
```

其中的键必须为可 hash 对象，因此不可变对象(bool、int、float、complex、str、tuple、fro-zenset 等)可作为键；值则可以为任意对象。字典中的键是唯一的，不能重复。字典中不再采用如列表和元组中的索引值来获取元素的值，而是利用元素的键值进行元素值的访问。

字典可以通过内置的 dict()函数来创建，也可以直接利用大括号{}内添加键值对的方式进行内容的赋值。以下例子给出了几种不同的字典创建方式：

```
>>> a = dict()                          #空字典
>>> a
{}
>>> a = {}
>>> a
{}
>>> a = {'name':'mel', 'age':25}        #利用大括号创建字典元素
>>> a
{'name': 'mel', 'age': 25}
c = dict(name='mel', age=25)            #利用 dict()函数入口参数创建字典
>>> c
{'name': 'mel', 'age': 25}
>>> d = dict([('name','mel'), ('age',25)]) #通过 dict()函数以键元组和值元组构成的列表作为输入
>>> d
```

```
{'name': 'mel', 'age': 25}
```

此外也可以通过 zip()函数协助构造字典。zip()函数的作用是将可迭代对象作为参数，将对象中对应的元素打包成多个元组，然后返回由这些元组组成的对象。例如：

```
>>> keys = ['ftp', 'telnet', 'www']
>>> values = [21, 23, 80]
>>> d = dict(zip(keys, values))
>>> print(d)
{'ftp': 21, 'telnet': 23, 'www': 80}
```

3.3.2　字典元素操作

对字典中元素的访问需要通过键 key 来作为下标，进而访问该下标所对应的值。若不存在该 key 所对应的元素，则本次访问会抛出异常。更为安全的字典元素访问方式是字典对象的 get()方法，可以获得指定键所对应的值，并且可以在键值不存在的时候指定一个该键的返回值，如果不指定，则默认返回 None。与 get()方法类似，pop()方法在获取指定键值的同时，会删除原有的字典元素，而 popitem()方法具有同样的作用，只是返回的是键值对的元组。例如：

```
>>> aDict = {'name': 'Zhang', 'sex': 'M', 'age':20}
>>> aDict['name']
'Zhang'
>>> print(aDict['address'])
Traceback (most recent call last):
  File "<pyshell#90>", line 1, in <module>
    print(aDict['address'])
KeyError: 'address'
>>> print(aDict.get('address'))
None
>>> print(aDict.get('address', 'Beijing'))
Beijing
>>> print(aDict)
{'name': 'Zhang', 'sex': 'M', 'age': 20}
>>> aDict['score'] = aDict.get('score', [])                    #动态添加字典元素
>>> aDict['score'].append(90)
>>> aDict['score'].append(85)
>>> print(aDict)
{'name': 'Zhang', 'sex': 'M', 'age': 20, 'score': [90, 85]}
>>> aDict.pop('tel', '缺省电话号码')
'缺省电话号码'
```

此外，字典对象的 items()方法可以返回字典的键值对列表，keys()方法返回字典的键列表，values()方法返回字典的值列表。

【例 3-2】 利用字典创建一个用户信息记录器，从键盘读入名字、年龄和性别等基本信息，并打印输出。代码如下：

```
info = {}
info['name'] = input("Please input name: ")
info['age'] = input("Please input age: ")
info['gender'] = input("Please input gender: ")
for key in info:
    print(key, info[key])
for k,v in info.items():
    print("%s,%s"%(k, v))
```

输出结果如下：

```
Please input name:  张三
Please input age: 24
Please input gender:  男
 name  张三
age 24
gender  男
name,张三
age,24
gender,男
```

若需要一次性更新多个键值对，可以采用字典对象的 update()方法将另外一个字典的键值对直接更新到当前字典之中。如果两个字典有相同的键，则以另外一个字典内该键所对应的值更新当前字典的值。例如：

```
>>> a = {1:'北京', 2:'天津',3: '南京'}
>>> a.update({3:'上海', 4:'广州'})
>>> a
{1: '北京', 2: '天津', 3: '上海', 4: '广州'}
```

此外，字典结构的几个相关功能还包括字典对象的 clear()方法，用于删除字典中的所有元素，以及字典对象的 copy()方法，用于复制字典对象成为一个新的字典对象，大家可以自行练习这些用法。

3.4 集　合

集合属于无序可变序列，与字典一样使用大括号进行构建，元素间用逗号分隔，且同一集合内的元素不能重复。

3.4.1 创建集合

可以使用 set()函数将列表、元组等各类可迭代对象转换为集合，如果原来的数据中有重复元素，则转换为集合的时候会自动进行元素的去重。可以采用集合对象的 add()方法添加元素，与字典类似，当使用集合对象的 pop()方法时可以取出并删除其中的一个元素，或者使用集合对象的 remove()方法直接删除指定元素。集合对象的 clear()方法可用于清空集合内的所有元素。例如：

```
>>> x = set()                          #空集
>>> x = set(range(5, 10))
>>> x
{5, 6, 7, 8, 9}
>>> a = set(range(5, 10))
>>> a = frozenset(range(4, 8))         #不可变集合，创建后不能添加和删除元素
>>> A = ('python', 123, 'python', 123)
>>> a
frozenset({4, 5, 6, 7})
>>> A                                  #Python 变量区分大小写，因此 a 与 A 是不同变量
('python', 123, 'python', 123)
>>> b = set([0,1,2,3,0,1,2,4,5])
>>> b
{0, 1, 2, 3, 4, 5}
>>> b.remove(4)
>>> b
{0, 1, 2, 3, 5}
>>> b.add(6)
>>> b
{0, 1, 2, 3, 5, 6}
>>> b.pop()
0
>>> b.clear()                          #清空集合
>>> b = set('hello')
>>> b
{'h', 'l', 'e', 'o'}
```

3.4.2 集合运算

Python 集合支持交集、并集、差集、对称差集等运算，此外还包括集合大小的比较、子集与父集的判断等，具体参见表 3-1。

表 3-1　集合运算符与运算方法 (a, b 为两个集合对象)

集合运算	运算符	集合对象的方法	描　述
并集	a | b	a.union(b)	a b

续表

集合运算	运算符	集合对象的方法	描　述
交集	a & b	a.intersection(b)	
差集	a - b	a.difference(b)	
对称差集	a ^ b	a.symmetric_difference(b)	
比较大小	a < b, a > b, a <= b, a >= b		判断集合的包含关系，返回布尔值
子集	a.issubset(b)		判断是否为子集合，返回布尔值
父集	a.issuperset(b)		判断是否为父集合，返回布尔值

【例 3-3】 从键盘任意输入两句中文，可以通过集合运算找出两句话中总共出现了哪些文字(并集)、同时出现的文字(交集)、只在第一句话里包含但第二句话里没有的文字(差集)以及分别在两句话中都出现但又不是二者同时都拥有的文字(对称差集)，以上均包括标点符号。本例中分别采用几种方法进行结果输出。代码如下：

```
a = set(input('第一句话：'))
b = set(input('第二句话：'))
print('【并集】')
print(a | b)
print(a.union(b))
print('【交集】')
for item in a & b:
    print(item, end='')
print('\n', a.intersection(b))
print('【差集】')
for item in a - b:
    print(item, end='')
print()
for item in a.difference(b):
    print(item, end='')
print('\n【对称差集】')
i = 0
c = list(a ^ b)
while (i < len(c)):
    print(c[i], end='')
    i += 1
print()
j = 0
d = list(a.symmetric_difference(b))
while (j < len(d)):
    print(d[j], end='')
    j += 1
```

输出结果如下：

```
第一句话：Python 是一种广泛流传的编程语言。
第二句话：Python 语言的文件一般以.py 作为扩展名。
【并集】
{'展', '传', 'y', '以', 'o', 'n', '作', '件', 'P', 't', '广', '为', 'p', '文', '语', '言', '流', '般', '编', '的', 'h', '名', '。', '程', '扩', '是', '泛', '一', '.', '种'}
```

{'展', '传', 'y', '以', 'o', 'n', '作', '件', 'P', 't', '广', '为', 'p', '文', '语', '言', '流', '般', '编', '的', 'h', '名', '。', '程', '扩', '是', '泛', '一', '.', '种'}

【交集】

语言 y 的 ho。nPt 一

{'语', '言', 'y', '的', 'h', 'o', '。', 'n', 'P', 't', '一'}

【差集】

传流编程是泛广种

传流编程是泛广种

【对称差集】

展传以作件广为 p 文流般编名扩程是泛.种

展传以作件广为 p 文流般编名扩程是泛.种

例 3-3 演示了利用循环直接输出集合元素的方法，以及将集合先转化为列表再利用循环输出列表元素的方法。两种方法分别适用于不同的场合，如果从效率来看，直接利用集合元素进行输出的效率会更高。对于集合大小的比较，主要用于判断两个集合元素的包含关系。例如：

```
>>> x = {1, 2, 3}
>>> y = {1, 2, 3, 4}
>>> z = {2, 3, 4, 5}
>>> x < y
True
>>> x < z
False
>>> x.issubset(y)
True
>>> y.issuperset(x)
True
```

3.5 序列运算

对于列表、元组、字典等序列结构，可以针对其序列的特性进行元素的处理，如元素的访问、成员的判定、序列切片、序列解包、序列排序等各类针对序列元素的运算形式。

3.5.1 序列解包

1. 序列打包、解包与多重赋值

函数或方法返回元组时，将元组中的值赋给变量序列中的变量，这个过程就叫做序列解包。序列解包与序列打包是相反的过程，如下首先将序列 1、2、3 打包到元组 values 中：

```
>>> values = 1,2,3
>>> type(values)
<type 'tuple'>
>>> values
(1, 2, 3)
```

要将元组 values 中的值分别赋给变量序列中的 x、y、z，则为序列解包。解包序列中的元素数量必须和赋值号(=)左边变量的数目完全一样，否则会报错。例如：

```
>>> x,y,z = values
>>> print x,y,z
1 2 3
>>> type(x)
<type 'int'>
>>> x,y = values
Traceback (most recent call last):
File "<stdin>", line 1, in <module>
ValueError: too many values to unpack
>>> x,y,z,w = values
Traceback (most recent call last):
File "<stdin>", line 1, in <module>
ValueError: need more than 3 values to unpack
```

变量的多重赋值实际上就是元组打包和序列解包的组合，在程序设计过程中可以利用序列解包功能对多个变量同时进行赋值。此外，序列解包的方法并不限于元组，而是适用于任意序列类型。只要赋值运算符左边的变量数目与序列中的元素数目相等，都可以用这种方法将元素序列解包到另一组变量中。解包的过程中可以利用 * 表达式获取单个变量中的多个元素，只要它的解释没有歧义即可。* 表达式获取的值默认为 list。例如：

```
>>> a, b, *c = 0, 1, 2, 3          #利用 * 表达式获取剩余部分
>>> a
0
>>> b
1
>>> c
[2, 3]
>>> a, *b, c = 0, 1, 2, 3          #利用 * 表达式获取中间部分
>>> a
0
>>> b
[1, 2]
>>> c
3
>>> a, b, *c = 0, 1                #如果左值比右值要多，那么带 * 的变量默认为空
>>> a
0
>>> b
1
>>> c
[]
>>> a, *b, c = 0, 1
>>> a
0
>>> b
[]
>>> c
```

```
1
>>> (a, b), (c, d) = (1, 2), (3, 4)      #嵌套解包
>>> a, b, c, d
(1, 2, 3, 4)
```

【例 3-4】 假如有一个字符串 'ABCDEFGH'，要输出下列格式：

```
A ['B', 'C', 'D', 'E', 'F', 'G', 'H']
B ['C', 'D', 'E', 'F', 'G', 'H']
C ['D', 'E', 'F', 'G', 'H']
D ['E', 'F', 'G', 'H']
E ['F', 'G', 'H']
F ['G', 'H']
G ['H']
H []
```

即每次取出第一个作为首字母，其余的字符串拆成列表，放置在后面。采用序列解包的方式求解如下：

```
s = 'ABCDEFGH'
while s:
    x, *s = s
    print(x, s)
```

2. 多种结构的序列解包

除了基本的元组、列表、字典等序列结构外，符合序列化特征的各类结构和用法也可以进行序列解包，如 range 对象、迭代对象。

(1) 元组的序列解包。代码如下：

```
x,y,z = (1,2,3)
print(x,y,z)
1 2 3
a_tuple = 4,5,6      #(4,5,6)
(x,y,z) = a_tuple
print(x,y,z)
4 5 6
```

(2) 列表的序列解包。代码如下：

```
x_list = [1,2,3,4,5,6,7]
x0,x1,x2,x3,x4,x5,x6 = x_list
x5
6
x,y,z = sorted([7,32,5])       #利用 sorted()函数对列表进行排序
print(x,y,z)
5 7 32
```

(3) range 对象的序列解包。代码如下：

```
x,y,z,m,n = range(5)
print(x,y,z,m,n)
0 1 2 3 4
```

(4) 字典的序列解包。代码如下：

```
dict1 = {'a':1,'b':2,'c':3}
b,c,d = dict1.items()
print(b,c,d)
('a', 1) ('b', 2) ('c', 3)
b,c,d = dict1
b,c,d
('a', 'b', 'c')
b,c,d = dict1.values()
b,c,d
(1, 2, 3)
```

3. 序列遍历与组合

for 循环可以对解包的序列中各元素进行遍历。其中，若需要对多个序列的对应元素进行绑定，可以采用 zip()函数。zip()函数用于将可迭代对象作为参数，将对象中对应的元素打包成若干元组，然后返回由这些元组组成的对象。

【例 3-5】 遍历并格式化输出字典元素。代码如下：

```
dict2 = {'a':1,'b':2,'c':3}
for k,v in dict2.items():
    print(k,v)
```

输出如下：

```
a 1
b 2
c 3
```

【例 3-6】 输出两个列表的对应元素['x1','x2','x3','x4']，[23,123,543,765]为以下形式：

```
x1 对应数字 23
x2 对应数字 123
x3 对应数字 543
x4 对应数字 765
```

程序如下：

```
keys = ['x1','x2','x3','x4']
values = [23,123,543,765]
for k,v in zip(keys, values):
    print( "%s 对应数字%d"%(k,v))
```

enumerate()函数是一个与 zip()函数类似的内置函数，用于将一个可遍历的数据对象(如列表、元组或字符串)组合为一个索引序列，同时列出数据和数据下标，一般用在 for 循环当中，可同时得到数据对象的值及对应的索引值。

【例 3-7】 对列表['a','b','c']中的元素按以下格式输出：

```
索引 0 和 x 的元素 a
索引 1 和 x 的元素 b
```

索引 2 和 x 的元素 c

采用 enumerate()函数，程序的实现如下：

```
x = ['a','b','c']
for index, x_value in enumerate(x):
    print('索引{0}和 x 的元素{1}'.format(index,x_value))
```

此外，采用序列解包可以灵活方便地实现所期望的输出形式，特别是对于*的运用。

```
>>> print(*[1,2,3,4],5,*(6,7))
1 2 3 4 5 6 7
>>> *range(4),4
(0, 1, 2, 3, 4)
>>> {*range(3),3,4,*(5,6,7)}
{0, 1, 2, 3, 4, 5, 6, 7}
>>> {'x':1,**{'y':2}}
{'x': 1, 'y': 2}
```

与 zip 相反，利用 * 号操作符可以将组合的对象序列进行序列化拆分。

```
>>> a = [1,2,3]
>>> b = [4,5,6]
>>> c = [4,5,6,7,8]
>>> zipped = zip(a,b)
>>> list(zipped)
[(1, 4), (2, 5), (3, 6)]
>>> list(zip(a,c))
[(1, 4), (2, 5), (3, 6)]
>>> zipped = zip(a,b)
>>> list(zip(*zipped))
[(1, 2, 3), (4, 5, 6)]
>>> v1 = {1:11,2:22}
>>> v2 = {3:33,4:44}
>>> v3 = {5:55,6:66}
>>> v = zip(v1,v2,v3)
>>> print(list(v))
[(1, 3, 5), (2, 4, 6)]
>>> w = zip(*zip(v1,v2,v3))
>>> print(list(w))
[(1, 2), (3, 4), (5, 6)]
```

【例 3-8】 求两个列表中对应元素的积和商。代码如下：

```
list1 = [2,3,4]
list2 = [4,5,6]
for x,y in zip(list1,list2):
    print("%d * %d=%d"%(x,y,x*y))
for x,y in zip(list1,list2);
    print("%d / %d=%.1f"%(x,y,x/y))
```

运行结果如下：

```
2 * 4=8
3 * 5=15
4 * 6=24
2 / 4=0.5
3 / 5=0.6
4 / 6=0.7
```

3.5.2 元素访问与成员判定

1. 元素访问与计数

列表和元组等有序序列可以采用数字下标加中括号的方式访问序列元素，相应地，可以采用该序列对象的 index()方法获取某个元素的下标，语法为 index(value, [start, [stop]])，其中 start 和 stop 为指定的搜索范围，start 默认为 0，stop 默认为列表的长度。若序列对象中不存在指定元素，则抛出异常提示列表不存在该值。而序列对象的 count()方法则用于统计某元素值在序列中出现的次数。例如：

```
>>> a = [3, 4, 5, 6, 7, 4]
>>> a[2]
5
>>> a.index(4)
1
>>> a.count(4)
2
>>> b = (3, 4, 5, 6, 7, 4)
>>> b.index(5)
2
>>> b.count(4)
2
>>> b[3]
6
>>> b.count(8)
0
```

用于序列元素访问的下标方式与序列对象 index()方法的另一个区别是采用下标方式进行元素访问允许下标为负数，此时将从尾部开始计算。而 index()方法中的索引必须为大于等于 0 的数字。例如：

```
>>> a = [3, 4, 5, 6, 7, 4]
>>> print(a[0], a[-1], a[-2])
3 4 7
>>> b = 'bcdefg'
>>> b[0]
'b'
>>> b[len(b)-1]
'g'
>>> b[-1]
'g'
```

这些方法同样适用于 range()对象、字符串等其他各类有序序列。因此，对于这些方法的使用应以该序列结构是否有序为标准，满足有序的条件即可采用序列化的元素访问和元素计数方法。例如：

```
>>> range(10)[3]
3
>>> range(10).index(5)
5
>>> 'abcdefabc'[3]
'd'
>>> 'abcdefabc'.index('c')
2
>>> 'abcdefabc'.count('a')
2
```

2. 成员资格的判定

序列元素的成员资格判定采用成员运算符 in 或 not in 判断语句进行，适用于列表、元组、字典、集合，或者是 range 对象、字符串等可迭代对象。具体判定的时候，需要注意 in 或 not in 用于判断一个元素 x 是否存在于序列之中，当多个元素成员判断时，会将这多个元素当作一个整体看成是一个元素来进行成员查找。例如：

```
>>> md = {'子':'鼠','丑':'牛','寅':'虎','卯':'兔',
          '辰':'龙','巳':'蛇','午':'马','未':'羊',
          '申':'猴','酉':'鸡','戌':'狗','亥':'猪'}
>>> '鼠鸡' in md.values()
False
>>> '鼠' in md.values()
True
>>> '鼠鸡' not in md.values()
True
>>> alist = [3, 4, 5, 6, 7, 8, 9, 10, 11]
>>> 8 in alist
True
>>> blist = [[3], [4], [5]]
>>> 4 in blist
False
>>> [4] in blist
True
>>> s = 'Good, better, best'
```

```
>>> 'o' in s
True
>>> 'ood' in s
True
>>> 'g' not in s
True
```

3.5.3 序列切片

切片可用于对列表、元组、字符串等顺序化序列结构中数据的区间式截取。通过切片(slice) 操作，可以截取系列 s 的一部分。切片操作的基本形式为: s[i:j]或者 s[i:j:k]。其中，i 为开始下标(包含 s[i])，j 为结束下标(不包含 s[j])，k 为步长。如果省略 i，则从下标 0 开始；如果省略 j，则直到结束为止；如果省略 k，则步长为 1。若步长为负数，则逆序排列元素。在序列切片中，如果截取范围内没有数据，则返回空元组；如果超过下标范围不报错。例如：

```
>>> s = 'abcdef'
>>> print(s[-1], s[-2], s[1:3])
f e bc
>>> s[ : ]
'abcdef'
>>> s[ : :2]
'ace'
>>> s[::-1]
'fedcba'
>>> s[1:-1]
'bcde'
>>> t = (1, 3, 5, 7, 9)
>>> t[:2]
(1, 3)
>>> t[1:-1]
(3, 5, 7)
>>> 'hello world'[-1]
'd'
>>> 'hello world'[:-1]
'hello worl'
```

可以使用切片操作快速实现很多目的，例如原地修改列表内容，列表元素的增、删、改、查以及元素替换等操作都可以通过切片来实现，且不影响列表对象的内存地址。例如：

```
>>> a = [3, 5, 7]
>>> a[len(a):]
[]
>>> a[len(a):] = [9, 11]
>>> a
[3, 5, 7, 9, 11]
>>> a[:2] = [1,2,4,6]
>>> a
[1, 2, 4, 6, 7, 9, 11]
>>> a[:3] = []                    #切片替换
>>> a
[6, 7, 9, 11]
>>> b = list(range(10))
>>> b[::2] = [0]*(len(b)//2)      #len(b)//2 个元素 0 构成的列表
>>> b
[0, 1, 0, 3, 0, 5, 0, 7, 0, 9]
```

```
>>> del b[1:4]                    #del 配合切片操作实现对列表元素的区间删除
>>> b
[0, 0, 5, 0, 7, 0, 9]
```

切片操作返回的是原有对象的浅拷贝，即只拷贝了最外网的对象，对于其内部的元素则只拷贝了一个引用。即便如此，经过切片的数据，仍然是将原有的对象复制到了新的空间，而不同于简单的对象赋值操作，因为对象的简单赋值操作只是增加了该对象的引用，其还是指向于原有的对象。例如：

```
>>> a = [3, 5, 7, 9]
>>> id(a)
1921776184968
>>> b = a[:]
>>> id(b)              #通过切片的浅拷贝创建出新的内存
1921776244360
>>> a == b
True
>>> c = a              #赋值操作仅仅增加了对象的引用
>>> id(c)              #c 只是原有 a 所指向对象的引用
1921776184968
>>> t = (1, 3, 5, 7, 9)
>>> t[:2]
(1, 3)
>>> c is a
True
>>> b is a
False
```

3.5.4 序列排序

在实际应用中，经常需要对序列元素进行排序。尽管有序的序列结构均支持序列排序，只有列表结构具有对象自身提供的 sort()方法进行原地排序，即这种排序是永久性排序，将会按照顺序改变列表中元素的次序。若要按与字母顺序相反的顺序排列列表元素，只需用 sort ( )方法传递参数 reverse=True。例如：

```
>>> cars = [ 'bmw','audi', 'toyota', 'subaru' ]
>>> cars.sort( )
>>> print (cars)            #改变了列表中元素的顺序
['audi', 'bmw', 'subaru', 'toyota']
>>> cars.sort (reverse = True)
>>> print (cars)            #改变了列表中元素的顺序
['toyota', 'subaru', 'bmw', 'audi']
```

要保留列表元素原来的排列顺序，同时以特定的顺序呈现它，可使用函数 sorted()。函数 sorted( )让你能够按特定顺序显示列表元素，同时不影响它在列表中的原始排序。例如：

```
>>> cars = [ 'bmw','audi', 'toyota', 'subaru' ]
>>> sorted(cars)
['audi', 'bmw', 'subaru', 'toyota']
>>> print(cars)          #并没有实际改变列表中元素的顺序
['bmw', 'audi', 'toyota', 'subaru']
```

内置函数 sorted(iterable, key = None, reverse = False)返回系列的排序列表，其中 key 是用于计算比较键值的函数(带 1 个参数)，例如 key = str. Lower 表示先将字符转换为小写再做比较，代码如下：

```
>>> s1 = 'axd'
>>> sorted(s1)
['a', 'd', 'x']
>>> s2=(1,4,2)
>>> sorted(s2 )
[1, 2, 4]
>>> sorted( s2 , reverse = True )
[4, 2, 1]
>>> s3 = ' abAC '
>>> sorted(s3, key = str. lower)
[' ', ' ', 'a', 'A', 'b', 'C']
```

3.5.5 序列的基本运算

1. 大小比较

当两个列表或元组比较大小时，从第一个元素顺序开始比较，如果相等，则继续，返回第一个不相等元素比较的结果。如果所有元素比较均相等，则长的列表大，一样长则两列表相等。例如：

```
>>> a = [1,2,3]
>>> b = [1,3,5]
>>> c = [1,2,3,-1]
>>> print(a < b, a < c, b < c)
True True False
>>> d = (1,2,3)
>>> e = (1,3,5)
>>> f = (1,2,3,-1)
>>> print(d > e, d > f, e > f)
False False True
>>> (1,2,3) == (1.0,2.0,3.0)
True
>>> 'hello' > 'world'
False
```

2. 基本计算

通过内置函数 len( )、max( )、min( )可以获取系列的长度、元素最大值、元素最小值。内置函数 sum( )可获取列表或元组各元素之和；如果有非数值元素，则导致 TypeError；对于字符串(str) 和字节数据(bytes)，也将导致 TypeError。这些基本计算函数均适用于列表、元组、字符串、集合、range 对象和字典等序列结构。

```
>>> s = 'abcdefg'
>>> len (s)
7
>>> max (s)
'g'
>>> min (s)
'a'
>>> s2 =''
```

```
>>> len (s2)
0
>>> a = {1:1, 2:5, 3:8}
>>> max(a)
3
>>> max(a.values())
8
>>> sum(a)
6
>>> sum(a.values())
14
```

通过内置函数 all( )和 any( )，可以判断序列的元素是否全部和部分为 True。all(iterable) 表示如果序列的所有值都为 True，返回 True；否则，返回 False 。

```
>>> any((1, 2, 0))
True
>>> all([1, 2, 0])
False
```

3.6 其他序列类型

collections 是 Python 内建的一个集合模块，提供了许多有用的集合类，如 OrderedDict、namedtuple、deque、defaultdict、Counter 等。以下仅对有序字典(OrderedDict)、具名元组(namedtuple)和双向列表(deque)等加以介绍。

3.6.1 具名元组

普通的元组是一个不变的集合，如点的二维坐标就可以表示成 p = (1, 2)，其中的数字并没有特殊标注，因此使用的时候不容易判断这一数据就是坐标。如果采用具名元组(namedtuple)对其进行定义，则避免了使用上的混淆。namedtuple 函数这里接收两个参数，第一个参数为要创建类型的名称，第二个参数是个列表，代表了每一个元素所具备的名字。具名元组的返回值为该名称的类，在使用时列表中的名称所对应的值就是该类构造方法中的实参。例如：

```
>>> from collections import namedtuple
>>> Point = namedtuple('Point', ['x', 'y'])
>>> print(Point)                    #具名元组返回值为一个类
<class '_main_.Point'>
>>> p = Point(1, 2)                 #创建具名元组对应类的实例
>>> p.x
1
>>> p.y
2
```

具名元组构造出来的类其本质就是一个 tuple 元组，所以仍然可以使用下标的方式来访问属性，并且在任何要求类型为元组的地方都可以使用这个 namedtuple。例如：

```
>>> p[0]                            #具名元组的类所创建的实例仍然是元组
```

```
1
>>> p[1]
2
>>> for i in p:
print(i)
1
2
>>> x,y = p                          #元组的解包
>>> x,y
(1, 2)
>>> isinstance(p, Point)
True
>>> isinstance(p, tuple)             #表明具名元组也是元组
True
```

3.6.2　双向队列

使用列表(list)存储数据时，按索引访问元素很快。然而，由于 list 采取了线性存储，当数据量大的时候，插入和删除效率很低。双向队列(deque)结构可以实现双向的插入和删除操作，具有队列和栈的特征。当采用 append()方法添加元素时，元素如 list 一样被附加到队列的尾部，而当采用 appendleft()方法添加元素时，就在队列首部完成添加。例如：

```
>>> from collections import deque
>>> q = deque(['a', 'b', 'c'])
>>> q.append('x')
>>> q.appendleft('y')
>>> q
deque(['y', 'a', 'b', 'c', 'x'])
```

deque 除了实现 list 的 append()和 pop()外，还支持 appendleft()和 popleft()，这样就可以非常高效地向头部添加或删除元素。例如：

```
>>> print(q.popleft())
y
>>> print(q.pop())
x
>>> q
deque(['a', 'b', 'c'])
```

本章小结

本章介绍了序列结构的相关知识，即四大核心对象类型，列表、元组、字典、集合。列表是 Python 中最基本的数据类型，由于 Python 并没有类似于 C 语言一样采用数组结构表示连续的数据，而是通过序列结构实现数据的连续存储和有序排列，其最基本和最经常使用的结构就是列表。Python 提供了功能强大的列表处理能力，允许一个列表中的元素各不相同，也可以同时分别为整数、实数、字符串等基本类型，或者是其他序列结构，因此列表是比数组更加方便灵活和功能强大的数据结构。

与列表区别的是，元组属于不可变序列，一旦创建就不能修改，包括其中的元素值也

不能调整，只能重新创建元组。然而元组的访问效率比列表更高，同时不可变的结构也提供了对数据的保护，因此在实际应用中元组的应用也十分广泛。

字典提供了通过键值访问数据的方式，这是其他序列结构所不具备的功能。而集合则对集合运算的支持更好，完全匹配于数学领域集合的概念。

序列运算是大数据处理中必不可少的运算操作，与传统的普通数值运算相比，利用序列运算能够在序列结构的范畴内进行基本的计算，本章所介绍的序列解包、序列切片、序列排序等都是实际应用中非常常见的对一组数据进行基本运算的操作，可以极大地简化编程的难度和精简程序代码数量。

具名元组是一种具有名字的特殊元组，可通过属性的方式访问元素。双向队列则是一种特殊的列表，可以实现队列才具有的双向操作功能。

习题

一、选择题

1. 语句 print(type([1, 2, 3, 4]))的输出结果是(　　)。

A. <class'tuple'>　　B. <class 'dict '>　　C. <class 'set' >　　D. <class 'list '>

2. 语句 nums = set([1,2,2,3,3,3,4]); print(len(nums))的输出结果是(　　)。

A. 1　　B. 2　　C. 4　　D. 7

3. 语句 s={'a',1,'b',2}; print(s['b'])的运行结果是(　　)。

A. 语法错　　B. 'b'　　C. 1　　D. 2

4. 以下不能创建字典的 Python 语句是(　　)。

A. dict1={}　　B. dict2= {1: 8}

C. dict3=dict([2,4],[3,6])　　D. dict4=dict(([2,4],[3,6]))

二、填空题

1. 语句 fruits=['apple', 'banana', 'pear']; print(fruits[-1][-1])的结果是________。

2. 语句 fruits = ['apple', 'banana', 'pear']; print (fruits.index('apple'))的结果是________。

3. 语句 fruits = ['apple', 'banana ', 'pear']; print('Apple' in fruits) 的结果是________。

4. 语句 print("hello"*2)的运行结果是________。

5. 语句 names = ['Amy', 'Bob', 'Charlie ', 'Daling'] ; print(names[-1][-1])的结果是________。

6. 语句 fruits = {'apple':3, 'banana':4, 'pear':5}; fruits['banana'] =________; print(sum(fruits.values( )))的结果是________。

三、程序题

1. 已知两个集合 A={1,2,3,4,5}，B={4,5,6,7}求它们的并集、交集、差集、对称差集并写出计算结果。

2. 已知列表 s=[9,7,8,4,55,1]，求其元素的个数、最大值、最小值以及元素的和。

3. 已知字典 d={"1":"zhang","2":"li","3":"wang"}，求键 1 的相应值，从字典取出一个键值对，以元组形式返回。

4. 已知元组 color = "red","blue","yellow","green"，将元组进行倒序排列。

第 4 章　函　　数

在开发过程中，有很多操作是完全相同或者是非常相似的，如果出现多次执行相似或完全相同的代码块，一是程序较多不利于阅读，二是一旦需要修改不利于统一进行处理。采用函数的方法可以有效解决程序复用和一致性管理等问题，有利于更科学地进行软件项目的工程化管理，能够更有效地编写和维护代码。

在实际开发过程中，需要对函数进行良好的设计和优化才能充分发挥其优势。有很多函数编写的原则可供参考和遵守，例如，不要在同一个函数中执行太多的功能，尽量只让其完成一个高度相关且大小合适的功能，以提高模块的内聚性。另外，尽量减少不同函数之间的隐式耦合，减少全局变量的使用，使得函数之间仅通过调用和参数传递来体现相互关系。

4.1　函数定义与调用

Python 内置了很多实用的函数，我们可以直接调用。要调用一个函数，需要知道函数的名称与参数。例如求最大值的函数 max，该函数需要的参数个数必须大于等于 1 个。代码如下：

```
>>> max([4,8])
8
>>> max([1,9,3])
9
>>> max([5])
5
```

Python 内置函数往往无法满足开发过程中所需要的各类功能要求，这时就需要用户自定义函数，需要使用 def 关键字来标明函数定义的开始，然后是一个空格和函数名称，接下来是一对圆括号，在圆括号内是形式参数列表，如果有多个参数则使用逗号分隔开，圆括号之后是一个冒号和换行，最后是注释和函数体代码。定义函数时需要注意以下内容：

(1) 函数形参不需要声明其类型，也不需要指定函数返回值类型；

(2) 即使该函数不需要接收任何参数，也必须保留一对空的圆括号；

(3) 圆括号后面的冒号必不可少；

(4) 函数体相对于 def 关键字必须保持一定的空格缩进。

例如：

```
>>> def fib(n):
        '''accept an integer n. return the numbers 1es than n in Fibonacci sequence.'''
        a, b=1, 1
        while a<n:
            print(a, end=' ')
            a, b=b, a+b
        print()
```

使用用户自定义函数时，只需通过函数名加参数的方式即可获得结果。

```
>>> fib(1000)
1 1 2 3 5 8 13 21 34 55 89 144 233 377 610 987
```

在调用该函数时，输入左侧圆括号之后，立刻就会得到该函数的使用说明，如图 4-1 所示。这种函数开头部分的注释并不是必需的，但是如果为函数的定义加上一段注释，则可以为用户提供友好的提示和使用帮助。

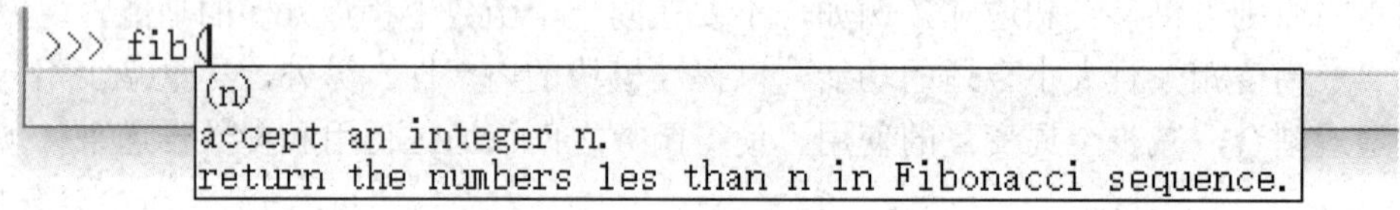

图 4-1　函数注释功能的使用

4.2　函数参数

参数是声明和使用函数时经常要用到的、用于向函数内部传递程序数据的常用方法。尽管全局变量的使用也可以实现程序与函数之间的数据共享，然而这样所建立的函数需要依赖于对外部变量的使用，不利于函数的独立性设计。更好的方法是利用参数实现外部程序与函数之间的数据传递，这样所建立的函数更容易适应各类调用的场合，通用性更高。

4.2.1　形参与实参

声明函数时建立的参数为形式参数，简称形参；调用函数时，提供函数需要的参数的值， 即实际参数，简称实参。实际参数值默认按位置顺序依次传递给形式参数，如果参数个数不对，则会产生错误。

函数定义时圆括号内是使用逗号分隔开的形参列表(parameters)，一个函数可以没有形参，但是定义时的圆括号必须有，表示没有参数输入的函数。函数调用时向其传递实参(arguments)，将实参的值或引用传递给形参。例如，在 4.1 节中定义函数 fib(n)时括号内的 n 就是该函数的形参，而调用该函数时括号内的 1000 就是传递给该函数的实参。

在定义函数时，如果有多个形参，则需要使用逗号进行分隔。同时，对于绝大多数情况，在函数内部直接修改形参的值不会影响实参。例如：

```
>>> def plus(a, b):
      print(a)
      a += b
     print(a)
>>> a, b = 3, 2
>>> plus(a, b)
3
5
>>> a, b
(3, 2)
```

从运行结果可以看出，在函数内部修改了形参 a 的值，但是当函数运行结束以后，实参 a 的值并没有被修改。然而，如果传递给函数的是序列结构，并且在函数内部使用下标或其他方式为可变序列增加、删除元素或修改元素值时，修改后的结果可以反映到数之外，即实参也得到相应的修改。

```
>>> def modify(v):              #修改列表元素值
      v[0]=v[0]+1
>>> a = [2]
>>> modify(a)
>>> a
[3]
>>> def append(v, item):        #为列表添加元素
      v.append(item)
>>> append(a, 4)
>>> a
[3, 4]
>>> def change(d):              #修改字典元素的值
      d['age'] = 30
>>> b = {'name': 'Wang', 'age':20, 'sex': 'Male'}
>>> change(b)
>>> b
{'name': 'Wang', 'age': 30, 'sex': 'Male'}
```

Python 函数参数定义时并不指定参数类型，为减少函数内部数据处理时可能发生的错误，让程序运行更加稳健，可以采用 isinstance()函数来显示判断参数的类型，一旦用户输入的类型不符合处理要求，就进入错误处理逻辑，这样编写的程序会更加严密。

【例 4-1】 编写函数计算圆的面积。代码如下：

```
from math import pi as PI
def CircleArea(r):
    if isinstance(r,int) or isinstance(r,float):   #确保接受的参数为数字
        return PI*r*r
    else:
        return('You must give me an integer or float as radius.')

print(CircleArea(3))
```

4.2.2 参数的默认值

在定义函数时可以为形参设置默认值。在调用带有默认值参数的函数时，可以不用为设置了默认值的形参进行传值，而是直接使用函数定义时设置的默认值，也可以通过显式赋值来替换其默认值，具有较大的灵活性。调用该函数时，如果只为第一个参数传递实参，则第二个参数使用默认值 1，如果为第二个参数传递实参，则不再使用默认值 1，而是使用调用者显式传递的值。例如：

```
>>> def say(message, times=1):
        print((message+' ')*times)
>>> say('hello')
hello
>>> say('red', 3)
red red red
```

需要注意的是，在定义带有默认值参数的函数时，默认值参数必须出现在函数形参列表的最右端，且任何一个默认值参数右边都不能再出现非默认值参数。例如：

```
>>> def f(a=3, b, c=5):              #不正确的默认参数值
        print(a, b, c)
SyntaxError: non-default argument follows default argument
>>> def f(a=3, b, c):                #不正确的默认参数值
        print(a, b, c)
SyntaxError: non-default argument follows default argument
>>> def f(a, b, c=5):                #正确的默认参数值
        print(a, b, c)
```

此外，对于列表、字典这样复杂类型的参数默认值，可能会导致很严重的逻辑错误，这类错误往往会引发很多难以预料的数据结果错误，如下例所示：

```
>>> def append(arg, result=[]):
        result.append(arg)
        print(result)
>>> append('a')
['a']
>>> append('b')
['a', 'b']
>>> append('demo', [1,2,3,4])
[1, 2, 3, 4, 'demo']
>>> append('demo', ['a', 'b'])
['a', 'b', 'demo']
>>> append('a')
['a', 'b', 'a']
>>> append('b')
['a', 'b', 'a', 'b']
```

以上例子中，由于序列结构的使用，使得程序的运行结构较难把握，这样的情况在实际应用过程中容易造成不可预料的错误。因此，在实际编程过程中应尽量避免使用这类默认值，如有特殊需要，应采取一些特殊的设计方式。如例 4-2 所示，可以通过 None 这一特殊数据类型的使用屏蔽掉直接将序列结构数据作为默认值的问题。

【例 4-2】 通过 None 类型取代序列结构的数据作为函数的默认值。代码如下：

```
def append(arg, result=None):
```

```
    if result is None:
        result = []
    result.append(arg)
    print(result)
append('demo', [1,2,3,4])
append('demo', ['a', 'b'])
append('a')
append('b')
```

程序的运行结果如下：

```
[1, 2, 3, 4, 'demo']
['a', 'b', 'demo']
['a']
['b']
```

对 append()函数的默认值进行这样的调整后，通过 None 类型默认值的使用巧妙地将序列结构数据转换为非序列结构的数据，使得程序的运行比较确定，对于采用默认参数进行的运算会统一按照其定义的默认参数值进行运算，因而程序的执行更容易控制。

4.2.3 关键字参数

人们编写函数时，一个较大的问题是不容易确定多个参数的顺序，每次调用函数时都要重新查找函数的定义，这样为函数的编写和维护带来较大的负担。如果能够通过关键字来确定每一个参数，就不再需要特意去维护参数之间的顺序和对应性，可以极大地简化程序的编写。Python 可以在实参输入时通过关键字来直接对应到具体的形参，这样就可以避免用户需要牢记参数位置和顺序的麻烦，使得函数的调用和参数传递更加灵活方便。

【例 4-3】 求平面上两点间距离。代码如下：

```
from math import sqrt
def dist(x1, y1, x2, y2):
    print("x1={}, y1={}, x2={}, y2={}".format(x1, y1, x2, y2))
    print("distance is {}".format(sqrt((x1-x2)**2+(y1-y2)**2)))

a, b, c, d = 1, 2, 3, 4
dist(a, b, c, d)                    #按顺序输入参数
dist(x1=a, x2=c, y1=b, y2=d)        #按关键字输入参数 append('b')
```

程序的运行结果如下：

```
x1=1, y1=2, x2=3, y2=4
distance is 2.8284271247461903
x1=1, y1=2, x2=3, y2=4
distance is 2.8284271247461903
```

4.2.4 可变参数与序列解包

当函数参数数目不确定时，可以通过星号*将一组可变数量的参数组合成元组，形成可变参数。例如：

```
>>> def demo1(*p):
        print(p)
>>> demo1(1, 2, 3)
(1, 2, 3)
>>> demo1('a', 'b', 1, 2)
('a', 'b', 1, 2)
```

也可以使用两个星号**将可变数量的参数组合成字典，形成可变参数。此时需要使用参数的关键字，或者说参数的名字，这些名字就对应了所构成的参数字典中该值的键，而实参的数值就是字典的值。例如：

```
>>> def demo2(**p):
        for item in p.items():
            print(item)
>>> demo2(x=1, y=2, z=3)
```

```
('x', 1)
('y', 2)
('z', 3)
```

虽然函数允许两种不定长参数混合使用，但一般情况下，在同一函数中应尽量保持单一的不定长参数，以减少代码复杂度和可能的设计歧义，使得代码更容易阅读和维护。

【例 4-4】 求一组数字的平均值，并且进一步将这组数字按大于平均值和小于平均值分成两组。代码如下：

```
def divideByAverage(*para):
    avg = sum(para)/len(para)
    g = [i for i in para if i>avg]
    l = [i for i in para if i<avg]
    print(avg)
    print(g)
    print(l)

divideByAverage(1,2,3,4,5)
dist(x1=a, x2=c, y1=b, y2=d)      #按关键字输入参数 append('b')
```

程序的运行结果如下：

```
3.0
[4, 5]
[1, 2]
```

反过来，如果形参定义时指定了多个参数，也可以在实参输入时采用列表、元组、集合、字典以及其他可迭代对象等序列结构，此时要在实参名称前加一个星号*，Python 解释器将自动进行解包，然后传递给多个单变量形参。如果使用字典对象作为实参，则默认使用字典的“键”，如果需要将字典中“键. 值对”作为参数则需要使用 items()方法，如果需要将字典的“值”作为参数则需要调用字典的 values()方法。采用序列解包的办法进行参数输入时，需要保证实参中元素个数与形参个数相等，否则将会出现错误。例如：

```
>>> def summary(a,b,c):
        print(a+b+c)
>>> lst = [1,2,3]
>>> summary(*lst)
6
>>> tup = (1,2,3)
>>> summary(*tup)
6
>>> dic = {1:'a',2:'b',3:'c'}
>>> summary(*dic)
6
>>> summary(*dic.keys())
6
>>> summary(*dic.values())
abc
```

4.3　函数返回值

函数可以没有返回值，若需要返回计算结果，可使用 return 语句。return 语句用来从一个函数中返回并结束函数的执行，同时还可以通过 return 语句从函数中返回一个任意类型的值。不论 return 语句出现在函数的什么位置，一旦得到执行就将直接结束函数的执行。如果函数没有 return 语句或者执行了不返回任何值的 return 语句，Python 将认为该函数以 return None 结束，即返回空值。

【例 4-5】 统计给定整数 m 和 n 区间内素数的个数，并输出这些素数。代码如下：

```
def isPrime(i):
    for k in range(2,i):
        if (i % k==0):
            return False
    return True


m,n = input().split()
m,n = int(m), int(n)
p = [i for i in range(m,n+1) if isPrime(i)]
print(len(p))
print(p)
```

程序运行如下：

```
20 40
4
[23, 29, 31, 37]
```

如果函数没有设置返回值，则默认返回的是 None 值，等价于 return None。例如：

```
>>> def summary(a,b,c):
        print(a+b+c)
>>> x = summary(1,2,3)
6
>>> print(x)
None
```

```
>>> def summary(a,b,c):
        print(a+b+c)
        return None
>>> x = summary(1,2,3)
6
>>> print(x)
None
```

4.4 变量的作用域

变量起作用的代码范围就是该变量的作用域，不同作用域内同名变量之间互不影响。

4.4.1 局部变量与全局变量

在函数外部定义和在函数内部定义变量，其作用域是不同的。函数内部定义的变量一般为局部变量，而不属于任何函数的变量一般为全局变量。一般而言，引用局部变量比全局变量速度快，因此在程序设计时应优先考虑使用局部变量。另一方面，全局变量可能会增加不同函数之间的隐式耦合度，因此在实际编程过程中不适宜大量使用。

局部变量只在该函数内起作用，当函数运行结束后，在该函数内部定义的局部变量被自动删除而不可访问。而在函数内部定义的全局变量当函数结束以后仍然存在并且可以访问。因此如果想要在函数内部修改一个定义在函数外的变量值，那么这个变量就不能是局部的，其作用域必须为全局变量，可以通过 global 来声明或定义，能够同时作用于函数内外。这分两种情况。

(1) 一个变量已在函数外定义，如果在函数内需要修改这个变量的值，并将这个赋值结果反映到函数之外，可以在函数内用 global 声明这个变量为全局变量，明确声明要使用已定义的同名全局变量。

(2) 在函数内部直接使用 global 关键字将一个变量声明为全局变量，即使在函数外没有定义该全局变量，在调用这个函数之后，将自动增加新的全局变量。

示例如下：

```
>>> def f():
        global x         #声明或创建全局变量
        x=3              #修改全局变量的值
        y=4              #局部变量
        print(x,y)
>>> print(x)             #由于 f()函数还没有被调用，此处 x 尚未被定义
NameError: name 'x' is not defined
>>> x=5                  #在函数外部定义了全局变量 x
>>> f()
3 4
>>> print(x)             #因 x 为全局变量，值已经改变
3
>>> print(y)             #y 为局部变量，无法引用
NameError: name 'y' is not defined
```

通过以上示例可以看出，在函数中通过 global 声明全局变量与在函数外声明全局变量

有一定区别，即在函数外声明全局变量的位置就是该变量生效的起始点，而在函数内通过 global 声明的全局变量，其声明位置并不是该全局变量生效的起始点，这一变量生效的起始点是此函数首次调用的位置。

4.4.2　模块导入变量

Python 中 global 关键字可以定义一个变量为全局变量，但是这个仅限于在一个模块(py 文件)中调用全局变量。大型的软件程序往往需要由多个 py 文件构成，其中每个 py 文件就算作一个模块。默认情况下，.py 文件的文件名即为模块名，可以利用“import 模块名”的方式导入该模块，也可以通过“import 模块名 as 模块别名”的方式为模块起一个别名。模块的使用可以避免过多代码堆积在一个文件中，它是根据设计将不同的功能归类到对应的文件里，使得整个软件结构更加清晰。事实上，在程序中引用各种库函数所采用的模块化方法也是体现的这一思想。

【例 4-6】 一个简单的收入计税程序。tax_rate、earning 和 tax 为模块 A(e4_6_A.py)中的三个全局变量，在模块 B(e4_6_B.py)中导入模块 A，并且根据需要重新确定收入 earning，并给出其应交税的金额。

以下为文件 e4_6_A.py 中的内容，其中 tax_rate、earning 和 tax 为全局变量：

```
tax_rate = 0.1
earning = 2000
def getTax():
    global earning
    earning += 100
    return earning*tax_rate
tax = getTax()
```

以下为文件 e4_6_B.py 中的内容：

```
import e4_6_A as A
print(A.tax)
A.earning = 3000
tax = A.getTax()
print(A.tax)
print(tax)
```

运行 e4_6_B.py，得到如下结果：

```
210.0
210.0
310.0
```

可以看出，原有的税额为 210，当前由于收入提升到了 3000，税额调整为 310。

Python 没有通常意义上的主函数，在程序中经常会放置以下代码，用以表示主要的代码执行，其中的_name_为系统变量，为当前模块的名称：

```
if _name_=='_main_'
```

程序开发时，经常会把此段代码看成是程序的主函数，代表了主要程序的执行。然而，很多情况下，添加这段代码与不添加并没有显著的差异，而在模块间相互调用时，这一代码就能够发挥其应有的作用。例 4-7 为采用了系统变量_name_判断代码之后的计税程序，以下将具体说明。

【例 4-7】 收入计税程序的修改版本，增加了对_name_变量的判断。

以下为文件 e4_7_A.py 中的内容，其中 tax_rate、earning 和 tax 为全局变量：

```
tax_rate = 0.1
earning = 2000
print('The _name_ is %s' % _name_)
def getTax():
    global earning
    earning += 100
    return earning*tax_rate
if _name_=='_main_':
    print('='*30)
    tax = getTax()
    print(tax)
```

单独运行 e4_7_A.py，以下为执行结果，可见其_name_变量的内容为'_main_'：

```
The _name_ is _main_
==============================
210.0
```

以下为文件 e4_7_B.py 中的内容：

```
import e4_7_A as A
if _name_=='_main_':
    A.earning = 3000
    tax = A.getTax()
    print(tax)
```

运行 e4_7_B.py，以下为执行结果：

```
The _name_ is e4_7_A
310.0
```

可见模块 e4_7_A 中_name_变量的内容为模块名称，因此不会再执行 tax = getTax()的代码，而 e4_7_B 模块此时为主要运行模块，因此其_name_变量的内容为'_main_'，其下的代码也都正常执行。由此可见，对于当前模块名称_name_与'_main_'的比较，非常适合于跨模块的代码执行，若有此判断，可以避免执行导入模块中自己的执行代码，而只引用其中所需要的变量或函数，符合模块化编程的具体要求。

4.5 lambda 表达式

Python 提供了一种匿名函数的简化函数实现方法，即 lambda 表达式，它属于一种不需要函数名字而临时使用的特殊函数实现。

4.5.1 基本用法

lambda 表达式只可以包含一个表达式，不允许包含其他复杂的语句，但在表达式中可以调用其他数，并支持默认值参数和关键参数，该表达式的计算结果就是函数的返回值。

lambda 表达式的语法格式如下：

```
lambda [parameter_list] : 表达式
```

从上面的语法格式可以看出 lambda 表达式的几个要点：

(1) lambda 表达式必须使用 lambda 关键字定义。

(2) 在 lambda 关键字之后，冒号左边的是参数列表，可以没有参数，也可以有多个参数，由逗号隔开；冒号右边是该 lambda 表达式的返回值。

(3) lambda 表达式必须是单行的，不能出现多行代码，因此一般用于简单的功能。

(4) lambda 表达式可以直接在程序中使用，也可以将这一表达式赋值给一个变量，此时该变量可以间接调用该 lambda 表达式，使用时看起来就像一个正式定义的函数。

例如：

```
add = lambda x，y，z：x+y+z
```

在使用时，可以直接执行 add(1,2,3)，输出结果为 6。看上去相当于一个简单的函数：

```
def add(x, y, z):
    return x+y+z
```

作为一个简单的函数定义方式，lambda 表达式可以支持普通函数中所常见的默认值参数、关键字参数和可变参数。示例如下：

```
>>> f = lambda x, y=2, z=3: x+y+z
>>> print(f(1))
6
>>> print(f(1, 2, 2))
5
>>> f = lambda x, y=2, z=3: x+y-z
>>> f = lambda x, y=2, z=3: z-x-y
>>> print(f(1))
0
>>> print(f(1, 2, 2))
-1
>>> print(f(x=2, y=1, z=4))
1
>>> print(f(x=2, y=1, z=10))
7
>>> print(f(z=8, y=1, x=1))
6
>>> g = lambda *args : sum(args)
>>> print(g(1,2,3,4))
10
```

4.5.2 对序列结构的处理

lambda 表达式非常适合对序列结构的处理，在实际使用过程中常常利用这一特性来简化复杂运算程序的编写。例如：

```
>>> list1 = [3,5,-4,-1,0,-2,-6]
>>> list2 = sorted(list1, key=lambda x: abs(x))
>>> list2
[0, -1, -2, 3, -4, 5, -6]
>>> list1                          #利用 sorted()函数时 list1 并没有改变
[3, 5, -4, -1, 0, -2, -6]
>>> list1.sort()                   #list1 按大小排序
>>> list1
[-6, -4, -2, -1, 0, 3, 5]
```

```
>>> list1.sort(key=lambda x:abs(x))              #list1 按绝对值进行排序
>>> list1
[0, -1, -2, 3, -4, 5, -6]
>>> L = [(lambda x: x**2), (lambda x: x**3), (lambda x: x**4)]
>>> print(L[0](2), L[1](2), L[2](2))
4 8 16
>>> print(D['fl'](), D['f2'](), D['f3']())
>>>L = [(lambda x: x**2), (lambda x: x**3), (lambda x: x**4)]
>>>print(L[0](2), L[1](2), L[2](2))
4 8 16
```

lambda 表达式可以没有输入参数，但必须提供输出的返回值，即冒号右边不能为空，若确实需要为空，应以 None 代替，如下所示：

```
>>> x = lambda: 2+3
>>> print(x())
5
>>> print(y())
None
>>>D = {'fl':(lambda:2+3), 'f2':(lambda:2*3), 'f3':(lambda:2**3)} #无参数的 lambda 函数
>>>print(D[‘fl’](),D[‘f2’](),D[‘f3'']())
5 6 8
```

4.5.3 与 map()函数的混合使用

map()函数是 Python 内置的高阶函数，它接收一个函数 function 和一个或多个序列 iterable，并通过把 function 依次作用到 iterable 的每个元素上，得到新的序列并返回。map()函数的调用方法如下：

```
map(function, iterable, ...)
```

在实际使用中，常常把 map()函数与 lambda 表达式相结合使用，实现对序列类型数据的灵活方便处理。例如：

```
>>> def fun(x):
return x+1
>>> a = [1,2,3,4]
>>> map(fun,a)
<map object at 0x0000021B6AC9F240>
>>> print(list(map(fun,a)))
[2, 3, 4, 5]
```

若采用 lambda，则以上程序可以精简为：

```
>>> a = [1,2,3,4]
>>> print(list(map(lambda x:x+1,a)))
[2, 3, 4, 5]
```

【例 4-8】 已知一个数列的通项为 $f(x) = x^3+5x^2-2x+1$，其中的 x 对应一组数据[3, 5, 8, 10, 11, 15, 22]，求该数列。代码如下：

```
def f(x):
```

```
        return x**3+5*x**2-2*x+1
    x_list = [3, 5, 8, 10, 11, 15, 22]
    print(list(map(lambda x:f(x),x_list)))
```

运行结果为：

```
[67, 241, 817, 1481, 1915, 4471, 13025]
```

4.6 递归函数

在函数内部，可以调用其他函数。如果一个函数在内部调用自身本身，这个函数就是递归函数。适当地运用递归有时能够有效减少程序设计的复杂性，可以通过有限的语句来定义复杂问题，使得程序编写和维护都变得更加容易。递归函数的设置一般会需要终止条件和递归条件，从而避免无限循环。

【例 4-9】 利用递归方法计算斐波那契数列，其具有如下性质：

```
fib(0)=1                        n=0
fib(1)=1                        n=1
fib(n)=fib(n-1)+fib(n-2)        n≥2
```

程序如下：

```
def fib(n):
    if n == 1 or n == 2:
        return 1
    else:
        return fib(n-1) + fib(n-2)
res = fib(20)
print(res)
```

输出结果为：

```
6765
```

理论上，所有的递归函数都可以写成循环的方式，而递归函数的优点是定义简单并且逻辑清晰，在一些问题的解决上比较符合人的思维逻辑，能够提供较为合理的程序执行方式。

本章小结

本章介绍函数的定义、调用、参数传递方式、变量的作用域、lambda 表达式和函数递归等相关知识。把程序代码封装成函数可以为代码的复用提供一种方便而合理的方式，其中函数定义时建立的参数为形式参数，是一种独立于用户使用环境的抽象参数类型，表明该函数内部数据处理的具体方式，而该函数实际使用时输入的参数就是实参。Python 允许为参数设定默认值，并通过参数位置让实参对应到形参，也可以通过参数的关键字实现有据可循的参数传递方式，而不再拘泥于固定的参数位置。更为灵活方便的使用方法是可变参数与序列解包，适用于处理函数参数数量不确定时的函数参数处理传递方式。

函数在定义时可以根据需要利用 return 语句给出其返回值，也允许没有返回值的函数，相当于函数返回了 None。而变量的作用域是反映变量在不同的程序结构层次内的有效性，需要正确理解和掌握。lambda 表达式则是用来定义匿名函数，适用于简单函数逻辑处理的需要。此外，函数递归是一种常见的编程方式，在实际使用时可以根据实际情况确定采用循环处理等方式还是函数递归来实现对编程问题的解决。

习题

一、选择题

1. 语句 print (type (lambda: None)) 的输出结果是(　　)。

A. < class 'NoneType '>　　B. < class 'tuple '>

C. < class 'type' >　　D. < class 'function ' >

2. 语句 f1 = lambda x:x*2; f2 = lambda x:x**2; print(f1(f2(2)))的运行结果是(　　)。

A. 2　　B. 4　　C. 6　　D. 8

3. 若 def (p,**p2): print(type(p2))，则 f1(1, a=2)的运行结果是(　　)。

A. <class'int’>　　B. < class'str' >　　C. < class' dict'>　　D. < class 'list'>

4. 若 def f1(a,b,c): print(a+b)，则 nums=(1,2,3); f1(* nums)的运行结果是(　　)。

A. 语法错　　B. 6　　C. 3　　D. 1

二、填空题

1. 使用 Python 关键字________，可以在函数中设置一个全局的变量。

2. 下列 Python 语句的输出结果是________。

```
d = lambda p:p*2
t = lambda p:p*3
x=2; x=d(x)
x=t(x); x=d(x)
print(x)
```

3. 下列 Python 语句的输出结果是________。

```
i= map(lambda x; x* *2, (1,2,3))
for t in i:print(t,end=")
```

三、编程题

1. 编写程序，求阶乘 n，并编写测试代码，要求输入整数 n(n≥0)。

2. 随机生成 20 个学生的成绩并判断这 20 个学生成绩的等级(90 分以上为 A，80 以上为 B，其余为 C)。

3. 编写函数，检查用户传入的对象(字符串、列表、元组)的每一个元素是否含有空内容。

4. 编写函数，检查传入列表的长度，如果大于 2，那么仅仅保留前两个长度的内容，并将新内容返回给调用者。

5. 编写程序，声明函数 getValue(b,r,n)，根据本金 b、年利率 r、年数 n，计算最终收益 v=b(1+r)n。

6. 已知一组数据[23,19,'c',3,4,5,6,7,8,17,26,15,14,13,12,11,'a','b']，试用递归函数编写二分法查找其中某一数据的程序。

第 5 章　字符串与正则表达式

最早的字符串编码是美国标准信息交换码 ASCII，仅对 10 个数字、26 个大写英文字母、26 个小写英文字母及一些其他符号进行了编码。ASCII 采用 1 个字节来对字符进行编码，因此最多只能表示 256 个符号。随着信息技术的发展和信息交换的需要，各国的文字都需要进行编码，于是分别设计了不同的编码格式，并且编码格式之间有着较大的区别，其中常见的编码有 UTF-8、GB2312、GBK、CP936 等。

5.1　字符串

字符串属于不可变序列类型，使用单引号、双引号、三单引号或三双引号作为界定符，且不同界定符之间可以相互嵌套。除了支持序列的通用方法(如比较、计算长度、元素访问、切片等)之外，字符串类型还支持一些特有的操作方法，如格式化操作、字符串查找、字符串替换等。由于字符串属于不可变序列，因此不能对其进行元素添加、修改和删除等操作。字符串对象提供的 replace()和 translate()方法并不是对原有字符串进行直接替换和修改，而是返回了另外一个结果字符串。

Python 支持字符串驻留机制。对于短字符串，将其赋值给多个不同对象时，内存中只有一个副本，多个对象共享该副本。而对于长字符串，则并不遵守驻留机制，如以下例子所示：

```
>>> a = '1234'
>>> b = '1234'
>>> id(a) == id(b)
True
```

```
>>> a = '1234'*50
>>> b = '1234'*50
>>> id(a) == id(b)
False
```

Python 3 的字符串默认采用 Unicode，其类型为 str。Python 3 的程序源文件默认为 UTF-8 编码，全面支持中文，无论是一个数字、英文字母，还是一个汉字，都按一个字符对待和处理。在 Python 3 中甚至可以使用中文作为变量名，如以下例子所示：

```
>>> s = '钱塘江大潮'
>>> len(s)
5
>>> s = '钱塘江大潮 Welcome'
>>> len(s)
12
```

```
>>> 城市 = '石家庄'
>>> len(城市)
3
>>> print(城市)
石家庄
>>> isinstance('abcd', str)
```

```
True                                    >>> type('北京'.encode('gbk'))
>>> type('abcd')                        <class 'bytes'>
<class 'str'>
```

5.1.1 字符串的格式化

如果需要将各种类型的数据转化为字符串，就需要字符串的格式化。其具体做法包括两种，一是利用%格式化运算符，二是利用 format()函数。这两种方法在之前的章节中已经有所运用，利用%格式化运算符的方式具体形式如下：

```
'%格式字符串' % (值 1,值 2, ..)
```

这一方法采取了兼容 Python 2 的形式，与 C 语言的 printf 格式化字符串基本相同。格式字符串由固定文本和格式说明符混合组成。格式说明符的语法如下：

```
%[ (key)][ flags][ width][. precision][length]type
```

其中，key (可选)为映射键，适用于映射的格式化，例如'% (lang)s'；flags(可选)为修改输出格式的字符集；width(可选)为最小宽度，如果为*，则使用下一个参数值；precision(可选)为精度，如果为*，则使用下一个参数值；length 为修饰符(h、1 或 L，可选)，Python 忽略该字符；type 为格式化类型字符。例如：

```
>>> '结果: %f' % 88
'结果: 88.000000'
>>> '姓名:%s,年龄:%d,体重:%3.2f'% ('张三', 20, 53.1)
'姓名:张三,年龄:20,体重:53.10'
>>> '%(lang)s has %(num)03d %(type)s types.' % {'lang':' Python', 'num':2, 'type':'quote'}
' Python has 002 quote types.'
```

%格式化运算方法兼容了以往的格式化方式，但在实际使用中有一定复杂性，为了更简单方便，在实际开发过程中可以采用系统内置函数 format()进行字符串的格式化。例如：

```
>>> format(81.2, "0.5f")        #格式化为小数点后五位的浮点数
'81.20000'
>>> format(0.12, ".2%")         #变成百分数
'12.00%'
>>> format(100, "x")            #将 100 转化为 16 进制数
'64'
```

Python 开发中提倡采用字符串对象自身的 format()方法，相比较而言它更加简单方便且不容易出错。字符串的 format()方法可以支持与位置无关的参数进行格式化，而且还支持格式化时的序列解包，为程序编写提供了极大的方便性。字符串 format()方法的基本形式如下：

```
str. format(格式字符串, 值 1, 值 2, ..)
```

格式字符串由固定文本和格式说明符混合组成。格式说明符的语法如下：

```
{<索引或键>:<填充字符> <对齐方式><宽度.精度><格式>}
```

其中允许采用数字化的索引或键进行参数的设置，并由冒号右边的格式化规范来指定该格式化字符串的格式要求。在以下例子中，0 代表索引为 0 的参数，即值为 100 的数据，冒号后面为具体的格式要求，分别为整数、十六进制数、八进制数和二进制数：

```
>>> "int: {0:d}; hex: {0:#x} ; oct: {0:#o}; bin: {0:#b} ". format(100)
'int: 100; hex: 0x64 ; oct: 0o144; bin: 0b1100100 '
```

采用索引数值时，需要保证 format()函数中输入的参数按顺序填写，而采用键名的方法则只需要在 format()函数中为键名输入相应的值。例如：

```
>>> '{2},{1},{0}'.format('a', 'b', 'c')
'c,b,a'
>>> '{0: >10}'.format(10)                 #右对齐，占 10 个字符，填充符为空格
'        10'
>>> '{0:_<10}'.format(10)                 #左对齐，占 10 个字符，填充符为_
'10________'
>>> '{0:*^10}'.format(10)                 #居中对齐，占 10 个字符，填充符为*
'****10****'
>>> age = 25
>>> name = 'wang'
>>> print('{0} is {1} years old. '.format(name, age))
wang is 25 years old.
>>> print('{0:.3f} is a decimal. '.format(1/3))
0.333 is a decimal.
>>> print('My name is {0:8}.'.format('Mary'))      #指定宽度为 8
My name is Mary    .
>>> fmt = '{0:15} ${1:>6}'                 #将格式化字符串设置为一个变量
>>> fmt.format('Registration', 35)
'Registration    $     35'
>>> 'User ID: {uid} Last seen: {last_login}'.format(last_login = '5 Mar 2008 07:20',   uid='root')
'User ID: root Last seen: 5 Mar 2008 07:20'
```

此外也可以使用字符串的 format_map()方法，此时输入数据为字典对象，其具体格式为：

str. format_ map(格式字符串，字典对象)

其中字典对象的键对应着格式字符串中所需要的键，而字典中的值就是输入的数据。

```
>>> "Test: argument1={arg1} and argument2={arg2}".format_map({'arg1':"Hello",'arg2':123})
'Test: argument1=Hello and argument2=123'
>>> student = {'name':'Wang', 'hometown':'Beijing', 'age':21}
>>> "The student {name} lives in {hometown}, and the age is {age}".format_map(student)
'The student Wang lives in Beijing, and the age is 21'
```

5.1.2 字符串的常用方法

字符串是非常重要的数据类型，Python 提供了大量的函数或方法支持字符串操作。可以用 dir('')来查看字符串的方法列表。表 5-1 中列举了一些常用的方法及其主要功能。

表 5-1　字符串的常用方法

字符串 s 的方法	描　述
s.title()	字符串首字母大写
s.lower()	字符串变小写
s.upper()	字符串变大写
s.strip(), s.rstrip(), s.lstrip()	删除左右空格，删除右空格，删除左空格
s.startswith(sub[,start[,end]])	判断字符串是否以指定字符串开始
s.endswith(sub[,start[,end]])	判断字符串是否以指定字符串结束
s.find(sub[,start[,end]])	查找 sub 子串首次出现的位置，如果不存在返回−1
s.index(sub[,start[,end]])	返回 sub 子串首次出现的位置，如果不存在抛出异常
s.replace(old, new)	用 new 子串代替原有字符串中所有的 old 子串
s.join(X)	将序列 X 合并成字符串
s.split(sep=None)	将字符串拆分成列表
s.count(sub[,start[,end]])	计算 sub 子串在字符串 s 中出现的次数

1. 查找字符串

用 in 运算符可以判断某个子串是否存在，而字符串对象的 find()方法可以获得子串所在的位置，如果不存在则返回−1。示例如下：

```
>>> s = "This is a test."
>>> 'is' in s
True
>>> 'This' in s
True
>>> 'x' in s
False
>>> k = s.find('is')
>>> k
2
>>> k = s.index('is')
>>> k
2
>>> k = s.find('is', k+1, len(s)-1)
>>> k
5
>>> s.count('is')
2
>>> t = s.title()
>>> t
'This Is A Test.'
>>> t.count('is')
1
```

【例 5-1】 对于一个字符串，不区分大小写，检索其中出现某个子串的次数和各次出现的位置。设该字符串为'You use the word to indicate that you have enough of the thing mentioned for a particular purpose for youngers. '，要查找的子串为'you'。程序编写如下：

```
def findSub(s, sub):
        s = s.lower()
        k = 0
        p = []
```

```
    while (k<len(s)):
        k = s.find(sub, k)
        if (k == -1):
            break
        p.append(k)
        k += len(sub)
    return p

s = 'You use the word to indicate that you have enough of the thing mentioned for a particular purpose for youngers. '
sub = 'you'
p = findSub(s, sub)
print('子串{0}出现的次数为{1}'.format(sub,len(p)))
print('子串{0}出现的位置为{1}'.format(sub,p))
```

程序的运行结果为：

```
子串 you 出现的次数为 3
子串 you 出现的位置为[0, 34, 102]
```

若要在查找子串的同时，还能够实现对某个子串的替换，就要使用 replace()函数。例如：

```
>>> s = "This is a test."
>>> t = s.replace('is', 'at')
>>> t
'That at a test.'
>>> s
'This is a test.'
```

***思考题 5-1** 要实现单纯对 s 字符串中谓语动词的 'is' 进行替换，应该如何进行程序修改？

2. 拼接字符串

在很多情况下，都需要合并字符串。字符串拼接可以简单地采用加号(+)合并两个字符串，适用于所有操作数都是字符串的情景，若有一个操作数为数字，则需要使用 str()函数将其转化为字符串才能用加号进行拼接。示例如下：

```
>>> s1 = 'Houston'
>>> s2 = 'Texas'
>>> s = s1+s2
>>> s
'HoustonTexas'
>>> s = s1+' '+s2+' '+str(25)
>>> s
'Houston Texas 25'
```

若要对列表中的多个字符串进行拼接，并在相邻字符串之间插入指定字符，需要使用 join()方法。这一方式相对于利用+进行字符串拼接具有更好的执行效率。例如下列程序：

```
>>> li = ['apple', 'orange', 'peach', 'banana', 'strawberry']
>>> sep = ','
>>> s = sep.join(li)
```

```
>>> s
'apple,orange,peach,banana,strawberry'
>>> s = ''.join(li)
>>> s
'appleorangepeachbananastrawberry'
```

3. 字符串分割与截取

对字符串的分割是与拼接相反的过程，在实际编程中非常常见。采用字符串的 split() 方法可以将字符串分割开来，并保存入列表之中。示例如下：

```
>>> s = "The capital of China is Beijing"
>>> li = s.split(' ')           #缺省为利用空格进行字符串分割，此处可以写为 li = s.split()
>>> li
['The', 'capital', 'of', 'China', 'is', 'Beijing']
>>> s = "   The capital of China   is   Beijing "
>>> li = s.split(' ')           #当原有语句有多余空格时，字符串分割结果不理想
>>> li
['', '', 'The', 'capital', 'of', 'China', '', 'is', '', 'Beijing', '']
>>> t = s.strip()               #去掉首尾的多余空格
>>> t
'The capital of China   is   Beijing'
>>> print(t.split())            #此时的分割达到了理想的效果
['The', 'capital', 'of', 'China', 'is', 'Beijing']
```

对于字符串的截取与一般的序列元素相类似，但字符串的截取则更加典型，非常适用于按区间截取子串。例如：

```
>>> str = '0123456789'
>>> print(str[0:3])
012
>>> print(str[:])
0123456789
>>> print(str[6:])
6789
>>> print(str[:-3])
0123456
>>> print(str[2])
2
>>> print(str[-1])
9
>>> print(str[::-1])   #逆序
9876543210
>>> print(str[-3:-1])
78
>>> print(str[-3:])
789
```

4. 字符串常量

在 string 模块中定义了多个字符串常量，包括数字字符、标点符号、英文字母、大小写字符等，用户可以直接使用这些常量。程序示例如下：

```
>>> import string
>>> print(string.ascii_letters)
```

```
abcdefghijklmnopqrstuvwxyzABCDEFGHIJKLMNOPQRSTUVWXYZ
>>> print(string.ascii_lowercase)
abcdefghijklmnopqrstuvwxyz
>>> print(string.ascii_uppercase)
ABCDEFGHIJKLMNOPQRSTUVWXYZ
>>> print(string.digits)
0123456789
>>> print(string.punctuation)
!"#$%&'()*+,-./:;<=>?@[\]^_`{|}~
>>> print(string.printable)
0123456789abcdefghijklmnopqrstuvwxyzABCDEFGHIJKLMNOPQRSTUVWXYZ!"#$%&'()*+,-./:;
<=>?@[\]^_`{|}~
```

【例 5-2】 设计一个能够自动产生 8 位长度随机密码的函数。程序编写如下：

```
import string
import random

def randPass():
    x = string.digits+string.ascii_letters+string.punctuation
    s = ''.join(random.choice(x) for i in range(8))
    return s

for i in range(5):
    print(randPass())
```

程序的运行结果为：

```
inteI8>&
34:jGFW7
A(AG_gah
B_0:{1fX
W({-pY[.
```

5.2　正则表达式

正则表达式是字符串处理的有力工具和技术，它采用预定义的特定模式去匹配一类具有共同特征的字符串，经常用于快速、准确的字符串查找、替换等常见处理之中。

5.2.1　正则表达式语法

正则表达式由元字符及其组合来构成，通过巧妙地构造正则表达式可以匹配任意字符串，并完成复杂的字符串处理任务。常用的正则表达式元字符如表 5-2 所示。

表 5-2　正则表达式的常用元字符

元字符	描　述
.	小数点符号，用于匹配除 \n 以外的任何字符
*	匹配 0 到多个元字符
+	匹配至少 1 个元字符
-	用在[]之内表示范围
|	表示或的关系
^	字符串必须以指定的字符开始
$	字符串必须以指定的字符结束
?	匹配 0 到 1 个元字符
\	转义字符
\b	匹配单词边界
\B	与\b 含义相反
\d	匹配任何 0 到 9 之间的单个数字，相当于[0-9]
\D	不匹配任何 0 到 9 之间的单个数字，相当于 [^0-9]
\s	匹配任何空白字符，相当于 [\f\n\r\t\v]
\S	匹配任何非空白字符，相当于 [^\s]
\w	匹配大小写英文字符及数字 0 到 9 之间的任意一个及下划线，相当于 [a-zA-Z0-9_]
\W	不匹配大小写英文字符及数字 0 到 9 之间的任意一个，相当于 [^a-zA-Z0-9_]
()	将位于()内的内容作为一个整体来看待
{}	按{}内的次数进行匹配
[abcde]	匹配 abcde 之中的任意一个字符
[a-h]	匹配 a 到 h 之间的任意一个字符
[^xyz]	不与 xyz 之中的任意一个字符匹配

在元字符的使用过程中，如果以斜线\开头的元字符与转义字符相同，一般会需要利用双斜线\\确保该斜线不被解释为转义字符。此时可以在字符串前面加上 r 或 R，要求保持字符串原样，不被转义。参见以下的例子：

```
>>> s = '\tabc'
>>> s
'\tabc'
>>> print(s)                    #此处的斜线\被解释为转义字符，形成\t 制表符
 Abc
>>> x = r'\tabc'
>>> x
'\\tabc'
>>> print(x)                    #此处的斜线\没有被解释为转义字符
\tabc
```

具体使用过程中，可以单独使用某类型的元字符，也可以将多个元字符进行组合，以匹配更加复杂的应用情景。

以下给出一些简单的例子。

(1) '[pjc]ython' 可以匹配'python'、'jython'、'cython'。

(2) 'a-zA-Z0-9' 可以匹配一个任意大小写字母或数字。

(3) '[^abc]' 匹配除'a'、'b'、'c'之外的字符。

(4) 'python|perl'或'p(ython|erl)' 可以匹配'python'或'perl'。

(5) 子模式后加问号表示可选，因此 r'(http://)?(www\.)?python\.org' 只能匹配 'http://www.python.org'、'http://python.org'、'www.python.org'和'python.org'。

(6) '^http'匹配所有以'http'开头的字符串。

(7) ' (a|b)*c' 匹配多个(包含 0 个)a 或 b，后面紧跟字母 c。

(8) ' (ab){1,}' 等价于' ab+'，匹配以字母 a 开头后面带 1 个或多个字母 b 的字符串。

(9) ' ^(\w){6,20}$' 匹配长度为 6～20 的字符串，可以包含字母、数字、下划线。

(10) ' ^\d{1,3}\.\d{1,3}\.\d{1,3}\.\d{1,3}' 匹配字符串是否为合法 IP 地址。

(11) ' ^(13[4-9]\d{8})(15[01289]\d{8})$' 匹配字符串是否为移动手机号码。

(12) ' ^[a-zA-Z]+$' 匹配给定字符串是否只包含英文字母大小写。

(13) ' ^\w+@(\w+\.)+\w+$' 匹配字符串是否为合法电子邮件地址。

(14) '[\u4e00-\u9fa5]' 匹配任意单个汉字(Unicode 编码)。

(15) '^(\-)?\d+(\.\d{1,2})?$' 匹配字符串是否为最多带有 2 位小数的正数或负数。

(16) '^\d{18}|\d{15}' 匹配字符串是否为合法的身份证号码。

(17) ' \d{4}-\d{1,2}-\d{1,2}' 匹配日期格式，如 2019-1-12。

(18) '(.)\\1+' 匹配任意字符的一次或多次重复出现。

5.2.2 re 模块方法的使用

Python 采用 re 模块来实现正则表达式的操作。re 模块的常用方法如表 5-3 所示。

表 5-3　re 模块常用方法

方　法	功 能 说 明
re.compile(pattern[, flags])	把正则表达式语法转化成正则表达式对象
re.search(pattern, string[, flags])	查找匹配正则表达式模式，返回 MatchObject 或 None
re.match(pattern, string[, flags])	在字符串的开始位置尝试匹配正则表达式
re.findall(pattern, string[, flags])	在字符串中找到正则表达式所匹配的所有子串
re.sub(pattern, repl, string[, count, flags])	在 string 中找到匹配 pattern 的所有子串用 repl 替换
re.split(pattern, string[,maxsplit=0])	字符串必须以指定的字符开始

其中的函数参数 flags 的值包括 re.I(忽略大小写)，re.L(表示特殊字符集 \w, \W, \b, \B, \s, \S)，re.M(多行模式)，re.S(使元字符'. '匹配包括换行符在内的任意字符)和 re.U(匹配 Unicode 字符)。

在程序中可以直接使用 re 模块的方法进行正则表达式操作。示例如下：

```
>>> import re
```

```
>>> str = 'alpha.beta....gamma.delta'
>>> re.split('[\.]+', str)                    #按模式分割
['alpha', 'beta', 'gamma', 'delta']
>>> pat = '[a-zA-Z]+'
>>> re.findall(pat, str)                      #按模式查找子串
['alpha', 'beta', 'gamma', 'delta']
>>> str = 'name lives in Beijing'
>>> pat = '(name)'
>>> re.sub(pat, 'Alice', str)                 #按模式替换子串
'Alice lives in Beijing'
>>> s = 'Monday Tuesday Wednesday'
>>> re.sub('M|T|W', '', s)                    #按模式替换子串
'onday uesday ednesday'
```

采用 re 模块的 match()或 search()方法后将返回匹配的对象 matchObj，要查看具体的匹配值可以采用该对象的 group()方法获得匹配的字符串，若没有找到匹配的子串，二者都返回 None。二者的区别在于，match()方法是从字符串开始查找的子串，而 search()方法则更加全面，可用于检索整个字符串。例如：

```
>>> import re
>>> matchObj = re.match("[0-9]*Hello","7Hello Python", re.I|re.M)
>>> matchObj
<_sre.SRE_Match object; span=(0, 5), match='Hello'>
>>> matchObj.group()
'7Hello'
>>> matchObj = re.match("[0-9]+Hello","Hello 7Hello Python")
>>> print(matchObj)
None
>>> matchObj = re.match("[0-9]*Hello","hello 7Hello Python")
>>> print(matchObj)                     #由于大小写原因无法检索出结果
None
>>> matchObj = re.match("[0-9]*Hello","hello 7Hello Python", re.I)
>>> matchObj.group()                    #不区分大小写标记 re.I 的使用可以检索出结果
'hello'
>>> ret = re.search("[0-9]*Hello","Hello 7Hello Python")
>>> ret.group()
'Hello'
>>> matchObj = re.match("[0-9]+Hello","Hello 7Hello Python")
>>> print(matchObj)                     #match()方法无法找到 7Hello
None
>>> ret = re.search("[0-9]+Hello","Hello 7Hello Python")
```

```
>>> print(ret)                                          #search()方法可以找到 7Hello
<_sre.SRE_Match object; span=(6, 12), match='7Hello'>
>>> print(ret.group())
7Hello
>>> content = 'Hello 123456789 Word_This is just a test 666 Test'
>>> result = re.search('(\d+).*?(\d+).*', content)
>>> result
<_sre.SRE_Match object; span=(6, 49), match='123456789 Word_This is just a test 666 Test'>
>>> result.group()                                      #search()方法成功找到了匹配的子串
'123456789 Word_This is just a test 666 Test'
>>> result = re.match('(\d+).*(\d+).*', content)
>>> print(result)                                       #match()方法无法找到中间位置匹配的字符串
None
```

5.2.3 正则表达式对象

使用 re 模块的 compile()方法可以将正则表达式编译生成正则表达式对象，完成编译后，可以像直接使用 re 模块方法一样来使用正则表达式对象的方法，还有利于提高字符串的检索效率。采用编译方法实现的 pattern.match(string[, pos[, endpos]])和未曾编译的 re.match(pattern, string[, flags])的区别在于，pattern.match(string[, pos[, endpos]])可以从指定的位置进行匹配，而不一定要从开始位置匹配。同样，pattern.search(string[, pos[, endpos]])也可以从指定位置的区间进行检索，而不必像 re.search(pattern, string[, flags])一样一定要从开始位置进行整个字符串的检索。

这种区间指定的方式同样适用于 findall(string[, pos[, endpos]])方法，采用 findall()方法会返回一个匹配子串的列表，finditer(string[, pos[, endpos]])方法也会返回同样的结果，但是以迭代器的方式返回。而 match()与 search()方法的返回则只有一个子串，不会像 findall()和 finditer()一样查找所有匹配的子串。示例如下：

```
>>> import re
>>> pattern = re.compile(r'\bU\w+\b')
>>> s = 'Zhejiang University lies in Hangzhou, Universities from Beijing'
>>> pattern.findall(s)
 ['University', 'Universities']
>>> pat = re.compile(r'\w+g\b')             #以 g 结尾的单词
>>> pat.findall(s)
 ['Zhejiang', 'Beijing']
>>> rets = pat.finditer(s)
>>> for i in rets:                          #迭代获取返回的结果
        print(i.group())
Zhejiang
Beijing
```

```
>>> ret = pattern.match(s)            #由于不在首部，无法找到
>>> print(ret)
None
>>> ret = pattern.match(s, 9)         #指定了起始的位置，能够找到匹配子串
>>> print(ret.group())
University
>>> ret = pattern.search(s)           #能够找到子串
>>> print(ret.group())
University
>>> ret = pattern.search(s, 5, 30)    #指定了检索区间
>>> print(ret.group())
University
```

在实际应用中，如能有效利用正则表达式，则会给程序设计带来极大的便利性。

【例 5-3】 设计一个能够鉴别一组变量名称是否合法的简单词法分析器。程序编写如下：

```
import re
def var_checker(names):
    for name in names:
        ret = re.match("[a-zA-Z_]+[\w]*",name)
        if ret:
            print("变量名 %s 符合要求" % ret.group())
        else:
            print("变量名 %s 非法" % name)
names = ["x1", "_x", "2_x", "_xy_"]
var_checker (names)
```

程序的运行结果为：

```
变量名 x1 符合要求
变量名 _x 符合要求
变量名 2_x 非法
变量名 _xy_ 符合要求
```

【例 5-4】 设计一个简单的电子邮箱检查函数，判断电子邮箱号码是否为有效邮箱。程序编写如下：

```
import re
def check_email(strEmail):
    pattern = re.compile(r'^\w+@(\w+\.)+\w+$')
    result = True if pattern.match(strEmail) else False
    return result
if _name_=='_main_':
    str1 = "red@yahoo.com" #有效的电子邮箱
```

```
str2 = "red.yahoo.com" #无效的电子邮箱
print(str1,'是有效的电子邮件格式吗? ',check_email(str1))
print(str2,'是有效的电子邮件格式吗? ',check_email(str2))
```

程序的运行结果为：

```
red@yahoo.com 是有效的电子邮件格式吗?  True
red.yahoo.com 是有效的电子邮件格式吗?  False
```

本章小结

本章介绍了字符串和正则表达式的使用方法。字符串是非常重要的数据类型，正则表达式采用预定义的特定模式去匹配一类具有共同特征的字符串，经常用于快速、准确的字符串查找、替换等常见处理之中。本章的内容及知识要求可以概括为以下几点。

(1) 字符串属于不可变序列类型，使用单引号、双引号、三单引号或三双引号作为界定符，且不同的界定符之间可以相互嵌套。

(2) 字符串的格式化可以采用%运算符的方式，但更加提倡使用字符串的 format()方法。

(3) Python 提供了大量的函数支持字符串操作。应结合字符串查找、字符串拼接、字符串分割与截取对各种字符串操作方法加以融会贯通。

(4) 字符串常量包括数字字符、标点符号、英文字母、大小写字符等，了解字符串常量的意义在于可以在软件工程中根据需要使用这些常量。

(5) 正则表达式是一种进行字符串处理的有效工具和技术，它可以快速方便地实现字符串的处理，应掌握常见的正则表达式元字符及其使用方法。

(6) re 模块提供了利用正则表达式进行字符串处理的编程方法，在使用过程中，可以直接使用这些方法，也可以先将模式进行编译，再利用编译出的模式调用字符串处理方法。

(7) 正则表达式对象的 pattern.match(string[, pos[, endpos]])方法用于在字符串开头或指定位置进行搜索，pattern.search(string[, pos[, endpos]])方法可以在整个字符串或指定位置进行搜索，而未经编译的 re 模块所提供的 match()和 search()方法则无法提供指定区间的检索。

(8) 正则表达式对象的 findall(string[, pos[, endpos]])方法可以返回一个列表，而 finditer(string[, pos[, endpos]])可返回一个可迭代对象，都可以用于对多个匹配子串的检索。

习题

一、单选题

1. 语句 s='hello'; print(s[1:3])的运行结果是(　　)。

A. hel　　B. he　　C. ell　　D. el

2. 关于 Python 字符串，下列说法错误的是(　　)。

A. 字符即长度为 1 的字符串

B. 字符串以\0 标志字符串的结束

C. 既可以用单引号，也可以用双引号创建字符串

D. 在三引号字符串中可以包含换行回车等特殊字符

3. 语句 s1 =[4,5,6]; s2 =s1; s1[1] = 0; print(s2)的运行结果是(　　)。

A. [4,5,6]　　B. [0,5,6]　　C. [4,0,6]　　D. 以上都不对

4. 语句 d={1:'a', 2:'b', 3:'c'}; print(len(d))的运行结果是(　　)。

A. 0　　B. 1　　C. 3　　D. 6

5. 语句 a=[1, 2, 3, None, (), []]; print(len(a))的运行结果是(　　)。

A. 语法错　　B. 4　　C. 5　　D. 6

6. 语句 print ('\x48\x41!') 的运行结果是(　　)。

A. '\x48\x41!'　　B. 3.4841!　　C. 4841　　D. HA!

7. 语句 print(chr(65))的运行结果是(　　)。

A. 65　　B. 6　　C. 5　　D. A

8. 语句 print(r" \nGood")的运行结果是(　　)。

A. 新行和字符串 Good　　B. r"\nGood"

C. \nGood　　D. 字符 r、新行和字符串 Good

二、填空题

1. 语句 re.match('back' ,'text.back ')的执行结果是________。
2. 语句 re.findall(”to" ,"Tom likes to swim too")的执行结果是________。
3. 语句 re.findall("bo[xy]" ,"The boy is stting on the box")的执行结果是________。
4. 邮政编码由 6 位数字组成，用于邮政编码正确性验证的正则表达式为________。
5. 语句 re.sub(' hard' ,' easy',' Python is hard to learm. ') 的执行结果是________。
6. 语句 re.split('\W +',' go, went , gone')的执行结果是________。
7. 语句 re.split('\d' ,'al b2c3')的执行结果是________。

第 6 章　面向对象程序设计

面向对象程序设计(Object Oriented Programming，OOP)主要是针对大型软件设计而提出，它使得软件设计更加灵活，能够很好地支持代码复用和设计复用，并且使得代码具有更好的可读性和可扩展性。面向对象程序设计的一个关键性观念是将数据以及对数据的操作封装在一起，组成一个相互依存、不可分割的整体，即对象。对于相同类型的对象进行分类、抽象后，得出共同的特征而形成了类，面向对象程序设计的关键就是如何合理地定义和组织这些类以及类之间的关系。

Python 完全采用了面向对象程序设计的思想，是真正面向对象的高级动态编程语言，完全支持面向对象的基本功能，包括封装、继承、多态等基本面向对象编程的特征，以及对基类方法的覆盖或重写等。

6.1　类与对象

对象(Object)表示现实世界中的特定实体，如一名学生、一间房屋、一支笔、一辆车等都可以看作对象。对象有自己特有的标识、属性和行为。如学生的行为有听课、考试、学习等，学生的属性包括姓名、年龄、身高等。

尽管不同的学生具有不同的属性，但是他们必然有一些共性，而这种共性事实上也可以看成是一种定义学生这一类群体的模板，包括该设置哪些属性以及该具有哪些行为。这种为某一类对象所定义的统一的属性和行为模板就是类。类是 Python 语言的核心，在 Python 中各种数据类型都是类，而对象则是实例化和具体化的类。

6.1.1　创建类和对象

1. 定义一个类

在面向对象程序设计中，应首先定义类，通过类来完成其需要表达对象的特征和方法，然后再通过实例化具体实现对象。

Python 使用 class 关键字来定义类，class 关键字之后是一个空格，空格之后是类的名字，紧接着是一个冒号，最后换行并定义类的内部实现。习惯上类名首字母一般采取大写的方式，但也可根据需要自行设定命名规范。在以下例子中，建立一个车(Car)的类，同时采取最简化的方式，仅用一个方法 getInfo()用于获取车的信息：

```
>>> class Car:
        def getInfo(self):
```

```
        print('This is a car')
```

类的所有方法都必须有一个名为 self 的参数，并且必须是方法的第一个形参，self 参数代表将来要创建的对象本身，而实际调用对象方法时并不需要传递这个参数。

2. 实例化对象

定义了类之后，可以用来实例化对象，具体方法是在类名后添加一个括号用于实例化该类，再通过“对象名.成员”的方式来访问其中的成员属性或成员方法。例如：

```
>>> car = Car()
>>> car.getInfo()
This is a car
```

实例化对象过程中需要设置对象名称，上例中为 car，实例化类采用了 Car()的初始化方法。完成实例化以后就可以直接使用该对象 car 并调用其方法 getInfo()。在 Python 中，可以使用内置方法 isinstance()来测试一个对象是否为某个类的实例，调用形式为 isinstance(对象名，类名)，返回的结果是一个布尔型的变量。代码如下：

```
>>> isinstance(car, Car)
True
>>> isinstance(car, tuple)
False
```

6.1.2 构造方法

类中的函数称为该类的方法，其中一个特殊的方法名称为_ini()_，其开头和结尾各有一下划线。这一方法对于任何类的定义都相同，称为构造方法，它在实例化类的时候被自动调用。同时也可以利用该方法向类中传递初始化参数。例如：

```
>>> class Car:
        def _init_(self, color, model):
            print('The color is %s and the model is %s' %(color, model))
        def getInfo(self):
            print('This is a car')
>>> a = Car('red', 'audi')
The color is red and the model is audi
```

6.1.3 实例成员

一个实例化对象的成员是指它的数据和方法。其中实例的数据保存在该实例的成员变量(简称实例变量)中，用于表示该实例的属性。实例的成员方法相当于类的实例方法。对于一个实例化对象，可以使用圆点运算符“.”来使用其成员变量和成员方法，这一过程又称为对象访问，其使用形式为“对象名.实例成员”。

在之前 Car 类的定义中，getInfo(self)方法就是一个实例方法，执行 car.getInfo()即调用了这个成员方法。实例方法具有如下性质：

(1) 实例方法在定义时一般将 self 作为第一个输入参数；

(2) 实例方法可以在该类的其他实例方法中调用，具体方法为“self.实例方法名(参数)”；

(3) 实例方法可以在类的实例化对象中进行访问，具体形式为“对象名.实例方法名(参数)”。

在实例方法中定义的实例变量，在定义时以 self 作为前缀。实例变量具有以下性质：

(1) 实例变量在类的实例方法中定义，定义时采用“self.实例变量名”的形式；

(2) 实例变量可以在类的实例化对象中进行访问，访问时的形式为“对象名.实例变量名”；

(3) 实例变量可以在其所在类的实例方法中进行访问，但必须保证访问之前已经对该实例变量进行初值的设定；

(4) 为保证实例变量能够安全有效地进行初始值的设定，一般应在构造方法中初始化各种实例变量。

在下面的例 6-1 中给出了一个具有实例变量和实例方法的汽车类，以下将在具体实例的使用过程中展示这些实例成员在对象中的使用方法以及相应的类设计。在 Car 类中，设置了实例变量、局部变量，其中实例变量可以在类的各个方法中加以引用，也能够在类的实例化对象中进行使用。而局部变量则仅在该变量所在的方法内有效。在类中也可以设置一些尚未被实现的方法，如本例中的 setPrice()方法，对于其未实现的程序代码采用了 pass 作为空语句，表示暂时还没有实现功能，在执行的时候 pass 语句不做任何处理。

【例 6-1】 定义和使用一个用于演示类定义和使用方法的汽车类。程序代码如下：

```
class Car:
    def _init_(self, color, model):
        self.color = color                          #实例变量
        self.setModel(model)                        #调用实例方法
        self.name = ''
    def getInfo(self):
        msg = 'The color is '+self.color+' and the model is '+self.model    #局部变量
        msg += ', the name is '+self.name
        print(msg)
    def setPrice(self):
        pass                                        #空语句，表示暂时还没有实现的功能
    def setName(self, name):
        self.name = name
    def setModel(self, model):
        self.model = model
```

下面创建一个 Car 类的实例化对象 a，可以在程序中运行 a 的成员方法，也可以直接使用其成员变量。修改成员变量 a.color、a.model 的数值后，重新调用 a.getInfo()的成员方法，可以观察到输出的结果已经按修改后的值进行调整。

```
>>> a = Car('red', 'audi')          #初始化类的实例
>>> a.getInfo()
The color is red and the model is audi, the name is
```

```
>>> print(a.color)
red
>>> print(a.model)
audi
>>> a.setName('Babi')
>>> a.color = 'blue'
>>> a.model = 'bmw'
>>> a.getInfo()
The color is blue and the model is bmw, the name is Babi
```

6.2 封　装

封装(Encapsulation)是面向对象的主要特征，是把客观事物抽象并封装成对象，将数据成员、方法等集合在一个整体内。完成封装的对象，可以实现信息的隐藏，只允许可信的对象访问和操作隐藏的内部数据，而其公有数据则不受这种限制。采用封装思想所建立的类实现了数据和方法的统一管理，使用者无需关心方法在类内部的具体实现，只需要直接使用类的方法。在上一节中介绍了类和对象的创建方法，并在程序中实现了成员变量和成员方法。本节将继续深入分析类中各类数据成员和方法成员的使用。

6.2.1 类的数据成员

类的数据成员是类固有的特征，代表了一类对象的公共性质。类的数据成员根据其特点可以分为两种，一种是为类建立的数据成员，它是在所有方法之外所定义的属性，即类属性，从变量的角度看这种变量叫做类变量。类变量属于整个类，不是某个实例的一部分，而是所有实例之间共享的公共属性。对类变量的引用一般采用“类名.类变量名”的方式。另一种是在实例方法中定义的成员属性，在定义时以 self 作为前缀，即上一节所提到的实例变量，一般要求在类的实例对象中引用。

类变量需要在类的所有方法之外定义，在定义时没有 self 前缀，在使用时既可以用类名来访问，也可以用对象名来访问，而实例属性则必须用该实例的对象名来访问。例如：

```
>>> class Student:
        course = ''                        #类变量
        def _init_(self, name, age):
            self.name = name               #实例变量
            self.age = age                 #实例变量
>>> a = Student('Zhang', 20)
>>> b = Student('Wang', 21)
>>> Student.course= 'math'
>>> print(a.name, a.age, Student.course)
Zhang 20 math
```

```
>>> print(b.name, b.age, b.course)
Wang 21 math
```

在以上例子中，定义了一个类变量 course，两个实例变量 name 和 age，在引用类变量时，采用了类名引用和对象名引用两种方式，都得出了相同的结果。

6.2.2　类的方法成员

类的方法成员包括实例方法、类方法和静态方法三种类型，下面分别加以说明。

1. 实例方法

在上一节的介绍中已经给出了实例方法，这种方法的第一个参数为 self，可以引用类的实例变量。在使用的时候通过对象名可以直接引用实例方法。实例方法是类的定义中最常用的一种方法，在进行应用开发的时候应首先考虑采用这一方法定义，即一般要在方法的第一个参数设置一个 self，以使得该方法能够方便地引入实例变量。

实例方法可以通过 self 参数方便地引用实例变量，但它不能引用类变量。要实现对类变量的引用，就需要采用类方法。

2. 类方法

类本身的方法就是类方法。相对于类变量而言，类方法属于整个类，而不是某个特定的实例。类方法不对特定实例进行操作，也不能访问实例变量。类方法通过装饰符 @classmethod 来定义，其中第一个形式参数表示当前类，可用来调用类的属性、方法等。在前面例子中的 Student 类中可以增加一个类方法 showCourse ()，其中表示类的参数为 cls，如下所示：

```
@classmethod
def showCourse(cls):
        print('The course is ', cls.course)
```

类方法一般需要类名来访问，也可以通过对象实例来调用，如下例所示：

```
>>> a = Student('Zhang', 20)
>>> Student.course = 'math'
>>> a.showCourse()
The course is math
>>> Student.showCourse()
The course is math
```

3. 静态方法

Python 允许在类中声明与类的对象实例无关的方法称为静态方法。静态方法只是名义上归属类管理，并不能使用类变量和实例变量。在声明时，静态方法需要采用装饰符 @staticmethod 加以说明。静态方法一般采用类名来引用，也可以利用实例对象名来引用。

一般而言，类变量适用于在类方法中使用，静态方法需要采用类名或实例对象名进行访问，实例变量用于在实例方法中使用。在实际编程中，如果有需要，即使在实例方法中，也可以通过类名的方式访问类方法和静态方法，而这一方式也同样适用于类方法和静态方法之间的相互访问。在以下的例 6-2 中，设置了一个用于测试对类方法和静态方法访问效果的实例方法 test()，从运行结果可以看出，这种相互之间的调用工作正常。

【例 6-2】 定义和使用一个用于演示类成员的学生类。程序代码如下：

```
class Student:
    course = ''
    def _init_(self, name, age):
        self.name = name
        self.age = age
    @classmethod                    #类方法
    def showCourse(cls):
        print('The course is', cls.course)
        print(cls.getAverage(4,5,6), Student.getAverage(4,5,6))
    def setScore(self, score):
        self.score = score
    @staticmethod                   #静态方法
    def getAverage(a, b, c):
        return (a+b+c)/3
    def test(self):
        print('In test():', Student.course)
        Student.showCourse()
        print(Student.getAverage(1,2,3))
a = Student('Zhang', 20)
b = Student('Wang', 21)
Student.course = 'math'
a.showCourse()
print(a.getAverage(60, 70, 80))
a.test()
```

程序的运行结果如下：

```
The course is math
5.0 5.0
70.0
In test(): math
The course is math
5.0 5.0
2.0
```

6.2.3 访问控制

Python 类的成员与其他编程语言在访问限制上有所不同。Python 中一般的成员变量和成员方法都是公有成员，没有特殊的访问限制，可以直接用实例对象名加圆点运算符的形式对成员进行引用。Python 采取变量名称约定的方式实现访问控制，类的成员一般为公有成员，如果名称的首部有下划线，就会改变其访问限制属性，具体规定如下：

(1) 以单下划线开始的成员为保护成员，形式如_var，只有类实例和子类实例能访问到这些成员，且只能在当前文件的程序中访问，不能用'from module import *'导入的方式来访问。

(2) 以双下划线开始的成员是私有成员，形式如__var，意思是只能在类内部的方法中使用，即便是子类的方法也不能访问到这个成员。

(3) 此外，Python 中形如_var_的变量也很常见，其前后都有一个双下划线，代表系统定义的特殊函数、方法或标识，如_init_()代表类的构造函数。

下面以一个 Person 类为例对保护成员和私有成员的使用方法加以说明。其中_career 为保护成员变量，_money 为私有成员变量，_buy()为保护成员方法，_evaluate()为私有成员方法。保护成员变量可以用实例对象引用，而私有成员变量和私有成员方法不能由实例对象引用，只能在类的方法内引用。

【例 6-3】 定义和使用一个用于演示类访问控制的人员类。程序代码如下：

```
class Person:
    def _init_(self, name, age):
        self.name = name
        self.age = age
        self._career = ''                    #保护成员变量
        self._money = 0                      #私有成员变量
    def introduce(self):
        print("我的名字{}, 年龄{}".format(self.name, self.age))
    def getMoney(self):
        return self._money
    def setMoney(self, money):
        self._money = money
    def _buy(self, cost):
        if (self._evaluate(cost)):       #调用私有方法
            print('完成购买')
            return
        print('无法购买')
    def _evaluate(self, cost):
        if (cost>self._money):               #访问私有成员变量
            return False
        self._money -= cost
        return True
```

具体执行过程如下：

```
>>> a = Person(name='张三', age=20)          #类的实例化
>>> a.introduce()                            #公有方法
我的名字张三, 年龄 20
```

```
>>> a._career = '会计'                    #受保护的成员可以被修改
>>> a.setMoney(100)
>>> print(a._career)
会计
>>> a._buy(5)                            #受保护的方法可以被实例访问
完成购买
>>> print(a.getMoney())
95
```

需要指出的是，Python 并没有对私有成员提供严格的保护机制，采用“对象名._类名_私有变量名”的形式可以直接引用私有变量。如本例中的_money 私有成员变量，可以采用以下方式进行内容显示：

```
>>> print(a._ Person_money)
95
```

6.2.4 属性

面向对象编程的封装性原则要求不直接访问类中的数据成员。如果一个成员变量设置为公有，则可以直接读取、修改该变量，而对于私有成员变量，根据上一节所介绍的方法，可以设置一个 getter 和 setter 的方法，实现对私有成员变量的使用。

此外，还有一种方法，就是为私有成员变量设置只读、修改或删除属性，可达到对私有成员变量进行相应操作的目的。可以通过添加@property 装饰符来声明属性的只读权限，利用@属性名.setter 来装饰可修改权限，通过@属性名.deleter 来装饰属性的可删除权限。不设置可删除权限的装饰符及其相关方法，则原有变量会默认具有不可删除的权限。具体用法参见例 6-4，该类具有一个可读、可修改但不能删除的属性 money，完成属性设置后，即可直接通过“对象名.属性”的方式使用该属性。

【例 6-4】 定义和使用一个用于演示类访问控制的人员类。程序代码如下：

```
class Person:
    def _init_(self, name, age):
        self.name = name
        self.age = age
        self._career = ''                  #保护成员变量
        self._money = 0                    #私有成员变量
    def introduce(self):
        print("我的名字{}, 年龄{}".format(self.name, self.age))
    @property                              #只读属性
    def money(self):
        return self._money
    @money.setter                          #可修改属性
    def money(self, money):
        self._money = money
```

```
    def _buy(self, cost):
        if (self._evaluate(cost)):
            print('完成购买')
            return
        print('无法购买')
    def _evaluate(self, cost):
        if (cost>self._money):
            return False
        self._money -= cost
        return True
a = Person(name='张三', age=20)          #类的实例化
a.introduce()
a._career = '会计'                       #受保护的成员可以被修改
a.money = 50
print(a.money)
print(a._career)
a._buy(5)
print(a.money)
```

程序执行结果如下：

```
我的名字张三，年龄 20
50
会计
完成购买
45
```

要增加可删除属性，可在类中添加以下代码：

```
@money.deleter                           #可删除属性
def money(self):
    del self._money
```

并在实例的执行部分添加以下操作，即可完成删除(注意属性删除以后，则无法再使用该私有变量及其各种属性)。

```
>>> del a.money
```

用于定义属性的另一种方法是采用 property_name = property(fget=get_name, fset=set_name, fdel=del_name, doc='')函数的方案，这一方法无须设置属性的装饰符，只需在 property()函数中声明属性的各个权限所对应的方法，若不需要设置该权限可以将方法设置为 None。具体的程序实现有兴趣的读者可自行完成，也可扫描二维码参考视频中的演示。

Python 语言允许动态删除一个类的成员变量，删除以后则该变量不可访问。这是由 Python 的动态语言特性决定的，具体参见下一节关于动态成员绑定的讲解。

6.2.5 动态成员绑定

一般情况下，对象的成员方法是在其类的设计时直接建立的。在某些情况下，可能会需要在运行时为对象动态添加成员，这使得类的实现更加灵活，也比较符合现实世界中对象的属性和活动可能随着时间改变的特性。事实上，Python 是一种动态语言，允许在运行时改变程序结构，为类动态添加或删除属性和方法都是可行的。这些特性大大加强了 Python 语言的灵活性和程序扩展能力，然而在实际使用过程中，如不加以特殊关注并对其具体工作原理学习和理解，有时也会引发很多程序编写方面的问题。

以下的例 6-5 给出了一个动态成员绑定的汽车类，其中 setSpeed(self, speed)为外部函数，其特征是也需要跟类的方法一样将第一个参数设置为 self。在运行的时候通过 types. MethodType (function, instance)为方法的绑定函数。在绑定的时候可以选择为实例对象绑定该函数，此时只有被绑定的实例具有此方法。如果选择将函数绑定到类名，则所有的实例都具有该方法。在例 6-5 的运行中可以清楚地看到这一区别。

【例 6-5】 一个用于演示采用类的动态成员方法绑定的汽车类。程序代码如下：

```
class Car:
    def _init_(self, color, model):
        self._color = color              #成员变量
        self.model= model
        self._name = ''
    def getInfo(self):
        msg = 'The color is '+self._color+' and the model is '+self.model
        msg += ', the name is '+self._name
        print(msg)
    def setName(self, name):
        self._name = name
import types
def setSpeed(self, speed):               #外部函数
    self.speed = speed
a = Car('red', 'audi')
b = Car('blue', 'bmw')
c = Car('yellow', 'benz')
a.setSpeed=types.MethodType(setSpeed, a)
a.setSpeed(60)
print(a.speed)
#print(c.speed)              #会报错误信息：AttributeError: 'Car' object has no attribute 'speed'
b.setSpeed=types.MethodType(setSpeed, Car)
b.setSpeed(60)
print(b.speed)
print(c.speed)               #因绑定了类，此处工作正常
```

程序运行结果如下：

```
60
60
60
```

本例演示了成员方法的动态绑定。事实上，Python 作为一个动态语言，其程序的动态绑定非常常见。以下我们为实例动态添加新的成员变量：

```
>>> a.length = 5            #为实例 a 动态添加一个车体长度 length 的实例变量
>>> print(a.length)
5
>>> print(b.length)         #实例 b 并不具备新添加的 length 属性
AttributeError: 'Car' object has no attribute 'length'
>>> Car.seat = 5            #添加了一个类属性
>>> print(c.seat)           #能够访问类变属性
5
```

通过以上的例子，可以看出 Python 对于添加成员变量方面的灵活性。然而，如果是私有变量，这种灵活性有时会引发一些特殊的情况，如以下所示：

```
>>> print(a._color)         #可以访问保护成员变量
red
>>> print(a.__name)         #无法访问私有成员变量
AttributeError: 'Car' object has no attribute '__name'
>>> a.setName('Babi')
>>> a.getInfo()
The color is red and the model is audi, the name is Babi
>>> a.__name = 'gimi'       #直接设置 a.__name 成功执行
>>> print(a.__name)
gimi
>>> a.getInfo()
The color is red and the model is audi, the name is Babi   #可以看出实例变量__name 并未变化
>>> print(b.__name)         #其他实例因未设置__name，不能访问该变量
AttributeError: 'Car' object has no attribute '__name'
```

在这一例子中，出现了一个让人不太容易理解的现象，即私有变量__name 原本不能引用，在通过对实例名进行设置后却设置为了新的数值，而通过 getInfo()方法打印出的结果发现原有的'Babi'名字并未变化。这一现象是由于在 a.__name = 'gimi'一句之中为实例 a 设置了一个公有变量__name，并不同于原有的同名私有变量。这一现象告诉我们在使用私有成员变量的时候应避免在实例中对私有变量的直接赋值，以减少可能引起的混淆。

6.3　继承和多态

继承和多态是面向对象程序设计的重要特性，它们为代码复用和程序的功能完善及对

多样本数据的处理提供了可能。

6.3.1 继承

面向对象的一个重要特征就是继承，它允许一个类继承另一个已有的设计良好的类中的成员来充实自己的功能，同时子类也可以对这些功能进行二次开发，从而减少开发的工作量。在继承关系中，已有的、设计好的类称为父类或基类，新设计的类称为子类或派生类。派生类可以继承父类的公有成员，但是不能继承其私有成员。如果需要在派生类中调用基类的方法，可以使用内置函数 super()或者通过“基类名.方法名()”的方式来实现这一目的。

Python 中 object 类是所有类的基类，因此如果要进行类的继承，其基类应声明为“基类名(object)”的形式，而子类则声明为“子类名(基类名)”的形式，表示其继承了该基类。

类可以有一个或多个父类，并从它们那里继承行为。对类 B 的实例调用方法或访问其属性时，如果找不到该方法或属性，将在其父类 A 中查找。若子类定义的成员方法具有与父类相同的名字(即使参数可能有所不同)，即构成方法重写的条件。示例程序如下：

```
>>> class A:
def hello(self):
        print("Hello, I'm A.")
def play(self):
        print('I like playing football')
>>> class B(A): pass
>>> b = B()
>>> b.hello()
Hello, I'm A.
>>> class C(A):
        def hello(self, msg):
                print("Hello, I'm C.", msg)
>>> c = C()
>>> c.hello()                    #已经重写了方法，无法调用
TypeError: hello() missing 1 required positional argument: 'msg'
>>> c.hello('welcome')           #可以调用重写的方法
Hello, I'm C. welcome
>>> c.play()
I like playing football
```

重写是继承机制的一个重要方面，对构造函数来说尤其重要。构造函数用于初始化新建对象的状态，而对大多数子类来说，除父类的初始化代码外，还需要有自己的初始化代码。虽然所有方法的重写机制都相同，但与重写普通方法相比，重写构造函数时更有可能遇到一个特别的问题，即重写构造函数时，必须调用父类(继承的类)的构造函数，否则可能无法正确地初始化对象，导致父类中的成员变量没有得到初始化，此时如果在子类中使

用的某个父类的成员方法中出现了这种没有得到初始化的成员变量，就会产生错误。因此，子类的构造函数中应有调用父类构造函数的方法，例如：

super()._init_(参数列表)　　　或　父类名._init_(self, 参数列表)

【注】以上为 Python 3 的用法，在 Python 2 中，super()方法的写法为 super(子类名, self)，因此 Python 3 的 super()方法更加简洁。

【例 6-6】 一个继承于人员类的教师类。程序代码如下：

```
class Person(object):                    #必须以 object 为基类
    def _init_(self, name = '', age = 20, sex = 'man'):
        self.setName(name)
        self.setAge(age)
        self.setSex(sex)
        print('Person', self._name, 'initialized')
    def setName(self, name):
        if (not isinstance(name, str)):
            print('name must be string.')
        self._name = name
    def setAge(self, age):
        if (not isinstance(age, int)):
            print('age must be integer.')
        self._age = age
    def setSex(self, sex):
        if (not sex in ('man', 'woman')):
            print('sex must be "man" or "woman"')
            self._sex = ''
            return
        self._sex = sex
    def show(self):
        print('Name:', self._name)
        print('Age:', self._age)
        print('Sex:', self._sex)
class Teacher(Person):                   #派生类
    def _init_(self, name='', age = 30, sex = 'man', department = 'Computer'):
        super()._init_(name, age, sex)
        #也可以使用下面的形式对基类数据成员进行初始化
        #Person._init_(self, name, age, sex)
        self.setDepartment(department)
    def setDepartment(self, department):
        self._department = department
```

```
        def show(self):
            super().show()
            print('Department:', self._department)
    if _name_ == '_main_':
        print('='*30)
        p = Person('Zhang San', 19, 'man')
        p.show()
        print('='*30)
        t = Teacher('Li Si',32, 'man', 'Math')
        t.show()
```

程序运行结果如下：

```
sex must be "man" or "woman"
Person Zhang San initialized
Name: Zhang San
Age: 19
Sex:
Person Li Si initialized
Name: Li Si
Age: 32
Sex: man
Department: Math
```

定义子类以后，若不单独建立子类的初始化方法，会默认调用父类的初始化方法，因此在实例化时，需要按父类的输入参数进行实例的参数输入。此外，Python 支持多继承，如果父类中有相同的方法名，而在子类中使用时没有指定父类名，则 Python 解释器将从左向右按顺序进行搜索。

6.3.2 多态

多态(Polymorphism)意思是多种样式，在继承关系中引入多态，使得 Python 可以在运行时根据引用实例的不同而执行不同的行为，调用对应的方法。多态往往会对应于一个统一的接口，但由于传入的类型不同而产生不同的执行效果。

【例 6-7】 动物吠叫的多态实现方法示例。程序代码如下：

```
class Animal(object):
    def _init_(self, name):
        self.name = name
        print('%s initialized' % self.name)
    def bark(self):                 #当子类没有重写 bark 方法的时候调用
        print(self.name,'叫')
    def animal_bark(obj):           #多态
        obj.talk()
class Cat(Animal):
    def _init_(self, name):
        super()._init_(name)
    def bark(self):
```

```
        print('%s: 喵喵喵!' % self.name)        #重写 bark 方法
class Dog(Animal):                          #没有设置初始化方法,实例化时会自动调用父类的初始化方法
    def bark(self):
        print('%s: 汪！汪！汪！' % self.name)
def func(animal):
    animal.talk()
a = Cat('cat')
b = Dog('dog')
c = Animal('animal')
func(a)
func(b)
func(c)
```

程序运行结果如下：

```
cat initialized
dog initialized
animal initialized
cat: 喵喵喵!
dog: 汪！汪！汪！
animal 叫
```

采用多态以后，使用者无需更改代码，采用统一的函数 func(animal)去调用，而系统会根据传入的不同对象得到不同的结果，增加了程序的扩展性。

6.4　特殊方法与运算符重载

Python 类有大量的特殊方法，其中比较常见的是构造函数和析构函数。除此之外，Python 还支持很多类的特殊成员，运算符重载就是通过重写特殊成员方法实现的。

6.4.1　常用特殊方法

Python 类中比较常见的特殊方法是构造函数和析构函数。

Python 中类的构造函数是_init_()，一般用来为数据成员设置初值或进行其他必要的初始化工作，在创建对象时被自动调用和执行。如果用户没有设计构造函数，Python 将提供一个默认的构造函数用来进行必要的初始化工作。

Python 中类的析构函数是_del_()，一般用来释放对象占用的资源，在 Python 删除对象和收回对象空间时被自动调用和执行。如果用户没有编写析构函数，Python 将提供一个默认的析构函数进行必要的清理工作。

除了构造方法与析构方法之外，还有很多其他的特殊变量和特殊方法，分别用于不同的使用场合。表 6-1 给出了常见的一些类的特殊成员。

表 6-1　类的特殊成员

成　员	功 能 描 述
doc	表示类的描述信息
module	表示当前操作的对象在哪个模块
class	表示当前操作的对象的类
init()	构造方法，生成对象时调用
del()	析构方法，释放对象时调用
call()	函数调用，当对象后面加括号时触发该函数
dict	查看类或对象中的所有成员
str()	当调用 print(对象名)时将触发该对象的_str_()方法
_eq_(), _ne()_, _lt()_, _le_(), _gt_(), _ge()_	==, !=, <, <=, >, >=
getitem(), _setitem_(), _delitem_()	通过对象名加索引(键)的方式进行数据的获取、设置和删除，形式如“对象名[键]”
contains()	测试是否包含某个元素，对应于 in 操作符
add(), _del_(), _mul_(), _div_()	加减乘除，+, -, *, /
iadd(), _isub_()	+=, -=
len()	计算长度

6.4.2　运算符重载

运算符重载是让自定义的类所生成的对象(实例)能够使用常规运算符进行操作，从而达到简洁、方便并符合人们使用习惯的目的。要实现运算符重载需要具备两个条件，一是找出想要重载的常规运算符，二是找出该运算符所对应的特殊方法名称。具备这两个条件就可以编写特殊方法的函数，写入实际的运算，这样完成后就可以在实例中实现运算符重载。

以加号的重载为例，加号所对应的方法_add_()，经常在实际使用中被重新定义，用来重载一般意义上的“+”号。以下例 6-8 的程序中演示了将加号运算符重载成为数组对象有效的操作，其中自定义的数组是一串数字，如(1, 2, 3, 4.1, 5.2)，实现了加号重载就可以获得(1, 2, 3, 4.1, 5.2)+6=(6, 7, 8, 9.1, 10.2)的期望效果。

【例 6-8】 自定义一个数组。程序代码如下：

```
class NumArray:
    'A user-defined array of numbers(int, float, complex)'
    def _IsNumber(self, n):
        return isinstance(n, (int, float, complex))
    def _init_(self, *args):
        if not args:
            self._value = []
        else:
```

```
        for arg in args:
            if not self._IsNumber(arg):
                print('All elements must be numbers')
                return
        self._value = list(args)
#重载运算符+，数组中每个元素都与数字 n 相加，或两个数组相加，返回新数组
def _add_(self, n):
    if self._IsNumber(n):
        #数组中所有元素都与数字 n 相加
        b = NumArray()
        b._value = [item+n for item in self._value]
        return b
    elif isinstance(n, NumArray):
        #两个等长的数组对应元素相加
        if len(n._value)==len(self._value):
            c = NumArray()
            c._value = [i+j for i, j in zip(self._value, n._value)]
            return c
        else:
            print('Lenght not equal')
    else:
        print('Not supported')
#重载运算符-，数组中每个元素都与数字 n 相减，返回新数组
def _sub_(self, n):
    if not self._IsNumber(n):
        print('- operating with ', type(n), ' and number type is not supported.')
        return
    b = NumArray()
    b._value = [item-n for item in self._value]
    return b
def _len_(self):
    return len(self._value)
#追加元素
def append(self, v):
    if self._IsNumber(v):
        self._value.append(v)
#支持成员测试运算符 in，测试数组中是否包含某个元素
def _contains_(self, v):
```

```
            return v in self._value
        def _str_(self):
            return ' '.join(str(n) for n in self._value)
    if _name_ == '_main_':
        x = NumArray(1, 2, 3, 4.1, 5.2)
        x.append(6)
        print('the array length:', len(x))
        print(x._doc_)
        print(x._dict_)
        x = x+5
        print(x)
        print(6 in x)
```

程序运行结果如下：

```
the array length: 6
A user-defined array of numbers(int, float, complex)
{'_NumArray_value': [1, 2, 3, 4.1, 5.2, 6]}
6 7 8 9.1 10.2 11
True
```

本章小结

学习和理解面向对象的概念、方法和思想，对于理解和学习整个 Python 语言都具有重要的意义。类和对象是面向对象的基本元素，最基本的要求是掌握类的定义方法及其实例化办法，了解构造方法的作用和使用方法，是面向对象编程的基础。

封装是面向对象的主要特征，要能够认识类属性、实例属性在定义和使用方面的区别，实例变量中需要通过 self 作为前缀加以引用，而类变量则对应了所有实例。类的成员方法包括了实例方法、类方法和静态方法三种类型，其中类方法和静态方法需要通过装饰符来进行定义，同时实例方法需要将第一个参数设置为 self，类方法需要将第一个参数设置为 cls，而静态方法没有这种特殊要求。

通过类的访问控制，可以实现对类成员的访问限制，主要包括公有成员、保护成员和私有成员，其中保护成员和私有成员采用单下划线和双下划线的方式进行命名。这些规则不但适用于成员变量，也适用于成员方法。可以为私有成员设置属性的方式来实现对私有变量的方便存取，而属性的设置也支持只读、可修改和可删除等几种权限。类的成员可以实现动态绑定，不必在类的定义时确定好每一个成员，这使得类的设计和使用更加灵活。

继承和多态也是面向对象的重要特征，用于解决编程过程中的代码复用和功能复用，并为程序的方便扩展提供可能。此外本章也介绍了有关类的特殊方法及运算符重载等相关知识和具体实例。

习题

一、填空题

1. 面向对象程序设计具有______、_______、_______三大特性。

2. 私有成员的变量名称前应该有______条或更多下划线。

3. 一个类的构造方法应写作______。

4. 如果需要在派生类中调用基类的方法，可以使用内置函数______或者通过______的方式来实现这一目的。

二、程序题

1. (1) 定义一个 Person 类并创建对象，要求具有姓名、年龄、性别三个属性，通过_init_()方法传递有效数据，在主函数中访问所有属性。

(2) 对 Person 类创建的对象动态添加三个成员，其中至少含有一个私有成员。

2. 定义一个 Father 类，要求具有姓名、年龄、性别三个属性，定义 show()方法输出三项个人信息。

3. 定义一个 Son 类继承 Father 类，在 Son 类中添加一个学校属性和 learn()方法，用于提示在哪个学校学习。在主程序中分别建立 Father 类和 Son 类的实例测试各个方法的使用。

4. 定义一个列表的操作类 Listinfo，包括如下方法：

(1) 列表元素添加: add_key(keyname)，keyname 为字符串或者整数类型参数；

(2) 列表元素取值：get_key(num)，num 为整数类型参数；

(3) 列表合并：update_list(list)，list 为列表类型参数；

(4) 删除并且返回最后一个元素：del_key()。

第 7 章　文 件 操 作

为了长期保存数据并重复使用、修改和共享，必须以文件的形式将数据保存到外部存储介质中，如硬盘、U 盘或网盘等。各种应用数据、系统文件、图片、音视频等也是以文件的形式存储的。从大的类别看，计算机的文件分为文本文件、二进制文件两种，文本文件可以用普通文本编辑器直接查看，通常是以字符串形式存在的字母、汉字和数字等，而二进制文件则呈现了各种形态，包括字处理文件、可执行文件、图像文件、音视频文件等。计算机的物理存储都是二进制的数据，因此，文本文件和二进制文件本质上都是由于对数据的不同编码形式所产生的不同文件处理方式。

7.1　文件基本操作

无论是文本文件还是二进制文件，其操作流程基本都是一致的，即首先要打开文件并创建文件对象，然后通过该文件对象对文件内容进行读取、写入、修改和删除等操作并保存文件内容。

7.1.1　文件对象

从面向对象编程的特性上来看，Python 对文件的操作也是通过文件对象来达成的。通过 open(file[, mode= 'r' [, buffering, [encoding]]])函数就可以按指定模式打开并创建文件对象。其中文件名指定了被打开的文件名称，表示在当前目录下的文件，若要使用其他目录下的文件，还要包含路径名。打开模式定义了打开文件后的处理方式，如只读、读写、追加等(见表 7-1)。当对文件内容操作完成以后，必须关闭文件，这样能够保证所做的修改得到保存，也有利于文件和系统今后的正常工作。

表 7-1　文件打开模式

模　式	功 能 描 述
r	只读模式
w	写模式，若存在则覆盖原有内容
a	追加模式
r+	读写，不创建
w+	读写，若不存在则新建
a+	追加模式但可读
rt, wt	默认为文本方式，相当于 r, w
rb, wb	读写二进制文件

更多的文件操作方法见表 7-2 所示，其中包括主要的文件读写方法等。

表 7-2　文件对象的常用方法

方　法	功 能 描 述
close()	关闭文件
flush()	把缓冲区内容写入文件，但不关闭文件
read([size])	从文件读取指定的字符数，如果未给定或为负则读取所有
readline()	读取一行内容
readlines()	读取所有行，并返回列表
seek(offset[, whence=0])	用于移动文件读取指针到指定位置， offset 为偏移量，whence 为 0 代表从文件开头开始算起，1 代表从当前位置开始算起，2 代表从文件末尾算起
tell()	返回文件指针的当前位置
truncate([size])	删除当前指针位置到文件末尾的内容，如果指定了 size，则不论指针在什么位置都只留下前 size 个字符，其余的删除
write(s)	把字符串的内容写入文件
writelines(s)	把字符串列表写入文件，中间不添加换行符

7.1.2　文件读写

保存数据最简单的方式之一是将其写入到文件中。通过将输出写入文件，即便关闭包含程序输出的终端窗口，这些输出也依然存在。日后可以随时查看这些输出或与别人分享输出文件，还可编写程序来将这些输出读取到内存中并进行处理。

在文件读写过程中，一个比较重要的问题是需要考虑到读写错误，这类情况在实际应用过程中可能会随时遇到，比如磁盘已满无法写入，打开文件要读取但文件不存在，或者文件路径错误等。事实上，凡是涉及文件输入输出的操作，这类问题在程序设计时是必然要考虑的因素，否则程序的设计就不完整和不严谨。下面来看一个文件不存在但要读取的例子，此时系统会给出错误信息。

【例 7-1】 向文本文件中写入并读取内容。文件写入部分为：

```
s = '文本文件的读取方法\n 文本文件的写入方法\n'
f = open('sample.txt','w')
print('len(s): ', len(s))
print('f.write return: ', f.write(s))
f.close()
```

执行结果如下：

```
len(s):   20
f.write return:   20
```

可以看出写入的长度为 20 个字符，注意这里单个汉字和英文都是按 1 个字符来计算，而不是汉字所实际占用的字节数。

文件读取部分为：

```
f = open('sample.txt','r')                 #打开一个刚刚写入过的，已经存在了的文件
txt = f.read()
print(txt)
f.close()
```

执行结果如下：

```
文本文件的读取方法
文本文件的写入方法
```

打印出了原有字符串的内容，说明在文件中保存完好。

由以上例子可以看出，打开一个已经存在的文件，读取正常。当试图打开一个不存在的文件时，系统就会给出错误信息。

```
>>> f = open('sample1.txt','r')            #试图打开一个不存在的文件
FileNotFoundError: [Errno 2] No such file or directory: 'sample1.txt'
>>> f.read()                               #此时读取会返回空串
''
```

对于这一类问题，可以考虑下一章所介绍的异常处理，总之要尽量避免后续更多的错误。采用改进的文件打开方法，可以避免这类问题的发生。改进的方法中使用了上下文管理关键字 with，open()函数返回的文件对象只在 with 代码块内可用，且只有文件打开成功时才能进入代码块，这样就避免了因文件无法正常打开而造成后续文件读取可能存在的问题。具体实现如下：

```
with open('sample1.txt','r') as f:
    txt = f.read()
    print(txt)
```

使用上下文管理关键字 with 可以自动管理资源，无论何种原因跳出 with 块，总能保证文件被正确关闭，因此此处无需调用文件的 close()方法。

在下面的例 7-2 中，我们首先将文件'shi.txt'放置在 C:\Users\Public 目录下，通过文本编辑器编辑该文件并在里面放上诗的内容，注意此时文件的编码为 UTF-8，可以在文本编辑器中查看文件的编码。下面利用程序读取其中的各行文字并打印。在 Windows 平台下 open()函数在打开文件的时候缺省的编码(encoding)为 gbk(cp936)，并不是 UTF-8，因此在打开文件的时候应指定编码为 UTF-8，否则读取文件会出现错误。

【例 7-2】 读取一段中文诗词并打印。程序代码如下：

```
fname = r'C:\Users\Public\shi.txt'
with open(fname,'r' , encoding='utf-8') as f:
    lines = f.readlines()
    for line in lines: print(line.rstrip())
```

程序运行结果如下(显示出了诗的主要内容)：

```
日照香炉生紫烟
遥看瀑布挂前川
飞流直下三千尺
疑是银河落九天
```

下面我们尝试在文件后附加一段文本的同时，还进行文件内容的读取。选取例 7-1 中写入部分生成的 sample.txt，注意此文件由 Python 程序生成，因此编码采用了默认的编码 gbk，因此在打开的时候可以不指定 open()方法中的 encoding，或者指定为 gbk，与不指定默认采用 gbk 的效果相同。代码如下：

```
>>> f = open('sample.txt','a+', encoding='gbk')
>>> s = f.read(5)
>>> print('in file -> ', s)
in file ->
>>> f.tell()
40
>>> f.close()
```

此时的运行结果显示没有 s 为空串，而通过 tell()方法查看文件指针，可以看出，文件的指针在该文件的末尾。事实上，采用附加写入方式打开文件时，指针会自动放置在文件末尾。因此，要实现文件原有内容的读取，应采用 seek()方法进行指针的调整即可实现，如例 7-3 所示。

【例 7-3】 附加写入文件的同时进行文件内容读取。代码编写如下：

```
with open('sample.txt','a+', encoding='gbk') as f:
    f.write('\n Python is a programming language. \n')
    f.flush()                        #清空缓冲区，确保数据保存到文件
    f.seek(0)                        #将文件指针转移到文件首部
    s = f.read(20)
    while (s != ''):                 #若读取到文件尾部，会返回一个空串
        print('in file -> ', s)
        s = f.read(20)
```

程序运行结果如下：

```
in file ->  文本文件的读取方法
文本文件的写入方法


in file ->
 Python is a progra
in file ->  mming language.
```

7.2　二进制文件

二进制文件包括图像文件、可执行文件、音视频文件、字处理文档等，二进制文件不能使用记事本或其他文本编辑软件直接读写，一般需要首先理解二进制文件结构和序列化规则，才能准确地处理二进制数据。

7.2.1 读写二进制数据

对于二进制数据的读写，需要在 open()方法的文件打开模式中采用'rb'或'wb'的二进制读写方式。然而，不同于文本数据可以比较直观，二进制数据需要将内存中的数据在不影响其含义的情况下转化为二进制形式，这一过程对于对象而言又称为对象的序列化，而反序列化则是把二进制的数据流重新恢复为原有对象的过程。

Python 中已经有若干用于序列化的模块，在程序设计过程中可以直接使用，如 pickle、struct、json、marshal、shelve 和 Pandas 等。这些编程模块的使用可以在一定程度上简化程序处理。

在例 7-4 中给出了一个文件复制的案例，该程序可以在执行时读取命令行输入，并为文件产生一个复制的副本。

【例 7-4】 文件复制的程序(mycpy.py)，具体使用过程为：

```
python mycpy srcfile dstfile
```

程序代码如下：

```
import sys


def main():
    print(sys.argv)                  #sys.argv 为命令行参数列表
    if len(sys.argv)<3:              #len(sys.argv)表示命令行参数的个数
        print('Usage: python mycpy srcfile dstfile')
    with open(sys.argv[1], 'rb') as sf:
        with open(sys.argv[2], 'wb') as df:
            for line in sf.readlines():
                df.write(line)
    print('file copied.')


if _name_ == "_main_":
    main()
```

程序运行时需要在命令行状态，进入到 mycpy.py 所在的目录，并且在该目录中放置一个二进制文件，如 butterfly.jpg，用以作为源文件，目标文件的名字可以任意给定，如 bf.jpg，然后执行以下命令：

```
python mycpy.py butterfly.jpg bf.jpg
```

程序结果如下，同时可以观察到已经在当前目录下生成了 bf.jpg 文件：

```
['mycpy.py', 'butterfly.jpg', 'bf.jpg']
file copied.
```

7.2.2 对象的序列化

Python 程序在内存中的数据一般放置在列表、元组、字典等各类对象之中。当进行文件保存或网络处理时，不能直接送入这些对象本身，必须将这些对象进行序列化，以转化为字节码才能进行处理。pickle 是一个常用且效率较高的二进制文件序列化模块，属于 Python 语言的标准组件，不需要单独安装。

通过 pickle 模块的序列化操作可以将程序中运行的对象信息保存到文件中去，再通过 pickle 模块的反序列化操作，可以从文件中创建上一次程序保存的对象。在 pickle 中用于序列化的方法为 dump(obj, file)，只需要将程序里的对象 obj 放在此方法中，即可以序列化到 file 所指定的文件中，如果有多个对象，就多次进行序列化的操作。在反序列化时采用 load(file)方法，只要知道当初序列化对象的顺序，就可以按照原有顺序来接收反序列化所形成的对象。以下通过示例来说明如何利用 pickle 模块进行程序的处理。

在例 7-5 中，一组学生具有几门课程的成绩，通过字典的形式存储在内存，然后由 pickle 提供的序列化操作将这些数据保存在硬盘。再次利用 pickle 所提供的反序列化操作获取文件中的学生数据，然后在内存中计算出平均分。

【例 7-5】 一个学生成绩存储和查询应用。成绩保存的代码如下：

```
import pickle
students = []                      #建立一个学生列表
students.append({'学号':'01', '姓名':'王五', '平时':80, '实验':60, '期末': 74})
students.append({'学号':'02', '姓名':'张三', '平时':68, '实验':83, '期末': 79})
students.append({'学号':'03', '姓名':'李四', '平时':73, '实验':75, '期末': 85})
students.append({'学号':'04', '姓名':'孙六', '平时':87, '实验':69, '期末': 63})
ratio = [0.3, 0.2, 0.5]   #平时成绩占比 0.3，实验占比 0.2，期末占比 0.5

with open('student.dat','wb') as f:
pickle.dump(students,f)
pickle.dump(ratio,f)
```

执行以上程序，会在当前目录下生成一个 student.dat 文件。以下程序为读取学生成绩文件，并计算出总评成绩：

```
import pickle
with open('student.dat','rb') as f:
    students = pickle.load(f)
    ratio = pickle.load(f)
    for s in students:
        s['总评'] = s['平时']*ratio[0]+s['实验']*ratio[1]+s['期末']*ratio[2]
        print(s)
```

计算结果如下：

```
{'学号': '01', '姓名': '王五', '平时': 80, '实验': 60, '期末': 74, '总评': 73.0}
{'学号': '02', '姓名': '张三', '平时': 68, '实验': 83, '期末': 79, '总评': 76.5}
{'学号': '03', '姓名': '李四', '平时': 73, '实验': 75, '期末': 85, '总评': 79.4}
{'学号': '04', '姓名': '孙六', '平时': 87, '实验': 69, '期末': 63, '总评': 71.4}
```

7.2.3　字节型数据的处理

要对字节型的数据进行有效处理，struct 模块是个有用的包。由于数据转换成二进制的字节码可能会发生两种不同的情况，即高位字节在前或低位字节在前，不同的顺序代表了不同的编码规范。Little-Endian 就是低位字节排放在内存的低地址端，而 Big-Endian 是高位字节排放在内存的低地址端，TCP/IP 网络各层协议将字节序定义为 Big-Endian，因此这种字节序又称为网络字节序。

表 7-3 给出了 struct 模块所提供的字节序标识符，表 7-4 为 struct 模块支持的各种格式。

表 7-3　struct 模块字节序标识符

符　号	字节序	大　小
@	native	需要是 4 字节的整数倍
=	native	按原有字节数
<	Little-Endian	按原有字节数
>	Big-Endian	按原有字节数
!	network (= Big-Endian)	按原有字节数

表 7-4　struct 模块支持的格式

符　号	数据类型	字节数	说　明
x	no value	1	填充符
c	string of length 1	1	字节
b	integer	1	有符号字节
B	integer	1	无符号字节
?	bool	1	布尔
h	integer	2	短整数
H	integer	2	无符号短整数
i	integer	4	整数
I	integer	4	无符号整数
l	integer	4	长整数
L	integer	4	无符号长整数
q	integer	8	长整数
Q	integer	8	无符号长整数
f	float	4	浮点数
d	float	8	双精度浮点数
s	string		字符串
p	string		字符串
P	integer		字节串

struct 可以严格地按照要求的格式将数据打包成二进制的字节流，其主要提供以下三个方法：

pack(fmt, v1, v2, ...)　　按给定的格式 fmt 把数据封装成字节流
unpack(fmt, string)　　按照给定的格式(fmt)解析字节流 string，返回一个元组
calcsize(fmt)　　计算给定的格式(fmt)占用多少字节的内存

以下例子展示了利用 struct 进行打包和解包的过程：

```
>>> import struct
>>> a = "好好学习"; b = b"Python"; c = 20; d = 42.56
```

由于 struct.pack()方法若输入参数为字符串，要求转化为'utf-8'编码，可以采用在一个常规 ASCII 字符串前面加 b 前缀的方式，对于含有中文等特殊字符，则应调用字符串的 encode(encoding='utf-8')编码方法，如：

```
>>> a.encode()
b'\xe5\xa5\xbd\xe5\xa5\xbd\xe5\xad\xa6\xe4\xb9\xa0'
>>> b
b'Python'
>>> "Python".encode()
b'Python'
```

由此可见，这两种编码方式的结果相同，都产生了'utf-8'编码的字节码(bytes)。在打包过程中，需要结合数据的类型，根据表 7-4 中所列出的格式符号进行编码，同时解码过程也要事先知道这一格式信息，才能获得准确的结果。代码如下：

```
>>> #打包
>>> print('calcuated size=', struct.calcsize("12s6sif"))        #计算转换字节长度
calcuated size= 28
>>> binstr = struct.pack("12s6sif", a.encode(), b, c, d)
>>> print('packed size=', len(binstr))
packed size= 28
>>> binstr1 = struct.pack("i", c)
>>> #解包
>>> e, f, g, h = struct.unpack("12s6sif", binstr)
>>> print(e.decode(), f.decode(), g, h)
好好学习 Python 20 42.560001373291016
>>> i, = struct.unpack("i", binstr1)                            #获取元组中的数据
>>> print(i)
20
```

在实际应用中，可以根据需要将编码的数据保存到二进制文件，也可以根据已知的格式从二进制文件中解码出原有的数据。下面以.bmp 的图像文件为例，说明具体的解码过程。BMP 文件的格式如下所示：

1～2 共 2 个字节字符，'BM'表示 Windows 位图，'BA'表示 OS/2 位图；

3～6 共 4 个字节整数，表示位图大小；

7～10 共 4 个字节整数，保留位，始终为 0；

11～14 共 4 个字节整数，实际图像的偏移量；

15～18 共 4 个字节整数，文件头的字节数；

19～22 共 4 个字节整数，图像宽度；

23～26 共 4 个字节整数，图像高度；

27～28 共 2 个字节整数，值固定为 1；

29～30 共 2 个字节整数，颜色数。

【例 7-6】 解析一个 BMP 的文件头。程序代码如下：

```
import struct
with open('file/butterfly.bmp', 'rb') as f:
    x = f.read(30)
    print(x)
    y = struct.unpack('=ccIIIIIIHH', x)
    print(y)
    size = y[2]
    print('size:', size)
    w = y[6]; h = y[7]; bits = y[9]
    print('w={}, h={}'.format(w, h))
    print('bits:', bits)
```

计算结果如下：

```
b'BMV\n\x08\x00\x00\x00\x00\x006\x00\x00\x00(\x00\x00\x00\xed\x01\x00\x00d\x01\x00\x00\x01\x00\x18\x00'
(b'B', b'M', 526934, 0, 54, 40, 493, 356, 1, 24)
size: 526934
w=493, h=356
bits: 24
```

7.3 文件系统操作

除了对文件内容进行读写之外，有时候也需要对文件进行系统级的操作，通过编程方法使用文件系统的功能，可以进行文件复制、删除和文件夹遍历等操作。本节针对这些问题给出具体的使用方法。

7.3.1 os 与 os.path 模块

os 模块提供了文件系统和文件级操作的使用方法，其常用操作方法如表 7-5 所示。os.path 模块提供了用于路径判断、切分、连接以及文件夹遍历的方法，其常用操作方法如表 7-6 所示。

表 7-5 os 模块的常用文件操作方法

方 法	功 能 说 明
access(path, mode)	按照 mode 制定的权限访问文件
open((path, flags, mode=511)	按 mode 指定的权限打开文件，默认权限为可读、可写、可执行
chmod(path, mode, *, dir_fd=None)	改变文件的访问权限
remove(path)	删除指定的文件

续表

方　法	功 能 说 明
rename(src, dst)	重命名文件或目录
stat(path)	返回文件的所有属性
fstat(path)	返回打开的文件的所有属性
startfile(filepath[, operation])	使用关联的应用程序打开指定文件
mkdir(path, mode=511)	创建目录
makedirs(pathl/path2..., mode= 511)	创建多级目录
rmdir(path)	删除目录
removedirs(pathl/path2…)	删除多级目录
listdir(path)	返回指定目录下的文件和目录信息
getcwd()	返回当前工作目录
get_exec_path()	返回可执行文件的搜索路径
chdir(path)	把 path 设为当前工作目录
walk(top, topdown=True)	遍历目录树，该方法返回一个元组，包括 3 个元素：所有路径名、所有目录列表与文件列表
sep	当前操作系统所使用的路径分隔符
extsep	当前操作系统所使用的文件扩展名分隔符

表 7-6　os.path 模块的常用文件操作方法

方　法	功 能 说 明
abspath(path)	返回绝对路径
dirname(p)	返回目录的路径
exists(path)	判断文件是否存在
getatime(filename)	返回文件的最后访问时间
getctime(filename)	返回文件的创建时间
getmtime(filename)	返回文件的最后修改时间
getsize(filename)	返回文件的大小
isabs(path)	判断 path 是否为绝对路径
isdir(path)	判断 path 是否为目录
isfile(path)	判断 path 是否为文件
join(path,*paths)	连接两个或多个 path
split(path)	对路径进行分割，以列表形式返回
splitext(path)	从路径中分割文件的扩展名
splitdrive(path)	从路径中分割驱动器的名称

下面通过几个示例来演示 os 和 os.path 模块的用法。

已知在 C 盘 Temp 目录下有 test.txt，test1.txt 两个文件，并且有一个子目录 sample，其下有一个文件 test2.txt。在以下例子中，将采用 os 和 os.path 模块访问这些文件：

```
>>> import os
>>> import os.path
>>> os.path.exists('C:\\Temp\\test1.txt')
True
>>> os.chdir("C:\\Temp")                                      #改变当前的工作目录
>>> folder = os.path.dirname(os.path.abspath(_file_))         #当前例子的执行目录
>>> print(folder)                                             #当前执行目录不随工作目录改变
E:\python\examples
>>> p = os.getcwd()
>>> print(p)                                                  #当前的工作目录已经改变
C:\Temp
>>> fp = 'C:\\Temp\sample\test2.txt'
>>> os.path.split(fp)
('C:\\Temp', 'sample\test2.txt')
>>> os.path.splitdrive(fp)
('C:', '\\Temp\\sample\test2.txt')
```

【例 7-7】 遍历目录中的文件及其子目录。程序代码如下：

```
import os
os.chdir("C:\\Temp")
for root, dirs, files in os.walk(".", topdown = False):
    print('root: ', root)
    print('dirs: ', dirs)
    print('files: ', files)
    for name in files:
        print(os.path.join(root, name))
    for name in dirs:
        print(os.path.join(root, name))
```

执行结果如下：

```
root:   .\sample
dirs:   []
files:   ['test2.txt']
.\sample\test2.txt
root:   .
dirs:   ['sample']
files:   ['test.txt', 'test1.txt']
.\test.txt
.\test1.txt
.\sample
```

7.3.2　shutil 模块

shutil 可以简单地理解为 sh + util，即 shell 工具的意思。shutil 模块也属于 Python 标准库，是对 os 模块的补充，主要提供文件的拷贝、移动和目录复制、删除、移动、压缩和解压等操作。Shutil 模块与 os 模块配合使用，基本可以完成一般的文件系统功能。

【例 7-8】 进行 shutil 模块文件和目录操作。程序代码如下：

```
>>> import shutil,os
>>> shutil.copy("sample.txt","sample1.txt")
FileNotFoundError: [Errno 2] No such file or directory: 'sample.txt'
```

在以上操作中，进行了常见的文件复制、目录复制和删除等操作。其中 sample.txt 是例 7-1 生成的文件，由于该文件不在当前目录下，所以出现了无法找到文件的错误。

此时可以通过查找工作目录并转换目录的方式，进入 sample.txt 所在的目录。

```
>>> os.getcwd()
'C:\\Python36'
>>> os.chdir("E:\\python\\examples.")                    #进入文件所在目录
>>> import shutil,os
>>> shutil.copy("sample.txt","sample1.txt")              #成功复制
'sample1.txt'
#注意删除文件的方法在 os 模块中，成功调用后返回空行，在资源管理器中可观察到文件已被删除
>>> os.remove('sample1.txt')

#将 C:\Temp 目录整个复制到当前路径下的 Temp 目录中，在资源管理器中可观察到目录已成功复制
>>> shutil.copytree(r'C:\\Temp', 'Temp')
'Temp'
#将当前目录下的 Temp 目录压缩，压缩后的文件名为'TempArch.zip'
>>> shutil.make_archive('TempArch', 'zip','Temp')
'E:\\python\\samples\\'TempArch.zip'
#删除工作目录下的 Temp 子目录，成功调用后返回空行，在资源管理器中可观察到子目录已被删除
>>> shutil.rmtree('Temp')
#解压缩 TempArch.zip 并将输出文件放置入 Temp，成功调用后返回空行，在资源管理器中可观察到当前目录下已经重新生成了子目录 Temp
>>> shutil.unpack_archive('TempArch.zip', 'Temp')
```

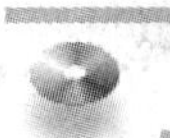

7.4　读写常见文件格式

多样化的文件格式是大数据处理过程中一个不可回避的问题，往往是进行进一步数据分析工作的着手点。Python 语言为各种文件的处理提供了丰富的方法，本节给出一些常见

文件格式的处理方法。

7.4.1 CSV 文件

CSV 格式属于电子表格文件，其中数据存储在单元格内。每个单元格按照行和列结构进行组织。电子表格中的列可以有不同的数据类型，如字符串类型、日期类型或整数类型。CSV 中的每一行代表一个观察，通常称为一条记录。每个记录可以包含一个或多个由逗号分隔的字段。如果文件中不使用逗号分隔，而是使用制表符进行分隔，这样的文件格式称为 TSV(制表符分隔值)文件格式。

下面是将 CSV 文件使用 Notepad 打开的结果示例：

【例 7-9】 利用 CSV 文件写入和读取人员数据。首先将数据写入 CSV 文件：

```
import csv
def csv_write(path, data):
    with open(path,'w',encoding='utf-8',newline='') as f:
        writer = csv.writer(f,dialect='excel')
        for row in data:
            writer.writerow(row)
    return True
data = [
    ['姓名','年龄', '身高(cm)','体重(kg)'],
    ['张三', 38, '176cm','75'],
    ['李四', 25, '160cm', '46'],
    ['王五', 28, '170cm','62']
]
csv_write('persons.csv',data)
```

```
persons - Notepad
File  Edit  Format  View  Help
姓名,年龄,身高（cm）,体重（kg）
张三,38,176cm,75
李四,25,160cm,46
王五,28,170cm,62
```

图 7-1　文件 person.csv 的内容

利用记事本打开 persons.csv，其具体内容如图 7-1 所示。

以下为从 CSV 文件读取数据的程序代码：

```
import csv
def csv_read(path):
    data = []
    with open(path,'r',encoding='utf-8') as f:
        reader = csv.reader(f,dialect='excel')
        for row in reader:
            data.append(row)
    return data
data = csv_read('persons_dict.csv')
print(data)
```

读取 CSV 文件的执行结果如下：

[['姓名', '年龄', '身高(cm)', '体重(kg)'], ['张三', '38', '176cm', '75'], ['李四', '25', '160cm', '46'], ['王五', '28', '170cm', '62']]

7.4.2　Excel 文件

Excel 是常见的电子表格文件，xlwt 经常用于将数据写入 Excel 表格，xlrd 模块则用于从 Excel 中读取数据。这两个模块属于外部模块，可以在命令行状态下利用 Python 自带的 pip 软件包管理工具进行安装，如图 7-2 所示。执行 pip 命令时要确保 Python 的执行路径已经设置在系统的 Path 环境变量之中，正确设置的情况下可以在任何路径下执行以下命令：

```
pip　install　模块名 1　模块名 2　…
```

对于 xlwt 和 xlrd 两个模块，具体命令如下 ：

```
pip install xlwt xlrd
```

```
C:\>pip install xlwt xlrd
Collecting xlwt
  Using cached https://files.pythonhosted.org/packages/44/48/def306413b25c3d01753603b1a222a011b8621aed27cd7f89cbc27e6b0
f4/xlwt-1.3.0-py2.py3-none-any.whl
Collecting xlrd
  Downloading https://files.pythonhosted.org/packages/b0/16/63576a1a001752e34bf8ea62e367997530dc553b689356b9879339cf45a
4/xlrd-1.2.0-py2.py3-none-any.whl (103kB)
    |████████████████████████████████| 112kB 15kB/s
Installing collected packages: xlwt, xlrd
Successfully installed xlrd-1.2.0 xlwt-1.3.0
```

图 7-2　利用 pip 工具安装 xlwt 和 xlrd 两个模块

在 pip 的使用过程中，有时会遇到 Python 强制要求更新 pip 工具的情况，提示如下：

```
You should consider upgrading via the 'python -m pip install --upgrade pip' command.
```

此时只要按照提示要求，在命令行下执行以下命令即可实现 pip 工具的升级：

```
python -m pip install --upgrade pip
```

在进行 Excel 文件读写时，应首先进行工作簿('workbook')的获取，然后从工作簿中处理表单('sheet')。可以采用索引的方式在工作簿中取得表单，也可以通过表单的名字获取。进入表单处理环节以后，即可按行或者列进行数据的读写，或者是按单元格的方式处理数据。具体过程参见例 7-10。

【例 7-10】 读写 Excel 文件中的汽车数据。首先将数据写入 Excel 文件：

```
import xlwt
def style(name, height, bold = False):
    style = xlwt.XFStyle()     #初始化样式
    font = xlwt.Font()          #为样式创建字体
    font.name = name
    font.bold = bold
    font.color_index = 4
    font.height = height
    style.font = font
    return style


def write_excel():
    workbook = xlwt.Workbook(encoding='utf-8')
    sheet = workbook.add_sheet('car')
```

```
        rows = []
        rows.append([u'车型', '颜色' , u'价格(万)', '行驶里程'])
        rows.append([u'奥迪', '红', 15, 30000])
        rows.append(['宝马', '黑', 25, 35000])
        #按行列写入数据
        for i in range(len(rows)):
            for j in range(len(rows[0])):
                sheet.write(i, j, rows[i][j], style('Times New Roman', 220, True))
        workbook.save('cars.xls')
    if _name_ == '_main_':
        write_excel()
        print(u'创建 cars.xlsx 文件成功')
```

利用 Excel 打开文件，其具体内容如图 7-3 所示。

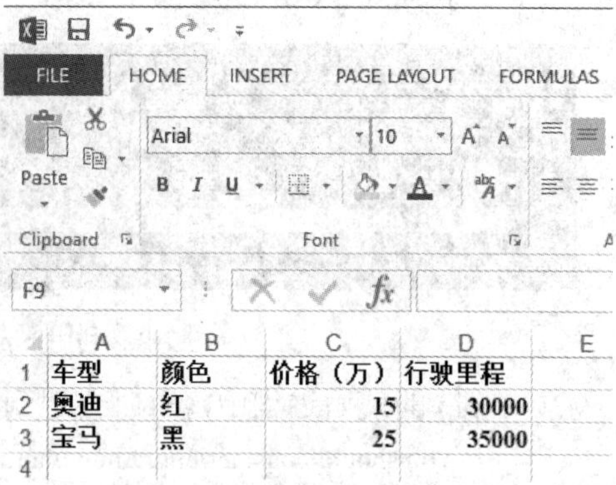

	A	B	C	D	E
1	车型	颜色	价格（万）	行驶里程	
2	奥迪	红	15	30000	
3	宝马	黑	25	35000	
4					

图 7-3　文件 cars.xlsx 的内容

以下是从 Excel 文件读取数据的程序代码：

```
    import xlrd
    workbook = xlrd.open_workbook('cars.xls')
    print('表单名称：', workbook.sheet_names())
    #根据 sheet 索引或者名称获取 sheet 内容
    sheet     = workbook.sheets()[0]
    #或者 sheet = workbook.sheet_by_index(0)，  sheet = workbook.sheet_by_name('car')
    print('表单{}，  行数={}，  列数={}'.format(sheet.name, sheet.nrows, sheet.ncols))
    print('='*30)
    #按行获取数据
    for i in range(sheet.nrows):
        row = sheet.row_values(i)
        print(row)
    print('='*30)
    #按列获取数据
    for j in range(sheet.ncols):
        col = sheet.col_values(j)
        print(col)
    print('='*30)
    #按单元格获取数据
    for i in range(sheet.nrows):
        for j in range(sheet.ncols):
            print(sheet.cell(i,j).value, end=' ')
        print()
```

读取 Excel 文件的执行结果如下：

```
表单名称： ['car']
表单 car， 行数=3， 列数=4
==============================
['车型', '颜色', '价格(万)', '行驶里程']
['奥迪', '红', 15.0, 30000.0]
['宝马', '黑', 25.0, 35000.0]
==============================
['车型', '奥迪', '宝马']
['颜色', '红', '黑']
['价格(万)', 15.0, 25.0]
['行驶里程', 30000.0, 35000.0]
==============================
车型 颜色 价格(万) 行驶里程
奥迪 红 15.0 30000.0 宝马 黑 25.0 35000.0
```

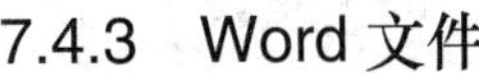

7.4.3 Word 文件

Word 文件是最常见的文档编写文件，很多应用会采用 Word 作为文档输出格式。对于 Word 文件的读写需要安装 python-docx 模块，安装命令为：

```
pip install python-docx
```

【例 7-11】 读写 Word 文件中的段落和表格数据。

首先将数据写入 Word 文件：

```
from docx import Document
from docx.shared import Inches
document = Document()
document.add_heading('Python 学习材料', 0)
p = document.add_paragraph('文件是保存在存储设备上的一段数据流。')
p.add_run('二进制文件').bold = True
p.add_run('是指图像、音视频、字处理文档等含有特殊格式的文件。计算机的存储是')
p.add_run('二进制的').italic = True
p.add_run('。')
document.add_heading('文件读写知识学习', level=1)
document.add_paragraph(
    '文本文件', style='List Bullet'
)
document.add_paragraph(
    '二进制文件', style='List Bullet'
)
document.add_paragraph(
    '打开文件', style='List Number'
```

```
    )
    document.add_paragraph(
        '处理数据', style='List Number'
    )
    document.add_paragraph(
        '关闭文件', style='List Number'
    )
    document.add_picture('butterfly.jpg', width=Inches(2.25))
    table = document.add_table(rows=1, cols=3)
    table.style = 'Light Shading'
    hdr_cells = table.rows[0].cells            #创建表头
    hdr_cells[0].text = '姓名'
    hdr_cells[1].text = '学号'
    hdr_cells[2].text = '成绩'
    students = [('张三','1000012',68),('李四','1000013',75),('王五','1000014',81)]
    for i in range(len(students)):             #建立表体
        row_cells = table.add_row().cells
        for j in range(len(students[i])):
            row_cells[j].text = str(students[i][j])
    document.add_page_break()
    document.save('demo.docx')
```

利用 Word 软件打开文件 demo.docx，其具体内容如图 7-4 所示。

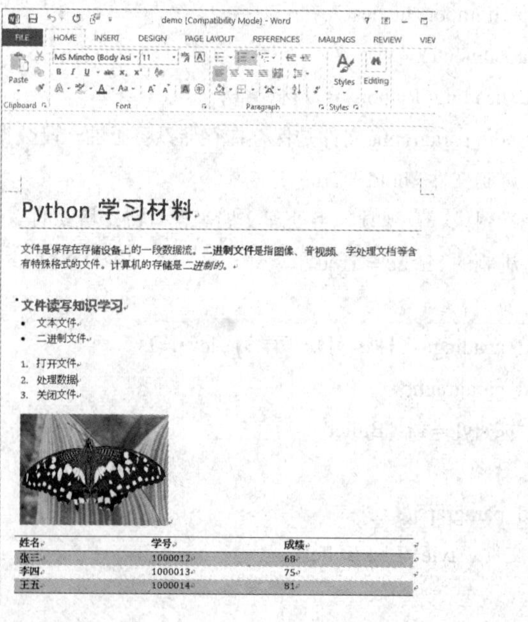

图 7-4　文件 demo.docx 的内容

然后从 Word 文件读取数据。

```
from docx import Document
doc = Document('demo.docx')
#读取标题
import re
for p in doc.paragraphs:
    if re.match("^Heading \d+$",p.style.name):
        print(p.text)
print("#"*50)
for p in doc.paragraphs:                    #读取内容
    if p.style.name=='Normal':
        print(p.text)
print("#"*50)
tables = doc.tables                         #读取表格
for table in tables:
    for row in table.rows:
        for cell in row.cells:
            print(cell.text)
print('行数={}, 列数={}'.format(len(tables[0].rows),len(tables[0].columns)))
```

读取 Word 文件的执行结果如下：

```
文件读写知识学习
##################################################
文件是保存在存储设备上的一段数据流。二进制文件是指图像、音视频、字处理文档等含有特殊格式的文件。计算机的存储是二进制的。
##################################################
行数=4, 列数=3
姓名  学号    成绩
张三  1000012  68
李四  1000013  75
王五  1000014  81
```

7.4.4 JSON 文件

JSON (JavaScript Object Notation)是一种使用广泛的轻量数据格式，它可以将 JavaScript 对象中表示的一组数据转换为字符串，经常用于数据的存储和交换。从数据格式来看，Python 中的字典类型与 JSON 数据格式很接近，以下左侧为字典数据，右侧为 JSON 数据：

```
d = {
    'a': 123,
    'b': {
        'x': ['A', 'B', 'C']
    },
    'c': True,
    'd': None
}
```

```
d = {
    "a": 123,
    "b": {
        "x": ["A", "B", "C"]
    },
    "c": true,
    "d": null
}
```

由此可见，Python 字典类型与 JSON 类型的数据在形式上相近，但也有一些区别，如 Python 中的字符串允许单引号和双引号，而 JSON 数据中要求必须是双引号，同时二者在布尔类型、空值的处理方面等也有区别。Python 标准库中的 json 模块提供了 JSON 数据的处理功能，可以直接将 Python 数据类型转化为 JSON。程序代码如下：

```
>>> import json
>>> d = {}; d['a'] = 123;
>>> d['b'] = {'x': ['A', 'B', 'C']}
>>> d['c'] = True; d['d'] = None
>>> print(d)
{'a': 123, 'b': {'x': ['A', 'B', 'C']}, 'c': True, 'd': None}
>>> json_str = json.dumps(d) #转换成 JSON 字符串
>>> print(json_str)
{"a": 123, "b": {"x": ["A", "B", "C"]}, "c": true, "d": null}
>>> e = json.loads(json_str) #将 JSON 转化为 Python 字典类型
>>> print(e)
```

对于 Python 中的对象也可以利用 JSON 进行序列化，这样就能够把内存中类的实例变成可存储和可传输的数据。例 7-12 给出了一种通过对象消息触发函数(object_hook，又称钩子函数)机制将 JSON 数据转化为对象实例的方法。在这一方法中，会从实例对象中提取出字典类型的数据，并将字典数据转化为 JSON 数据，在读取 JSON 数据以后，通过对象消息触发函数的调用重新利用字典数据装配成实例对象。

【例 7-12】 Python 中类的实例与 JSON 的转化。

将实例保存为 JSON 文件：

```
import json
class Product(object):
    def _init_(self, name):
        self.name = name
        self.unitPrice = 0

    def setUnitPrice(self, unitPrice):
        self.unitPrice = unitPrice

    def getTotalPrice(self, num):
        return self.unitPrice*num
#获取对象成员变量的字典数据
def jsonDefault(object):
    return object._dict_

p = Product('电器')
p.setUnitPrice(50)
print(p.getTotalPrice(3))
jsonstr = json.dumps(p, default=jsonDefault)
print(jsonstr)

with open('product.json', 'w') as f:
    f.write(jsonstr)
```

程序执行结果如下：

```
150
{"name": "\u7535\u5668", "unitPrice": 50}
```

读取 JSON 文件，将其重新转化为 Python 中的实例对象：

```
import json

class Product(object):
    def _init_(self, name):
        self.name = name
        self.unitPrice = 0

    def setUnitPrice(self, unitPrice):
        self.unitPrice = unitPrice

    def getTotalPrice(self, num):
        return self.unitPrice*num

def objectHook(obj):
    p = Product(obj['name'])
    p.setUnitPrice(obj['unitPrice'])
    return p

with open('product.json', 'r') as f:
    jsonstr = f.read()
    print(jsonstr)
    q=json.loads(jsonstr,
object_hook=objectHook)
    print(q.getTotalPrice(2))
```

执行结果如下(可见已经能够成功调用 getTotalPrice()成员方法)：

```
{"name": "\u7535\u5668", "unitPrice": 50}
100
```

本章小结

文件是程序应用中的一个重要的组成部分，一般要掌握文本文件、二进制文件两种文件的基本操作方法。需要重点掌握文件对象常用方法的使用、文件打开模式。open()函数是个系统函数，可以按照指定的模式打开并创建文件对象，它也决定了对于文本文件、二进制文件的选择，以及只读、读写、追加等各类模式的选取，对于文件的后续处理具有重要的意义。

二进制数据需要将内存的数据在不影响其含义的情况下转化为二进制形式，即对象的序列化，本章给出了采用 pickle 模块进行内存数据序列化和反序列化的示例，可以用于一般的二进制数据保存。此外，struct 模块提供了针对不同字节序的处理，还能够精确指定数据处理的格式，可以用于各类文件格式或数据格式的解析。

文件系统操作中 os 和 os.path 模块提供了用于文件系统和文件级操作的基本方法，而 shutil 则是对这两个模块方法的补充，可以对目录复制、删除等复杂操作提供支持。掌握一定的文件系统操作方法，对于数据分析和处理具有积极的辅助作用。

本章还介绍了几种常见数据文件格式的读写方法，包括 CSV 文件、Excel 文件、Word 文件和 JSON 文件，需要掌握这些数据文件的常用工具模块，了解其内部的处理原理、方法和过程，掌握相关文件的读写方法，并能够对文件所涉及的数据进行访问和处理。

习题

一、填空题

1. 文件对象的______方法可以用于把缓冲区的内容写入文件，而不必关闭文件。

2. 当进行文件保存或网络处理时，不能直接送入这些对象本身，必须将这些对象进行______，以转化为字节码才能进行处理。

3. 用于读写文件，但不会创建文件的文件打开模式为______；用于读写文件同时如果不存在就会创建文件的文件打开模式为______。

4. os 模块中用于改变当前工作目录的方法为______，用于返回当前工作目录的方法为______。

二、程序题

1. 创建文件 data.txt，文件共 200 行，每行存放一个 1～100 之间随机生成的整数。

2. 已知学生成绩列表如下，编写程序利用 pickle 模块的方法将成绩写入文件 student.dat，读取此文件并重新显示学生成绩。

学号	姓名	成绩
01	王五	87
02	张三	74
03	李四	77
04	孙六	69

3. 随机生成 1 到 100 之间的 20 个数，用列表存储并对其从小到大排序，写入文件，然后从文件中读取出文件内容，反序以后再追加到文件的下一行。

第 8 章　异常处理与程序调试

异常是指程序运行时引发的错误，如除 0、下标越界、文件不存在、网络异常、类型错误、磁盘空间不足等。这些错误如果得不到正确的处理可能会导致程序出错而终止运行，而异常处理就是帮助程序正确地处理各种可能出错的情况，增强系统的容错性。对于一些程序错误，可以通过程序调试的方法进行问题定位和解决，因此异常处理和程序调试是解决程序编写和运行过程中可能遇到的各类程序错误的有效手段。

8.1　异常的概念

异常处理是指因为程序执行过程中出错而在正常控制流之外采取的行为。严格来说，语法错误和逻辑错误不属于异常，但有些语法错误往往会导致异常，如由于大小写拼写错误而试图访问不存在的对象，或者试图访问不存在的文件等。在以下例子中，由于函数名写错了，或者 0 做除数，或者参与计算的数据类型有误，都有对应的异常抛出：

```
>>> x, y = 3, 4
>>> printf(x+y)
NameError: name 'printf' is not defined
>>> print(x / 0)
ZeroDivisionError: division by zero
>>> '3'+2
TypeError: must be str, not int
>>> '3'+str(2)                #正确的写法
'32'
>>> eval('3')+2               #正确的写法
5
```

Python 的异常处理能力是很强大的，可向用户准确反馈出错信息。在 Python 中，异常也是对象，可对它进行操作。BaseException 是所有内置异常的基类，但用户定义的类并不直接继承 BaseException，所有的异常类都是从 Exception 继承，且都在 Exceptions 模块中定义。Python 自动将所有异常名称放在内建命名空间中，所以程序不必导入 Exceptions 模块即可使用异常。一旦引发而且没有捕捉到 SystemExit 异常，程序执行就会终止。如果交互式会话遇到一个未被捕捉的 SystemExit 异常，会话就会终止。Python 中所定义的标准异常如表 8-1 所示。

表 8-1　Python 标准异常

异 常 名 称	描　　述
BaseException	所有异常的基类
SystemExit	解释器请求退出
KeyboardInterrupt	用户中断执行(通常是输入^C)

续表一

异常名称	描　述
Exception	常规错误的基类
StopIteration	迭代器没有更多的值
GeneratorExit	生成器(generator)发生异常来通知退出
StandardError	所有的内建标准异常的基类
ArithmeticError	所有数值计算错误的基类
FloatingPointError	浮点计算错误
OverflowError	数值运算超出最大限制
ZeroDivisionError	除(或取模)零 (所有数据类型)
AssertionError	断言语句失败
AttributeError	对象没有这个属性
EOFError	没有内建输入，到达 EOF 标记
EnvironmentError	操作系统错误的基类
IOError	输入/输出操作失败
OSError	操作系统错误
WindowsError	系统调用失败
ImportError	导入模块/对象失败
LookupError	无效数据查询的基类
IndexError	序列中没有此索引(index)
KeyError	映射中没有这个键
MemoryError	内存溢出错误(对于 Python 解释器不是致命的)
NameError	未声明/初始化对象 (没有属性)
UnboundLocalError	访问未初始化的本地变量
ReferenceError	弱引用(Weak reference)试图访问已经垃圾回收了的对象
RuntimeError	一般的运行时错误
NotImplementedError	尚未实现的方法
SyntaxError	Python 语法错误
IndentationError	缩进错误
TabError	Tab 和空格混用
SystemError	一般的解释器系统错误
TypeError	对类型无效的操作
ValueError	传入无效的参数
UnicodeError	Unicode 相关的错误
UnicodeDecodeError	Unicode 解码时的错误
UnicodeEncodeError	Unicode 编码时错误
UnicodeTranslateError	Unicode 转换时错误

续表二

异常名称	描　述
Warning	警告的基类
DeprecationWarning	关于被弃用的特征的警告
FutureWarning	关于构造将来语义会有改变的警告
OverflowWarning	旧的关于自动提升为长整型(long)的警告
PendingDeprecationWarning	关于特性将会被废弃的警告
RuntimeWarning	可疑的运行时行为(runtime behavior)的警告
SyntaxWarning	可疑的语法的警告
UserWarning	用户代码生成的警告

8.2　异常捕获

当发生异常时，我们就需要对异常进行捕获，然后进行相应的处理。python 的异常捕获常用 try...except...结构，把可能发生错误的语句放在 try 模块里，用 except 来处理异常，每一个 try，都必须至少对应一个 except。异常捕获的关键字如表 8-2 所示。

表 8-2　异常捕获的关键字

关键字	说　明
try/except	捕获异常并处理
pass	忽略异常
as	定义异常实例(except MyError as e)
else	如果 try 中的语句没有引发异常，则执行 else 中的语句
finally	无论是否出现异常，都执行的代码
raise	抛出/引发异常

8.2.1　捕获指定异常

捕获指定的异常是异常处理的基本形式，采用 try...except 结构，具体形式如下：

```
try:
    <执行的语句>
except <异常名> [as 别名]:
    <出现异常时执行的语句>
```

如果省略异常名，则成为：

```
try:
    <执行的语句>
except:
    <出现异常时执行的语句>
```

这样将捕获所有异常，包括键盘中断和程序退出请求，如用 sys.exit()就无法退出程序。因此 except 之后应至少有一个异常类型，比如：

```
try:                                    或        try:
    <执行的语句>                                       <执行的语句>
except Exception:                                 except BaseException:
    <出现异常时执行的语句>                               <出现异常时执行的语句>
```

此时能够捕获所有异常，但不至于出现对键盘中断和程序退出请求等特殊消息的捕获。若要捕获具体异常，可参考以下文件读写时的 IO 异常：

```
try:
    f = open("abc.txt", "r")
    print(f.read())
    f.close()
except IOError as e:
   print("open exception: %s: %s" %(e.errno, e.strerror))
```

程序执行结果显示"open exception: 2: No such file or directory"，可见由于文件不存在，引发了 IO 异常。

8.2.2 没有出现指定异常的处理

如果判断完没有某些异常之后还想做其他事，可以使用在异常之后添加 else 语句，形成 try…except…else 语句。在使用过程中，如果 try 中的代码抛出了异常，并且被某个 except 捕捉，则执行相应的异常处理代码，这种情况下不会执行 else 中的代码；如果 try 中的代码没有抛出指定的异常，就会执行 else 块中的代码。

例 8-1 中循环要求输入菜单的序号，若输入正常(0～3)，没有进入指定的异常，此时也会执行没有指定异常处理的操作，否则会进入异常处理。

【例 8-1】 循环出现的程序选择菜单。程序代码如下：

```
a_list = ['0.预览', '1.查询', '2.保存', '3.打印']
while True:
    n = input('请输入菜单的序号{}：'.format(a_list))
    try:
        print(a_list[eval(n)])
    except IndexError:
        print('列表元素的下标越界，请重新输入字符串的序号')
    else:
        print('没有异常')
```

程序执行情况如下：

```
请输入菜单的序号['0.预览', '1.查询', '2.保存', '3.打印']：0
0.预览
 没有异常
请输入菜单的序号['0.预览', '1.查询', '2.保存', '3.打印']：7
列表元素的下标越界，请重新输入字符串的序号
 请输入菜单的序号['0.预览', '1.查询', '2.保存', '3.打印']:
```

8.2.3 捕获多个异常

在实际开发中，同一段代码可能会抛出多个异常，需要针对不同的异常类型进行相应的处理。此时可以采用多分枝结构的 except 异常处理方式，如果不需要为每个异常设立单独的处理方式，则可以通过元组的方式表示多个异常，并且为多个异常提供统一的处理代码。例如：

```
try:
    <执行的语句>
except Exception1:
    <出现异常 1 时执行的语句>
except Exception2:
    <出现异常 2 时执行的语句>
  …
```

或

```
try:
    <执行的语句>
except (Exception1, Exception2, …):
    <出现异常时执行的语句>
```

下面的代码演示了该结构的用法：

```
try:
    x = input('请输入被除数: ')
    y = input('请输入除数: ')
    z = float(x) / float(y)
except ZeroDivisionError:
    print('除数不能为零')
except ValueError:
    print('被除数和除数应为数值类型')
else:
    print(x, '/', y, '=', z)
```

有时候为了获取更加完整的报错信息，也可以采用异常回溯功能，可以给出更多的关于异常的详细信息。Python 的 traceback 模块可以提供这种异常的回溯，只要调用 traceback.print_exc()即可回溯异常的详细信息。如例 8-2 所示。

【例 8-2】 一个简单的除法计算器。程序代码如下：

```
import traceback
while True:
    try:
        x = input('请输入被除数: ')
        y = input('请输入除数: ')
        z = float(x) / float(y)
    except (ZeroDivisionError, ValueError):
        traceback.print_exc()
        print('出现异常')
    else:
        print(x, '/', y, '=', z)
```

程序执行情况如下：

```
请输入被除数: 6
请输入除数: 4
6 / 4 = 1.5
请输入被除数: 3
请输入除数: a
Traceback (most recent call last):
    z = float(x) / float(y)
ValueError: could not convert string to float: 'a'
出现异常
```

请输入被除数:

8.2.4 带有 finally 的异常处理

最后一种常用的异常处理结构是 try…except…finally 结构。在该结构中，finally 子句中的语句块无论是否发生异常都会执行，常用来做一些清理工作以释放 try 子句中申请的资源。语法如下：

```
try:
    <执行的语句>
except <异常名> [as 别名]:
    <出现异常时执行的语句>
finally:
    <无论如何都会执行的代码>
```

与 else 相区别的是，finally 部分的代码是异常处理之中一定会执行的部分。如下面的代码，无论读取文件是否发生异常，总是能够保证正常关闭该文件：

```
try:
    f = open('test.txt', 'r')
    line = f.readline( )
    print(line)
finally:
    f.close( )
```

使用带有 finally 子句的异常处理结构时，应尽量避免在 finally 子句中使用 return 语句，否则可能会出现出乎意料的错误。如以下例子中，返回的结果始终为–1，就是由于在 finally 中设置了 return 语句，由于 finally 部分的代码一定会被执行，即使在 try 中出现了 return 也会执行，所以出现了这样的逻辑错误：

```
>>> def demo_div(a, b):
    try:
        return a/b
    except:
        pass
    finally:
        return -1
>>> demo_div(1, 0)
-1
>>> demo_div(1, 2)
-1
```

8.3 自定义异常

程序运行的过程中出现了错误，如果没有对错误进行捕获处理，Python 的解释器就会终止运行，并且抛出错误。利用编程的方法，可以结合应用逻辑需要自行设置异常触发条件，实现对异常的主动处理。

8.3.1　主动抛出异常

在程序设计中可以根据需要自行设置异常触发条件，并使用raise语句定义和抛出异常，raise 语法格式如下：

```
raise Exception(args)
```

语句中 Exception 是异常的类型(例如 ValueError)，args 是可选的异常参数值，如果不提供，异常的参数是“None”。例如：

```
import traceback
def fun( level ):
if level < 1:
    raise Exception('参数错误')
try:
    fun(0)
except Exception as e:
    traceback.print_exc()
    print(e)
else:
    print('没有错误')
```

运行结果如下：

```
Traceback (most recent call last):
fun(0)
raise Exception('参数错误')
Exception: 参数错误
参数错误
```

在例 8-3 中，这种主动抛出异常的方法被用于摄氏温度与华氏温度的转换器之中。

【例 8-3】 一个摄氏温度与华氏温度的转换器。程序代码如下：

```
def c2f():
    TempStr = input("请输入带有符号的温度值: ")
    if TempStr[-1] in ['F','f']:
        C = (eval(TempStr[0:-1]) - 32)/1.8
        print("转换后的温度是{:.2f}C".format(C))
    elif TempStr[-1] in ['C','c']:
        F = 1.8*eval(TempStr[0:-1]) + 32
        print("转换后的温度是{:.2f}F".format(F))
    else:
        raise Exception("输入格式错误")
while (True):
    try:
        x = c2f()
    except Exception as e:
        print(e)
    else:
        print('温度转换完成')
```

程序执行情况如下：

```
请输入带有符号的温度值: 30f
转换后的温度是-1.11C
温度转换完成
请输入带有符号的温度值: 20c
转换后的温度是 68.00F
温度转换完成
请输入带有符号的温度值: 40h
输入格式错误
请输入带有符号的温度值:
```

8.3.2 自定义异常

在引发异常时，应该选择合适的异常类，从而可以明确地描述该异常情况。如果系统的标准异常无法更准确地表达应用中的场景，可以考虑用户自定义异常，通过继承 Exception 基类或 Exception 的子类，即可根据需要进行异常的自定义。

在例 8-4 中，为拍卖活动定义了一个拍卖异常的异常类，如果出现竞拍价比起拍价低的情况或者其他情况，都可以选择抛出拍卖异常，这样的异常类更适合应用于拍卖的场景之中。

【例 8-4】 拍卖活动中的拍卖异常。程序代码如下：

```
class AuctionException(Exception):
    def _init_(self, item, price, message):
        super()._init_()
        self.item = item
        self.price = price
        self.message = message

    def _str_(self):
        return '物品：'+self.item+'\t 价格：'+str(self.price)+'\t 描述：'+self.message
class Auction:
    def _init_(self, item, init_price):
        self.item = item
        self.init_price = init_price
    def bid(self, bid_price):
        if self.init_price > float(bid_price):
            raise AuctionException(self.item, bid_price, "竞拍价比起拍价低，不允许竞拍！")
def main():
    a = Auction('古玩', 20.4)
    try:
        a.bid(19)
    except AuctionException as ae:
        print(ae)
main()
```

程序执行情况如下：

物品：古玩　　价格：19　描述：竞拍价比起拍价低，不允许竞拍！

8.4　断言与上下文管理

断言(assert)与上下文管理是两种特殊形式的异常处理方式，它们在形式上比异常处理结构更加简洁，同时可以满足一般的异常处理或条件确认，并且可以与标准的异常处理结构联合使用。

8.4.1　断言

断言在程序设计中用于表达某个对象的某种判断条件，如果不成立则报错。断言语句的语法是：

```
assert condition[, reason]
```

当判断条件表达式 condition 为真时，什么都不做；如果表达式为假，则抛出异常。assert 语句一般用于开发程序时对特定必须满足的条件进行验证，仅当_debug_为 True 时有效。当 Python 脚本以-O 选项编译为字节码文件时，assert 语句将会自动被屏蔽以提高运行效率。其使用方法如下所示：

```
>>> a = 3
>>> b = 5
>>> assert a==b, 'a must be equal to b'
Traceback (most recent call last):
  File "<pyshell#17>", line 1, in <module>
    assert a==b, 'a must be equal to b'
AssertionError: a must be equal to b
>>> try:
        assert a==b, 'a must be equal to b'
    except AssertionError as reason:
        print('%s:%s'%(reason._class_._name_, reason))
AssertionError:a must be equal to b
```

由以上例子可以看出，当条件不成立的时候，程序会 raise 一个 AssertionError 出来，所以 assert condition 相当于：

```
if not condition:
raise AssertionError()
```

所以 assert 事实上是一种简化了的异常处理方式，如下例所示：

```
>>> assert True              #程序执行通过
>>> assert False             #会抛出 AssertionError 异常
Traceback (most recent call last):
    File "<pyshell#2>", line 1, in <module>
```

```
assert False
AssertionError
```

8.4.2 上下文管理

使用上下文管理语句 with 可以自动管理资源，在代码块执行完毕后自动还原进入该代码块之前的现场或上下文。不论何种原因跳出 with 块，也不论是否发生异常，总能保证资源被正确释放，大大简化了程序员的工作，常用于文件操作、网络通信之类的场合。with 语句的语法如下：

```
with context_expr [as var]:
    with 语句块
```

下面的代码演示了文件操作时 with 语句的用法，使用这样的写法就不用担心忘记关闭文件，当文件处理完以后，将会自动关闭：

```
with open("myfile.txt") as f:
    for line in f:
        print(line, end="")
```

8.5 程序调试

当程序运行发生错误或者得到了非预期的结果时，是否能够熟练地对程序进行调试并快速定位和解决问题是体现程序员综合能力的重要标准之一。

8.5.1 使用 IDLE 调试代码

Python 标准开发环境 IDLE 可以直接进行代码调试。IDLE 可以支持在命令行直接进行调试，也可以在程序编辑状态进行断点设置和调试。

在 IDLE 的环境中单击 IDLE 的 Debug→Debugger 菜单命令打开调试器窗口，打开并运行要调试的程序，在需要的地方点击鼠标右键设置断点(Set Breakpoint)，最后切换到调试器窗口使用其中的控制按钮进行调试。进入调试状态以后，程序会处于暂停状态，直到按下调试控制窗口中的五个按钮即 Go、Step、Over、Out 和 Quit 中的一个。这五个按钮的功能分述如下：

Go：程序正常执行至终止，或到达一个“断点”。

Step：执行下一行代码，如果下一行代码是一个函数调用，调试器会进入函数内部继续执行。

Over：执行下一行代码，如果下一行代码是函数调用，将越过该函数内部的代码。

Out：从当前的函数调用中跳出来。

Quit：用于停止调试，不必继续执行剩下的程序，就点击 Quit 按钮。

可以使用调试按钮对程序进行单步执行，实时查看变量的当前值并跟踪其变化过程，便于理解程序内部工作原理和发现程序中存在的问题。

在 C:\Temp 下新建一个文件 test.py，其中内容如下：

```
def fact(n):
    f = 1
    for i in range(1, n+1):
        f *= i
    return f
x = fact(5)
print(x)
```

以上是求阶乘的程序。在 IDLE 中编辑此程序，并打开 Debuger 调试窗口，如图 8-1 所示，其中左侧为已经设置了断点的程序窗口，右侧为程序的调试窗口。可以在调试窗口(Debug Control)中点击 Step 进行单步执行，或者点击 Go 进入下一个设置断点的位置，同时查看各个变量的当前值。

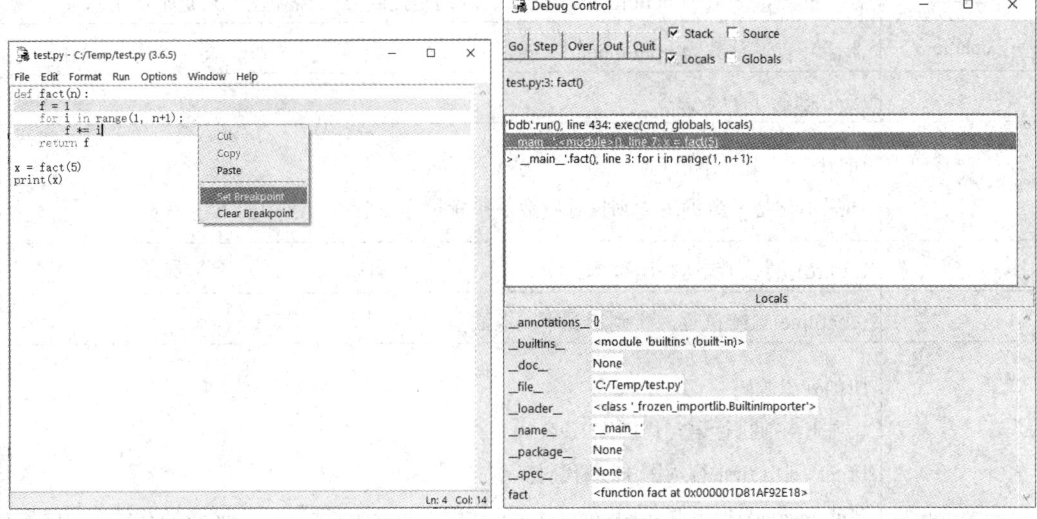

图 8-1　利用 IDLE 调试程序 1

8.5.2　使用 pdb 调试代码

pdb 是 Python 自带的交互式源代码调试模块，代码文件为 pdb.py，但需要导入后才能使用其中的功能。使用该模块可以完成代码调试的绝大部分功能，包括设置/清除(条件)断点、启用/禁用断点、单步执行、查看栈帧、查看变量值、查看当前执行位置、列出源代码、执行任意 Python 代码或表达式等等。pdf 调试器的常用指令如表 8-3 所示。

表 8-3　pdf 调试器的常用指令

命　令	说　　明
h	(help)帮助
w	(where)打印当前执行堆栈
d	(down)执行跳转到在当前堆栈的深一层
u	(up)执行跳转到当前堆栈的上一层
b	(break)添加断点 b line_no：当前脚本的 line_no 行添加断点 b filename:line_no：脚本 filename 的 line_no 行添加断点 b function：在函数 function 的第一条可执行语句处添加断点

续表

命　令	说　　明
cl	(clear)清除断点 cl 清除所有断点 cl bpnumber1 bpnumber2... 清除断点号为 bpnumber1,bpnumber2...的断点 cl lineno 清除当前脚本 lineno 行的断点 cl filename:line_no 清除脚本 filename 的 line_no 行的断点
disable	停用断点，参数为 bpnumber，和 cl 的区别是，断点依然存在，只是不启用
enable	激活断点，参数为 bpnumber
s	(step)执行下一条命令
n	(next)执行下一条语句 如果本句是函数调用，则执行函数，接着执行当前执行语句的下一条
r	(return)执行当前运行函数到结束
c	(continue)继续执行，直到遇到下一条断点
l	(list)列出源码 l 列出当前执行语句周围 11 条代码 l first 列出 first 行周围 11 条代码 l first second 列出 first--second 范围的代码，如 second<first，second 将被解析为行数
a	(args)列出当前执行函数的函数
p expression	(print)输出 expression 的值
run	重新启动 debug，相当于 restart
q	(quit)退出 debug

以下继续使用上一节编写的 C:\Temp\test.py 文件。在 Windows 系统下打开 Dos 命令窗口，或者在运行窗口中输入 cmd 命令，点击确定也可以打开 Dos 命令窗口。进入 C:\Temp 目录，并输入以下命令：

```
python –m pdb test.py
```

即可进入 pdb 的交互式模式。交互模式的提示符为(Pdb)，在其后即可采用表 8-3 中所列举的各类指令。如在图 8-2 中，输入了 n 指令，进入下一个断点处，同时可以用 p f 指令查看变量 f 的当前值。输入命令 l 可以查看当前所在的代码，也可以随时使用 h 命令查看系统的所有命令。若要退出当前的交互模式，输入 q 命令。

进行程序调试时若完全依赖于 pdb 的交互式模式操作较为复杂，可以在程序中插入断点，具体方法为在程序中首先导入 pdb 模块，然后使用 pdb.set_trace()在需要的位置设置断点。具体程序如下所示：

```
C:\WINDOWS\system32\cmd.exe

C:\Temp>python -m pdb test.py
> c:\temp\test.py(1)<module>()
-> import pdb
(Pdb) n
> c:\temp\test.py(3)<module>()
-> def fact(n):
(Pdb) n
> c:\temp\test.py(10)<module>()
-> pdb.set_trace()
(Pdb) n
> c:\temp\test.py(11)<module>()
-> x = fact(5)
(Pdb) n
> c:\temp\test.py(7)fact()
-> f *= i
(Pdb) p f
1
(Pdb) l
  2
  3     def fact(n):
  4             f = 1
  5             for i in range(1, n+1):
  6                     pdb.set_trace()
  7  ->                 f *= i
  8             return f
  9
 10     pdb.set_trace()
 11     x = fact(5)
 12     print(x)
(Pdb) q
The program finished and will be restarted
> c:\temp\test.py(1)<module>()
-> import pdb
(Pdb) q
```

图 8-2　利用 IDLE 调试程序 2

```
import pdb

    def fact(n):
        f = 1
        for i in range(1, n+1):
            pdb.set_trace()
            f *= i
        return f

    pdb.set_trace()
    x = fact(5)
    print(x)
```

本章小结

异常可以帮助程序正确处理各种可能出错的情况，增强系统的容错性，是解决程序编写和运行过程中可能遇到的各类程序错误的有效手段。因此，在程序设计中应该引入异常处理，能够根据需要设置标准异常，编写异常捕获的处理结构和实现办法，具体掌握

try…except，try…except…else，try…except…finally 的用法，同时了解和掌握多异常处理的办法，其中一种是多分枝结构的方法，另外一种是以元组的形式表达多个异常。

自定义异常处理是对标准异常的有力补充，特别是其中程序主动抛出异常的方式，在一些工程化的软件设计中和一些公共软件模块的编写方面，往往需要借助于 raise 语句来主动抛出异常，再由该模块的调用程序自行捕获异常，因此 raise 方法是一种常见的异常处理方式。自定义异常能够结合软件的特殊需要进行异常的自行定义，更加符合应用场景的需求。此外，断言是一种简洁而特殊的异常处理方式，非常适合于在各类程序设计中使用，以增强程序的可读性和容错性。

本章也介绍了程序的调试方法，给出了 IDLE 和 pdb 两种调试工具的使用，应能够掌握其中断点的设置方法以及单步调试的执行方式。

习题

1. 编程实现打开名字为"数据.txt"的文本文件并读取其中内容，若不存在需要抛出异常。

2. 编写一个猜数字游戏，实际数字在 1～100 之间随机产生，如果输入大于要猜的数字，会提示输入过大，要是小于要猜的数字，会提示输入过小，若输入不是整数，则抛出异常，直到最后猜出准确的数字。

3. 定义一个计算两个数除法的函数 divide(a, b), 其中 a 为被除数，b 为除数，利用断言的方式解决好 b 为 0 的情况，调用函数的时候要求程序从键盘输入读取两个数字。

4. 不用编写函数，直接在程序中利用异常捕获的方式实现题目 3 所要求的除法(提示：除数为零的异常为 ZeroDivisionError)。

5. 自己定义一个异常类，继承 Exception 类，捕获下面的过程：判断 input()输入的字符串长度是否小于 5，如果小于 5，比如输入长度为 3 则输出：" The input is of length 3, expecting at least 5"，大于 5 输出" print success"。

第二部分　进阶篇

- 成员访问、迭代器与生成器
- GUI 编程
- 科学计算与可视化
- 并发编程
- 数据库编程
- 网络程序设计
- 大数据处理

第 9 章　成员访问、迭代器与生成器

Python 是一门可以提供强有力数据分析和处理能力的编程语言，这体现在 Python 的编程方法中，特别是对序列类型数据的处理能力。一些特殊的数据处理需要运用特殊的方法，比如需要重写开头和结尾都有两个下划线的 Python 系统特殊方法(也称魔法方法)，从而实现对序列和映射等成员的自定义访问方式。本章还将讨论可迭代对象的概念以及迭代器和生成器对于序列数据类型的作用及其使用方法。

9.1　成员访问

利用特殊方法实现的自定义成员访问方式，可以实现一些特殊效果的对象，如以往由系统定义和实现的序列和映射等功能。

9.1.1　基本的序列和映射规则

序列和映射是 Python 中的基本结构，序列是以整数作为索引的结构类型，如列表、字符串等。序列是以键值作为索引的结构类型，如字典。序列和映射基本上是元素(item)的集合，要实现它们的基本行为，不可变对象需要实现 2 个方法，而可变对象需要实现 4 个。具体方法如下：

len(self)：返回集合包含的项数，对序列来说为元素个数，对映射来说为键值对数。如果_len_返回零(且没有实现覆盖这种行为的_nonzero_)，对象在布尔上下文中将被视为假(就像空的列表、元组、字符串和字典一样)。

getitem(self, key)：返回与指定键相关联的值。对序列来说，键应该是 0～n-1 的整数(也可以是负数，这将在后面说明)，其中 n 为序列的长度。对映射来说，键可以是任何类型。

setitem(self, key, value)：通过与键相关联的方式存储值，以便以后能够使用_getitem_来获取。当然，仅当对象可变时才需要实现这个方法。

delitem(self, key)：对象的组成部分使用_del_语句时被调用，用于删除与 key 相关联的值。同样，仅当对象可变(且允许其项被删除)时，才需要实现这个方法。

这些方法的使用过程中，需要注意以下几点：

(1) 对于序列，如果键为负整数，应从末尾往前数。换而言之，x[-n]应与 x[len(x)-n]等效。

(2) 如果键的类型不合适(如对序列使用字符串键)，可能引发 TypeError 异常。

(3) 对于序列，如果索引的类型是正确的，但不在允许的范围内，应引发 IndexError 异常。

通过使用以上的特殊成员方法，可以自行定义序列和映射。在例 9-1 中定义了一个基本的序列类来实现等差数列，这一数列并不初始化每个元素值，而是在使用某个元素的时候再通过检测该元素是否存在，若不存在则抛出异常，由_getitem_()方法捕获这个异常再计算出该元素的值。

【例 9-1】 创建一个等差数列 $a_n = a_{n-1} + k$，且 $a_0 = 1$，其中 k 可由程序输入确定。代码如下：

```
def check_index(key):
    if not isinstance(key, int):
        raise TypeError
    if key < 0:
        raise IndexError
class ArithmeticProgression:                #等差数列类
    def _init_(self, start=0, step=1):
        self.start = start                  #初始值
        self.step = step                    #步长
        self.changed = {}
    def _getitem_(self, key):   #定义_getitem_和_setitem_方法意味着该类的实例将是序列对象
        check_index(key)
        try:
            return self.changed[key]
        except KeyError:
            return self.start + key * self.step     #如果还没有设置值就计算元素的值
    def _setitem_(self, key, value):
        check_index(key)
        self.changed[key] = value
s = ArithmeticProgression(1, 2)             #获得类的实例
for i in range(5):
    print(s[i], end=' ')                    #可以像访问列表元素一样访问类实例中的元素
print(s[10000])
```

程序执行情况如下：

```
1 3 5 7 9 20001
```

【例 9-2】 设计一个简单的字典类。代码如下：

```
class MyDict:
    def _init_(self, data={}):
        self._data = data
    def _setitem_(self, key, value):
        self._data[key] = value
```

```
    def _getitem_(self, key):
        return self._data[key]
a = MyDict({'red':52, 'yellow':49})
a['green'] = 103
print(a['red'])
```

程序执行情况如下：

```
52
```

9.1.2 子类化内置类型

基本的序列与映射协议指定的四个方法可以实现序列和字典的定义，然而这样所定义的序列只是包含了基本的方法，与列表等内置类型的方法实现相差还较多。要实现更加全面的序列或映射方法，可以直接进行内置类型的子类化，如直接继承 list 类。这样的子类化内置类型的方式比完全重新定义一个类更加方便，不必为每个方法都单独进行设计，只是对特定方法进行调整即可。

在例 9-3 中，通过子类化内置类型 list 建立了一个具有引用计数功能的列表。该列表可用于对引用元素次数的统计，只需要对方法_getitem_()进行重新设计，即可达到要求。

【例 9-3】 设计一个具有引用计数的列表。程序代码如下：

```
class RefList(list):
    def _init_(self, *args):
        super()._init_(*args)
        self.count = 0
    def _getitem_(self, index):
        self.count += 1              #记录一次引用
        return super()._getitem_(index)
cl = RefList(range(10))
print(cl)
print(cl.reverse())
print(cl)
print('count =', cl.count)           #此时尚未引用其中的元素，引用计数会是 0
print(cl[1] + cl[2])                 #进行了 2 次元素的引用
print('count =', cl.count)
for i in cl: print(i, end=' ')
```

程序执行情况如下：

```
[0, 1, 2, 3, 4, 5, 6, 7, 8, 9]
None
[9, 8, 7, 6, 5, 4, 3, 2, 1, 0]
count = 0
15
count = 2
```

```
9 8 7 6 5 4 3 2 1 0
```

对于字典类型，常规的字典并没有 sum()、average()等方法。以下通过子类化 dict，设计一个具有 sum()和 average()方法的字典子类 CountableDict。如例 9-4 所示。

【例 9-4】 设计一个具有计算功能的字典。程序代码如下：

```
class CountableDict(dict):
    def _init_(self, *args):
        super()._init_(*args)
        self.count = 0
    def sum(self):
        values = list(self.values())
        return sum(values)
    def average(self):
        return self.sum()/len(list(self.values()))
cd = CountableDict()
cd['广东'], cd['江苏'], cd['山东'], cd['浙江'] = 9.73, 9.26, 7.65, 5.62
print(cd)
print(cd.sum())
print(cd.average())
```

程序执行结果如下：

```
{'广东': 9.73, '江苏': 9.26, '山东': 7.65, '浙江': 5.62}
32.26
8.065
```

9.2 迭代器

对于数据的处理，往往需要借助于列表、元组等序列数据类型。然而，在 Python 中一切皆为对象，对于迭代方法本身，也可以定义出专门的对象，即迭代器。通过迭代器的使用，可以极大地方便对序列类型数据的处理。

9.2.1 可迭代对象

我们已经知道可以对 list、tuple、dict、set、str 等类型的数据使用 for...in 的循环语句从其中依次取得数据进行使用，这样的过程称为遍历，也叫迭代。把可以通过 for...in 这类语句迭代读取每条数据供程序使用的对象称为可迭代对象(Iterable)。

可迭代对象的内部实现是通过一个内置的_iter_方法来构成的，其作用是返回一个迭代器对象。直观理解就是能用 for…in 循环进行迭代的对象就是可迭代对象。例如：

```
>>> for num in [11, 22 , 33]:
        print(num, end=' ')
11 22 33
```

```
>>> for key in d:
        print(key, end=' ')
a b c
>>> for c in 'python':
        print(c, end=' ')
p y t h o n
```

要判断一个对象是否可迭代，可以使用 isinstance()来判断对象是否为 Iterable 类。例如：

```
>>> from collections import Iterable
>>> isinstance([], Iterable)            #列表为可迭代对象
True
>>> isinstance({}, Iterable)            #集合为可迭代对象
True
>>> isinstance('abc', Iterable)         #字符串为可迭代对象
True
>>> isinstance(100, Iterable)           #整数不是可迭代对象
False
```

9.2.2 迭代器规则

对于 list、tuple 等可迭代对象，可以通过 iter()函数获取这些可迭代对象的迭代器，实际上就是调用了可迭代对象的_iter_方法。迭代器是一个带状态的对象，可以调用 next()函数返回其容器中的下一个值，next()函数实际上是调用了迭代器的_next_方法。因此，任何实现了_iter_和_next_方法的对象都是迭代器，其中_iter_返回迭代器自身，而_next_则返回容器中的下一个值。如果容器中没有更多元素了，则抛出 StopIteration 异常。

以上这种关于迭代器的约定，既是一种规则，又属于一种协议，遵循这种协议，就可以支持 iter()函数和 next()函数对该迭代器的调用。如图 9-1 迭代器的工作原理中，列表 x 通过 iter()方法返回了迭代器 iterator，此后再不断调用 next()方法获取全部数值，直到没有元素而抛出异常。

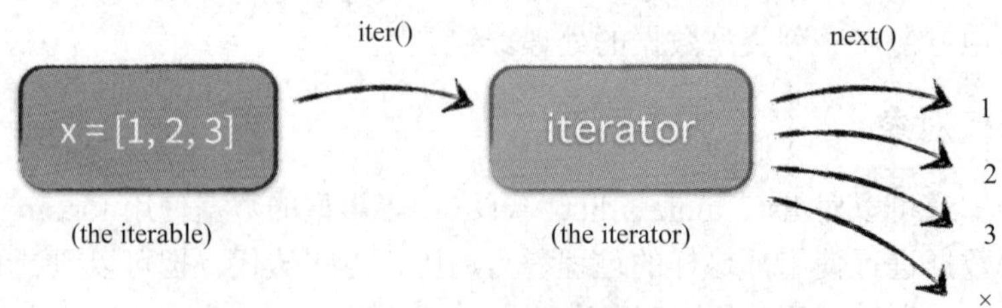

图 9-1　迭代器的工作原理

字符串、列表或元组对象都可用于创建迭代器，而迭代器对象可以使用 for…in 语句进行遍历。例如：

```
>>> lst = [1,2,3,4]
>>> it = iter(lst)              #创建迭代器对象
```

```
>>> print (next(it))          #输出迭代器的下一个元素
1
>>> print (next(it))
2
    >>> for x in it:  #前面已经有两个 next()函数调用了，因此此时的 for 从第三个数值开始
        print (x, end=" ")
    3 4
    >>> print (next(it))     #此时再次调用 next()函数，可以看到 StopIteration 异常
    StopIteration
```

以上的代码可以改为以 next()函数访问迭代元素的形式，如下：

```
import sys
lst=[1,2,3,4]; it = iter(lst)

while True:
    try:
        print(next(it), end=' ')
    except StopIteration:
        sys.exit()
```

程序的输出为：

```
1 2 3 4
```

9.2.3 创建迭代器

把一个类作为一个迭代器使用需要在类中实现两个方法_iter_()与_next_()。_iter_()方法返回一个特殊的迭代器对象，_next_()方法会返回下一个迭代器对象。下面利用迭代器方法求一个等比数列。

【例 9-5】 利用迭代器设计一个等比数列 $a_n = a_0 \times q^{n-1}$。程序代码如下：

```
import sys
class GeometricSeries:                #等比数列类
    def _init_(self, a0, q, n):
        self.q = q                    #比值
        self.n = n                    #总的个数
        self.i = 0                    #计数变量
        self.a0 = a0                  #初始值
    def _iter_(self):
        self.a = self.a0              #赋初始值
        return self                   #自身就是迭代器对象
    def _next_(self):
        if self.i<self.n:
            self.i += 1
```

```
            x = self.a
            self.a *= self.q
            return x
        else:                          #超出规定的数量(合理范围是[0, n-1])则抛出异常
            raise StopIteration
if _name_=='_main_':
    gs = GeometricSeries(1, 5, 10)     #可迭代对象
    gsiter = iter(gs)                  #生成迭代器
    for x in gsiter:                   #遍历
        print(x, end=' ')
```

程序执行结果如下：

```
1 5 25 125 625 3125 15625 78125 390625 1953125
```

由于可迭代对象 gs 本身就是迭代器，因此例 9-5 也可以设计为如下的简化形式，可以得到与以上相同的运行结果：

```
if _name_=='_main_':
    gs = GeometricSeries(1, 5, 10)     #可迭代对象
    for x in gs:                       #遍历
        print(x, end=' ')
```

9.2.4 从迭代器得到序列

在实际使用过程中，如果没有特殊的设计，仅仅设计了_next_和_iter_方法的迭代器一般只能进行一次遍历，完成元素的遍历后就到达了尾部从而会抛出异常，因此如果再次遍历迭代器就无法像第一次一样能够正常访问到每个元素。遇到这种情况，可以进行特殊的设计，或者是重新生成迭代器，就能进行第二次元素的遍历。

此外，也可以将迭代器转换为序列，比如可以使用 list()函数显式地将迭代器转换为列表，或者通过 tuple()函数转换为元组。例如：

```
>>> class TestIterator():
    value = 0
    def _next_(self):
        self.value += 1
        if self.value > 10:
            raise StopIteration
        return self.value
    def   _iter_(self):
        return self
>>> ti = TestIterator()
>>> tiiter = iter(ti)
>>> p = list(tiiter)                  #首次遍历，可以获得序列元素
>>> print(p)
```

```
[1, 2, 3, 4, 5, 6, 7, 8, 9, 10]
>>> print(list(tiiter))                #第二次遍历无法再次获取序列元素
[]
>>> print(tuple(ti))                   #非首次遍历，因此无法得到元素值
()
```

9.3　生成器

生成器和迭代器是近年来引入的强大的功能，其中生成器是一个相对较新的Python概念，它属于一种新型的迭代方式，与迭代器相比，在某些场合下有很多自身的特点和优势。

9.3.1　生成器函数

传统的序列元素一般采取的是内存驻留的方式，其各个元素会常驻内存，随时取用。但这种方式对于大量数据的处理有时会比较浪费资源，比如100万个元素的列表，如果我们仅仅需要其中的几个元素，那么绝大多数元素的空间都浪费掉了，同时从众多元素中检索出那几个有用的元素也会相当耗时。如果能够通过某种计算方式，让序列中的元素在使用的时候采取某种方式计算出来，而不是事先在内存中驻留出全部的元素，在很多情况下，可以使得内存的使用更加高效。这种用于在遍历时现场计算和生成序列数值的特殊函数称为生成器(Generator)。

生成器属于一种特殊的迭代器，它改变了序列元素的产生方式，不再是通过保存每个元素的方式创建迭代过程，而是通过保存用于创建每个元素的算法的方式来实现迭代。这种元素的计算发生在生成器函数之中，与普通函数相区别的是，生成器函数不是通过return语句来返回数值，而是通过yield语句来迭代返回序列的元素。yield语句每次返回一个值，然后由生成器函数来保存当前函数的执行状态，等待下一次调用。整体来看，生成器函数返回的就是完整的序列，而生成器函数本身则属于一个特殊的迭代器。下面来看一个对自然数求其3的倍数所得序列的生成器示例。

【例9-6】 设计一个求自然数数列3的倍数的生成器函数。程序代码如下：

```
def gentriples(n):
    for i in range(n):
        yield i * 3
f = gentriples(10)
i = iter(f)
for j in range(10):                    #遍历所有元素
    print(next(i), end=' ')
```

程序执行结果如下：

```
0 3 6 9 12 15 18 21 24 27
```

完成遍历后，若再次调用next(i) 会得到StopIteration异常。由此可见，生成器创建起来类似于编写函数，只是没有return语句，而是用yield语句来代替，同时由于生成器返回

的数值是一个序列，yield 的返回结果应该与序列相对应。生成器的执行流程如下：

当调用生成器函数的时候，函数只是返回了一个生成器对象，并没有执行。当 next()方法第一次被调用的时候，生成器函数才开始执行，执行到 yield 语句处停止，next()方法的返回值就是 yield 语句处的参数(yielded value)。当继续调用 next()方法的时候，函数将接着上一次停止的 yield 语句处继续执行，并到下一个 yield 处停止；如果后面没有 yield 就抛出 StopIteration 异常。由此可见，生成器完全符合迭代器规则，具备对 iter()、next()函数的支持能力，同时数据遍历结束时会抛出 StopIteration 异常。

类似生成器这样，只有在使用的时候才会把数据取出来或计算出来的方式，是计算机编程中的一种特定的方式，称为惰性计算(Lazy Evaluation)，其目的是优化程序的执行，属于减少程序的计算量和内存占用空间的一种方式。

生成器属于一种特殊的迭代器，因此也可以用迭代器方法来实现生成器的功能。比如以上求自然数 3 的倍数的生成器函数，可以改写为以下的迭代器形式，如例 9-7 所示：

【例 9-7】 利用迭代器方法求自然数数列 3 的倍数。程序代码如下：

```
class Gentriples:
    def _init_(self, n):
        self.n = n
        self.i = 0
    def _iter_(self):
        return self
    def _next_(self):
        if self.i>=self.n: raise StopIteration
        t = self.i*3
        self.i += 1
        return t
for i in Gentriples(10):
    print(i,end =' ')
```

程序执行结果如下：

```
0 3 6 9 12 15 18 21 24 27
```

9.3.2 反向迭代器

将一个序列进行反向输出，这在实际应用中会经常遇到。其实现方法也有多种，比如使用列表的 reverse()方法就可以得到反向排列的元素，利用序列切片的方法也可以实现序列内容的反向排列。

采用列表的 reverse()方法可以实现元素的反向排列，改变了原有的列表，而成为反向排列的新列表，如下所示：

```
>>> lst = [1, 2, 3, 4, 5]
>>> lst.reverse()
>>> for i in x:
        print(i, end=' ')
5 4 3 2 1
```

采用序列切片的方法也能够获得反向排列的数据，这事实上是创建了与原有列表等长的新列表，如下所示：

```
>>> list1 = [1, 2, 3, 4, 5]
>>> list2 = list1[::-1]
>>> for x in list2:
```

```
    print(x, end=' ')
5 4 3 2 1
```

采用生成器的方法可以实现一种新型的反向迭代，它采用一种反向协议的方式，通过定义_reversed_方法，来构成一个反向迭代器。在使用反向迭代器时，只需要使用 reversed() 函数就可以利用反向协议输出其反向排列的元素，如例 9-8 所示。

【例 9-8】 利用生成器的方法实现一个可以正向计数和反向计数的计数器。程序代码如下：

```
class Countdown:
    def _init_(self, n):
        self.n = n
    def _iter_(n):                                   #正向迭代
        n = self.n
        while n>0:
            yield n
            n -= 1
    def _reversed_(self):                            #反向迭代
        n = 1
        while n <= self.n:
            yield n
            n += 1
if _name_ == '_main_':
    c1 = Countdown(10)
    it = iter(c1)                                    #获取迭代器
    for k in range(10): print(next(it), end=' ')     #利用迭代器方法计数
    print()
    c2 = Countdown(10)
    for i in c2: print(i, end =' ')                  #利用 for 循环遍历
    print()
    c3 = Countdown(10)
    for i in reversed(c3): print(i, end =' ')        #利用反向协议反向计数
```

程序执行结果如下：

```
10 9 8 7 6 5 4 3 2 1
10 9 8 7 6 5 4 3 2 1
1 2 3 4 5 6 7 8 9 10
```

9.3.3　推导式

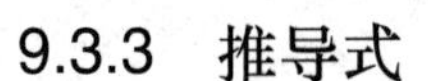

以计算的方式来构造序列类型的数据，列表等序列结构也具有这个功能。其做法是利用一段特定形式的表达式从一个已知序列中的元素计算得到另外一个序列的元素，这种用于序列推导的表达式称为推导式(Comprehensions)，又称解析式。推导式具有以下的一般形式：

含有变量 x 的表达式 F(x) 含有变量 x 的 for 循环 [含有变量 x 的条件表达式]

其含义是如果设置了含有变量 x 的条件表达式，就过滤出符合条件的 x，循环得到每个元素 x 的计算值 F(x)，形成一个序列。

利用推导式可以构建列表、字典和集合，分别称为列表推导式、字典推导式和集合推导式。元组是不可变的数据类型，因此并没有单独的元组推导式，但是仍然可以运用推导式的方法来构造一个元组。

1. 列表推导式

列表推导式符合推导式的一般形式，但需要利用列表的中括号[]来将推导式括起来，返回的结果是一个列表，如下所示：

```
>>> la = [i for i in range(15)]
>>> print(la)
[0, 1, 2, 3, 4, 5, 6, 7, 8, 9, 10, 11, 12, 13, 14]
>>> lb = [i**2 for i in la]
>>> print(lb)
[0, 1, 4, 9, 16, 25, 36, 49, 64, 81, 100, 121, 144, 169, 196]
>>> lc = [i**2 for i in la if i>9 and i<16]
>>> print(lc)
[100, 121, 144, 169, 196]
```

2. 字典推导式

在字典推导式中，表达式 F(x)由一个表示键的表达式 f(x)和一个表示值的表达式 g(x)共同构成，中间有一个冒号(:)，从而构成字典的元素，字典推导式利用大括号{}将推导式括起来，因此字典推导式的形式为：

{f(x) : g(x) 含有变量 x 的 for 循环 [含有变量 x 的条件表达式]}

在以下例子中，要求对字典元素的按键不区分大小写，将相同字母的键所对应的值求和，此外只要求保留其中拥有特定键的元素，此处仅保留 'a' 和 'b' 两个键：

```
>>> d = {'a': 11, 'b': 25, 'A': 9, 'Z': 12}
>>> dc = {
        k.lower(): d.get(k.lower(), 0) + d.get(k.upper(), 0)   #推导式中的表达式
        for k in d.keys()                                    #推导式中的 for 循环，后面没有冒号
        if k.lower() in ['a','b']                            #推导式中的条件
    }
>>> print(dc)
{'a': 20, 'b': 25}
```

下面将字典的元素中键和值对调，形成一个新的字典：

```
>>> d = {'a': 11, 'b': 25, 'A': 9, 'Z': 12}
>>> dc = {v: k for k, v in d.items()}
>>> print(dc)
{11: 'a', 25: 'b', 9: 'A', 12: 'Z'}
```

3. 集合推导式

集合推导式符合推导式的一般形式，只是外面由大括号{}括起来，并且返回一个集合。例如：

```
>>> sc = {(2*x+1) for x in [2, 3, 4, 1, 2, 5, 6, 7, 3]}
>>> sc
{3, 5, 7, 9, 11, 13, 15}
```

9.3.4　生成器表达式

将推导式的方法应用于生成器，就是生成器表达式。其推导式的编写与列表推导式相同，只是外面的中括号[]改为小括号()。生成器表达式是按需产生一个生成器结果对象，要想拿到每一个元素，就需要循环遍历。例如：

```
>>> lst = [2,3,4,5]
>>> gen = (a for a in lst)
>>> for i in gen:
        print(i, end=' ')
2 3 4 5
```

由于元组是不可变数据类型，并没有元组推导式，因此圆括号括起来推导式得到的是生成器表达式。如果想得到元组，可以利用生成器表达式所得到的生成器，通过 tuple()函数进行转换从而获得元组，当然这种方法也适用于列表、集合等其他方法。例如：

```
>>> g1 = (a for a in range(1,6))          #生成式
>>> print(g1)
<generator object <genexpr> at 0x000002E1F939E938>
>>> tuple(g1)
(1, 2, 3, 4, 5)
>>> g2 = (a for a in range(5,10))         #生成式
>>> list(g2)
[5, 6, 7, 8, 9]
>>> g3 = (x**2 for x in [1, 1, 2, 3])     #生成式
>>> set(g3)
{1, 4, 9}
>>> result1 = sum(a for a in range(5))   #为生成表达式给出的序列求和，相当于 sum((a for a in range(5)))
>>> print(result1)                       #0+1+2+3+4
10
>>> result2=sum([a for a in range(5)])   #列表推导式的求和
>>> print(result2)
10
```

生成器表达式和列表推导式的区别为，列表推导式比较耗内存，而生成器表达式几乎不占用内存，使用的时候才分配和使用内存。而且生成器采用惰性计算的方式，只有在访

问的时候才取值，属于一种计算优化的方式。

此外，由于生成器本身也是迭代器，迭代器一般只是遍历一次就因抛出 StopIteration 异常而无法继续遍历的特点对于生成器来说也适用，如下例所示：

```
>>> def add(s, x):
        return s + x
>>> def gen():
        for i in range(4):
            yield i
>>> base = gen()
>>> x = (add(i, 1) for i in base)          #第 1 次遍历生成器，正确获得结果
>>> print(list(x))
[1, 2, 3, 4]
>>> y = (add(i, 10) for i in base)         #第 2 次遍历生成器，获得的结果为空值
>>> print(list(y))
```

9.3.5　生成器方法

在生成器开始运行后，可以使用生成器和外部之间的通信渠道向它提供值。外部程序可访问生成器的方法 send()，将要发送的消息传递给生成器的 yield 语句，并作为其返回值。事实上，当外部程序调用 next()函数时，yield 语句也能够获得返回值，只是此时的返回值为 None。生成器的 send()方法具有以下特性：

(1) send()方法与 next()函数一样都可以获取生成器当前 yield 的值，并促使生成器内的代码继续执行，直到下一个 yield 语句返回了结果并再次挂起生成器内代码的执行；

(2) 程序执行时，send()方法之前必须有一个 next()函数调用，否则会报错，这是因为通过 send()方法进行消息传递必须要在生成器的代码运行到 yield 语句返回数值并挂起当前的执行以后才能进行；

(3) 在第一次调用 next()函数之后，调用一次 send()方法等同于调用一次 next()，都起到继续执行生成器内序列数据遍历的作用。

生成器应用举例如下：

```
>>> def count(n):              #生成器函数返回的序列为 0, 1, 2, 3, 4
        x = 0
        while x < n:
            value = yield x
            print('in count: ', value)
            x += 1
>>> x = count(5)
>>> print(next(x))             #必须先调用 next()函数才能调用 send()方法
0
>>> print(x.send('hello'))     #send()方法将'hello'消息送到生成器内作为 yield 返回值
in count:   hello
```

```
1
>>> print(x.send('world'))     #送入'world'消息
in count:   world
2
>>> print(next(x))             #next()函数向生成器传递的值是 None
in count:   None
3
>>> print(next(x))
in count:   None
4
```

生成器还包含一个 close()方法，可以用于根据需要关闭生成器。此时可以在 yield 处引发 GeneratorExit 异常。关闭生成器后，若对生成器再次调用 next()函数，由于生成器的迭代已经终止，会得到 StopIteration 异常。例如：

```
>>> def RangeStep():                #生成器函数
    try:
        print('MyGenerator start')
        for i in range(0, 100, 5): #range(start,stop[ ,step])，range(0, 100, 5)相当于 0 5 10 15 20 …
            yield i
    except GeneratorExit:
        print('Generator exited')
>>> g = RangeStep()
MyGenerator start
>>> for k in range(10):
        print(next(g), end=' ')
0 5 10 15 20 25 30 35 40 45
>>> g.close()                       #引发了 GeneratorExit 异常
Generator exited
>>> print(next(g))                  #再次遍历生成器的数值会得到 StopIteration 异常
StopIteration
```

9.3.6　生成器的嵌套

生成器具有迭代器的很多性质，然而到目前为止，我们还没有看到生成器的真正强大之处。这是因为之前的生成器都是采用 yield 语句返回的单个数值，如果能够将这种数值的返回扩展到可迭代对象，甚至是其他生成器，就会真正发挥生成器的强大作用。这就需要 yield from 语句，它可以返回列表、元组等可迭代对象或 range()函数产生的序列，也可以返回另一个子生成器。

本质上，yield from iterable 语句相当于 for item in iterable: yield item。这种 yield 语句的小改进却使得生成器可以用更方便的形式实现大量数据的简单快速生成。如下例所示：

```
def generator1():
```

```
        for x in range(3):
            yield x**2
    def generator2():
        yield 'a'
        yield 'b'
        yield 'c'
        yield from generator1()
        yield from (x**2 for x in range(3, 6))
        yield from (101,102,104)
        yield from [201,202,204]
        yield from range(300, 303)
    for i in generator2():
        print(i, end=', ')
```

程序运行结果如下：

```
a, b, c, 0, 1, 4, 9, 16, 25, 101, 102, 104, 201, 202, 204, 300, 301, 302,
```

9.4 内置的可迭代对象

Python 定义了若干内置的可迭代对象，这些对象都经过精心的设计，具有良好的稳定性和实用价值，如之前经常使用的 range(start,stop[,step])函数，可以直接在内存中产生指定范围的数字序列。其他还有若干常用的可迭代对象，以下分别加以介绍。

9.4.1 map 映射迭代器

map 映射迭代器(简称 map 映射器)，来源于 map()函数的返回值，它会根据提供的函数对指定序列做映射，并形成映射数据构成的可迭代对象。map 函数的格式为 map(function, *iterable)，可以利用参数列表中的函数 function 将可迭代对象 iterable 中的每个元素进行迭代处理，最终形成一个具有迭代器属性的 map 对象。如下所示：

```
>>> a = map(abs,(3,-4,5))                 #为元组(3,-4,5)中的元素求绝对值 abs
>>> print(a)
<map object at 0x000001CD1B0F9390>
>>> isinstance(a, Iterable)
True
>>> it = iter(a)                          #获得迭代器
>>> for i in range(3):                    #利用 next()函数遍历迭代器中的每个元素
        print(next(it), end=' ')
3 4 5
>>> print(next(it))                       #已完成遍历，再次调用 next()产生 StopIteration 异常
Traceback (most recent call last):
```

```
  File "<pyshell#43>", line 1, in <module>
    print(next(it))
StopIteration
>>> import operator
>>> b = map(operator.add,(1,2,3),(4,5,6))      #对两个元组中的对应元素分别求和
>>> print(tuple(b))
(5, 7, 9)
>>> print(list(map(operator.mul,(1,2,3),(1,2,3)))) #对两个元组中的对应元素分别求乘积
[1, 4, 9]
```

operator 模块中为各个操作符建立了对应的函数，除了 operator.add、operator.mul 等加法、乘法的操作函数之外，还有很多函数，如表 9-1 所示。

表 9-1　操作符对应的 operator 模块中的函数

含　义	语　法	函　数
加法	a + b	add(a, b)
字符串连接	seq1 + seq2	concat(seq1, seq2)
包含	obj in seq	contains(seq, obj)
除法	a / b	truediv(a, b)
整除	a // b	floordiv(a, b)
按位与	a & b	and_(a, b)
按位异或	a ^ b	xor(a, b)
按位取反	~ a	invert(a)
按位或	a | b	or_(a, b)
指数乘	a ** b	pow(a, b)
身份判断	a is b	is_(a, b)
身份判断	a is not b	is_not(a, b)
分配索引元素的值	obj[k] = v	setitem(obj, k, v)
按索引删除	del obj[k]	delitem(obj, k)
按索引取值	obj[k]	getitem(obj, k)
左移	a << b	lshift(a, b)
取模	a % b	mod(a, b)
乘法	a * b	mul(a, b)
矩阵乘	a @ b	matmul(a, b)
取负	- a	neg(a)
取非	not a	not_(a)
正值	+ a	pos(a)
右移	a >> b	rshift(a, b)
获取分片	seq[i:j] = values	setitem(seq, slice(i, j), values)
删除分片	del seq[i:j]	delitem(seq, slice(i, j))

续表

含　义	语　法	函　数
分片	seq[i:j]	getitem(seq, slice(i, j))
减法	a - b	sub(a, b)
真值	obj	truth(obj)
小于	a < b	lt(a, b)
小于等于	a <= b	le(a, b)
等于	a == b	eq(a, b)
不等于	a != b	ne(a, b)
大于等于	a >= b	ge(a, b)
大于	a > b	gt(a, b)

9.4.2 filter 过滤迭代器

通过 filter()函数的使用可以返回一个 filter 过滤迭代器(简称 filter 过滤器)，其目的是用于过滤序列，过滤掉不符合条件的元素，返回由符合条件元素组成的新列表。filter(function, iterable)函数中，可迭代对象 iterable 中的每个元素要通过函数 function 进行鉴别，返回 True 或 False，将返回 True 的元素放入返回值的可迭代对象之中。示例如下：

```
>>> def is_odd(n):
      return n % 2 == 1
>>> x = filter(is_odd, [1, 2, 3, 4, 5, 6, 7, 8, 9, 10])
>>> print(x)                #可看出 x 为 filter 可迭代对象
<filter object at 0x0000018AF7529358>
>>> from collections import Iterable
>>> isinstance(x, Iterable)
True
>>> for i in x:             #遍历迭代器 x 中的元素
      print(i, end=' ')
1 3 5 7 9
>>> list(x)                 #进行列表转换相当于再次遍历，符合迭代器只能遍历一遍的特点
[]
```

filter 过滤器和 map 映射器，一个用于根据一定条件过滤出符合的样本，另一个则根据规则进行样本数据的映射生成。在实际使用时，有时候出于简洁和方便的考虑，并非一定要设置函数，而是可以直接采取 lambda 表达式的方式简化函数编写的形式。对于 filter 过滤器，如果 function 为 None，会返回元素值为 True 的元素。例如：

```
>>> list(map(lambda x:x**2+1, (1,-1,2,-2)))          #按 x^2+1 映射序列
[2, 2, 5, 5]
>>> list(filter(lambda x:x>0,(-1,2,-3,0,5)))         #过滤出大于 0 的数据
[2, 5]
```

```
>>> tuple(filter(None,(1,2,3,0,-1,-2,[],{},(),(5,6))))  #0 对应 False，空序列，如{}、[]、()对应 False
(1, 2, 3, -1, -2, (5, 6))
```

9.4.3 zip 组合迭代器

zip()函数的主要作用是将多个可迭代对象(字符串、列表、元组等)中的对应元素逐一组合形成的 zip 对象构成新的迭代器，即 zip 组合迭代器(简称 zip 组合器)。组合方式是按照迭代器参数的顺序，每次从各个迭代器中分别取一个值作为新迭代器的内容，每个组合都是以元组的形式保存，最终多个元组形成一个新的序列和可迭代对象，也符合迭代器的规则。从形式来看，zip 组合方式很适用于字典结构中的键值配对。如下所示：

```
>>> countries = ['America', 'Russa', 'China', 'Fance']
>>> countries = ['America', 'Russia', 'China', 'France']
>>> cities = ['Newyork', 'Moscow', 'Beijing', 'Paris']
>>> for x, y in zip(countries, cities):
        print('The capital of {} is {}'.format(x,y))
The capital of America is Newyork
The capital of Russia is Moscow
The capital of China is Beijing
The capital of France is Paris
>>> r = zip(range(3), 'abc', [10,11,12])
>>> print(r)
<zip object at 0x0000018AF7536F88>
>>> from collections import Iterable
>>> isinstance(r, Iterable)
True
>>> for i in r:
        print(i)
(0, 'a', 10)
(1, 'b', 11)
(2, 'c', 12)
```

如果多个可迭代对象中元素的个数不同，则 zip 组合的元素取决于多个参数中长度最短的一个。另外，如果只有一个输入的可迭代对象，最终形成的组合对象中的每个元素仍然为元组，但元组内的元素只有一个，如下所示：

```
>>> for i in zip([1,2,3,4],(10,11)):
        print(i)
(1, 10)
(2, 11)
>>> for i in zip(range(3)):
        print(i, end=' ')
(0,) (1,) (2,)
```

```
>>> dict(zip(('red','yellow','blue'), (1,2,3)))
{'red': 1, 'yellow': 2, 'blue': 3}
```

9.4.4 enumerate 枚举迭代器

利用 enumerate()函数可以对可迭代对象(如列表、元组或字符串)进行枚举，形成 enumerate 枚举迭代器，给出数据元素及其下标，其用法为 enumerate(sequence, [start=0])。其中下标的缺省为 0，或者是设定的数值，如下所示：

```
>>> import string
>>> s = string.ascii_lowercase
>>> from collections import Iterable
>>> e = enumerate(s)
>>> print(s)
abcdefghijklmnopqrstuvwxyz
>>> print(e)
<enumerate object at 0x0000018AF7548360>
>>> isinstance(e, Iterable)
True
>>> print(list(e))
[(0, 'a'), (1, 'b'), (2, 'c'), (3, 'd'), (4, 'e'), (5, 'f'), (6, 'g'), (7, 'h'), (8, 'i'), (9, 'j'), (10, 'k'), (11, 'l'), (12, 'm'), (13, 'n'), (14, 'o'), (15, 'p'), (16, 'q'), (17, 'r'), (18, 's'), (19, 't'), (20, 'u'), (21, 'v'), (22, 'w'), (23, 'x'), (24, 'y'), (25, 'z')]
>>>
>>> for index, item in enumerate(['red','yellow','blue'], 5):
        print(index, item)
5 red
6 yellow
7 blue
```

本章小结

自定义成员访问、迭代器与生成器等方法是 Python 语言提高数据处理能力的有效手段，是进行大数据处理的基础性方法。

通过重写特殊方法，可以实现对序列和映射等成员访问方式的定制，或者实现功能更加丰富的子类。基本的序列和映射规则事实就是依赖于_len_、_getitem_、_setitem_和_delitem_等特殊方法的重写，可以自定义类似于列表和字典等特殊类型的对象，丰富和完善了程序设计中的数据处理方式。

迭代器是一种用于序列类型数据处理的重要结构，要区分可迭代对象与迭代器直接的区别和联系，了解和掌握迭代器规则。运用这些规则就可以自行创建迭代器，事实上，如果一个类符合迭代器规则，则该类就可以用来创建迭代器实例。从迭代器可以方便地转化为序列类型的数据。

生成器是另外一种用于序列类型数据的处理方法，生成器属于一种特殊的迭代器。可以使用生成器函数、生成器表达式等不同的方法创建生成器。推导式属于一种通过计算方法创建序列数据的方式，将推导式运用于生成式就是生成器方法，生成器创新性地运用了yield 和 yield from 的方式来生成序列数据，这样所创建的序列数据并不占用存储空间，因为程序保存的是其计算方法而不是具体数据。因此生成器的出现是一种编程方法方面的创新，它属于一种惰性化的计算方式。

本章还介绍了几种常见的内置可迭代对象，包括 map 映射迭代器、filter 过滤迭代器、zip 组合迭代器和 enumerate 枚举迭代器等。

习题

一、填空题

1. 使用内置函数______，可以调用可迭代对象的______方法，以返回一个迭代器。

2. 迭代器对象必须实现两个方法：______和______，二者合称迭代器协议。其中，前者用于返回对象本身，以方便 for 语句进行迭代，后者用于返回下一元素。

3. Python 中使用内置函数______，可以实现一个系列的反向系列。

4. 语句 for j in (i**2 for i in range(5) if i%3 == 0): print(j, end=' ')的结果是______。

5. 语句 for i in reversed((1,2,3,4)): print(i, end=' ')结果是______。

6. 语句 list(map(abs, (-1,2,3)))的结果是______。

7. 语句 list(map(operator.add, (1,2), (3, 4)))的结果是________。

8. 语句 list(filter(lambda x:x > 0, (1,-2,-5,0,6)))的结果是________。

9. 语句 list(filter(None, ('a ',5,3.2,0,( ),[ ],{1,2})))的结果是____________。

10. 语句 list(zip((4,5), 'xy', range(3)))的结果是______________。

11. 语句 list(enumerate('ab' , start = 101))的结果是______________。

12. 语句 list(zip('abc', ((1,2), (3,4), (5))))的结果是______________。

13. 下列语句的执行结果是________。

```
values = [ 2,3,1,4 ]
def transform(num): return num ** 2
for i in map(transform,values): print(i, end=' ')
```

14. 下列语句的执行结果是________。

```
for i in map (lambda x:x*2, 'hello') : print(i, end=' ')
```

15. 下列语句的执行结果是______。

```
fruits1 = ['pear', 'apple', 'banana', 'cherry', 'orange']
fruits2 = [fruit.upper( ) for fruit in fruits1]
print(fruits2[2])
```

16. 下列语句的执行结果是________。

```
def gendoubles(n):
for i in range (n) :
    yield i * 2
f = gendoubles(5)
i = iter(f)
next(i); next(i)
for t in f :
    print(t,end = ' ')
```

二、程序题

1. 编写一个过滤器，要求从列表[1,2,1,2,-1,-3,3,3]中过滤出无重复的大于 0 的数字。

2. 编写一个字典推导式，将字典{'a': 11, 'bed': 25, 'chair': 6, 'paint': 14, 'z': 22}中键名长度大于 2 的元素保留下来，并且将其值加一个固定的常数 10。

3. 已知列表[2,3, 'a', 'b', 'sky',9,5]，对列表中各个数字元素，利用公式 $f(x)=x^2+1$，对于其中的非数字元素保持不变，利用生成器表达式方法实现用于此问题求解的迭代器。

4. 利用列表推导式将[[1,2],[3,4],[5,6]]合并，得出[1,2,3,4,5,6]。

5. 编写一个生成元素值小于 1000 的斐波那契数列的生成器函数(提示：函数名 fib(max)，其中 max 为元素值的最大取值，此处为 1000)。

第 10 章　GUI 编程

编写 Python 图形用户界面程序可选择的平台较多，其中 tkinter 是 Python 的标准库，但相比较而言，wxPython 属于跨平台的功能更加强大的图像库，此外还有 PyGobject、PyQt、PySide 和 Jython。wxPython 具有健全的图形界面(GUI)编程组件，在 Python 界面设计中应用广泛。本章重点介绍 wxPython 的基本设计方法及其图形界面的工作原理。

10.1　GUI 程序的基本框架

wxPython 来自 wxWidgets 软件包。wxWidgets 最初是由 C++编写的 GUI 软件体系，已经移植到了多种编程语言之中，其对于 GUI 程序的编程方法和编程规范已经相当完善，对于相关概念和原理的理解具有极好的参考意义。

10.1.1　创建 GUI 窗口

在 Windows 等操作系统中，应用程序主要以窗口的形式存在。窗口是一个可视的人机交互界面。GUI 程序设计的核心是窗口，以窗口为依托，构建各类控件和菜单，同时设置各类点击和控制事件，从而实现图像化的用户界面效果。

要运用 wxPython 创建窗口程序，首先要为 Python 安装 wxPython 软件包：

```
pip install wxPython
```

安装完成后，应先建立一个窗口程序的 hello world 案例。这是一个最简单的窗口程序，若本程序能够正常运行并展示结果，说明 wxPython 软件包已经安装成功并能够正常运行。

下面给出的例 10-1 的 hello world 窗口程序虽然简单，却完全符合创建窗口程序的规则，具体步骤如下：

(1) 建立窗口的框架类，即窗体。主要是实例化 wx.Frame，有了窗口就可以添加各类控件及事件处理方法，也可以进一步处理相应事件。

(2) 建立主程序。主程序是应用程序处理的基础，是窗口程序与操作系统互通以及进行消息循环处理各类事件的依托。主程序负责显示窗口框架 frame.Show (True)，以及发起消息循环 app.MainLoop ( )，这样框架才能接收并处理事件。

【例 10-1】 简单的 hello world 窗口程序。

```
import wx


app = wx.App()
```

```
frame = wx.Frame(None, -1, "hello world")
frame.Show(True)
app.MainLoop()
```

程序执行结果如图 10-1 所示。

图 10-1 hello world 窗口程序

10.1.2 窗体设计

窗体是进行窗口程序设计的基础。窗体在程序中对应着窗口程序的框架类，即 wx.Frame，在窗体内包含了标题栏、菜单、按钮等其他控件的容器，运行之后可移动、缩放。

创建 GUI 程序框架时，需要继承 wx.Frame 派生出子类，在派生类中调用基类构造函数进行必要的初始化，其构造函数格式为：

```
_init_ (self, parent, id = -1, title='', pos=DefaultPositon, size=wx.DefaultSize,
    style=DEFAULT_FRAME_STYLE, name)
```

各参数具体含义如表 10-1 所示。

表 10-1 wx.Frame 函数参数列表

参 数	说 明
parent	框架的父窗体。该值为 None 时表示创建顶级窗体
id	新窗体的 wxPython ID 号。可以明确地传递一个唯一的 ID，也可传递–1，这时 wxPython 将自动生成一个新的 ID，由系统来保证其唯一性
title	窗体的标题
pos	wx.Point，用来指定这个新窗体的左上角在屏幕中的位置。通常(0,0)是显示器的左上角坐标。当将其设定为 wx.DefaultPosition，其值为(-1,-1)，表示让系统决定窗体的位置
size	指定新窗体的初始大小
style	指定窗体的类型的常量
name	框架的名字，指定后可以使用这个名字来寻找这个窗体

窗体控件可以使用多个样式，使用或运算符“|”连接即可。例如：wx.DEFAULT_FRAME_STYLE 样式就是以下几个基本样式的组合：

```
wx.MAXIMIZE_BOX | wx.MINIMIZE_BOX | wx.RESIZE_BORDER | wx.SYSTEM_MENU |
    wx.CAPTION | wx.CLOSE_BOX
```

要从一个组合样式中去掉个别的样式可以使用“^”按位异或操作符。例如，要创建一个默认样式的窗体，但要求用户不能缩放和改变窗体的尺寸，可以使用这样的组合：

```
wx.DEFAULT_FRAME_STYLE ^ (wx.RESIZE_BORDER | wx.MAXIMIZE_BOX |
    wx.MINIMIZE_BOX)
```

窗体中通常会包含右上角的最小化、最大化、关闭按钮及标题等，常用的样式如表 10-2 所示。

表 10-2　wx.Frame 常用样式

样　式	说　明
wx.CAPTION	增加标题栏
wx.DEFAULT_FRAME_STYLE	默认样式
wx.CLOSE_BOX	标题栏上显示“关闭”按钮
wx.MAXIMIZE_BOX	标题栏上显示“最大化”按钮
wx.MINIMIZE_BOX	标题栏上显示“最小化”按钮
wx.RESIZE_BORDER	边框可改变尺寸
wx.SIMPLE_BORDER	边框没有装饰
wx.SYSTEM_MENU	增加系统菜单(有“关闭”“移动”“改变尺寸”等功能)
wx.FRAME_SHAPED	用该样式创建的框架可用 SetShape()方法来创建一个非矩形的窗体
wx.FRAME_TOOL_WINDOW	给框架一个比正常小的标题栏，使框架看起来像一个工具框窗体

对于窗体的设计，一般的做法是通过继承 wx.Frame 建立一个自定义的窗体类，并在继承的窗体子类内直接调用父类的方法实现窗体的自定义，如例 10-2 所示。

由于 GUI 程序属于窗口编程，而不是命令行执行，因此利用 print()函数输出的内容无法在图形界面上直接显示，此时可以利用应用输出的重定向功能。在创建应用实例时，若采用 wx.App(redirect=False)时，系统的打印会输出到控制台，若采用 wx.App(redirect=True, filename="debug.txt")，会重定向输出到 debug.txt 文件。

【例 10-2】 自定义的窗体。程序代码如下：

```
class mainFrame(wx.Frame):
    def _init_(self):
        wx.Frame._init_(self, None, -1, u'自定义窗体', style=wx.DEFAULT_FRAME_STYLE ^
wx.RESIZE_BORDER)
        self.SetBackgroundColour(wx.Colour(224, 224, 224))
        self.SetSize((800, 600))
        self.Center()
        icon = wx.Icon('icon.ico', wx.BITMAP_TYPE_ICO)
        self.SetIcon(icon)
        #以下可以添加各类控件
        pass
        print('mainFrame created')
if _name_ == "_main_":
    app = wx.App(redirect=True, filename="debug.txt")
    print('app created')
    frame = mainFrame()
    frame.Show()
    print('frame shown')
    app.MainLoop()
```

程序执行结果如图 10-2 所示，其中图(a)为自定义窗体，为程序执行的界面，在程序关闭以后可以在程序所在目录中查看 debug.txt，图(b)中记录了程序打印输出的信息。

(a) 自定义的窗体

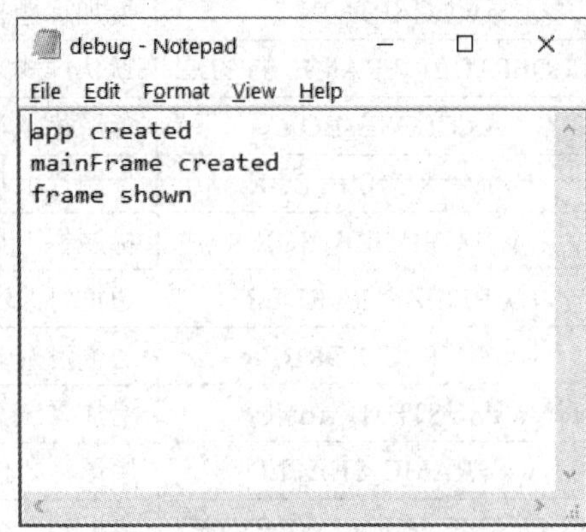

(b) debug.txt 文件记录的输出信息

图 10-2 例 10-2 程序执行结果

10.2 事件与事件驱动

wxPython 中 GUI 的开发采用的是事件驱动的程序设计机制。本节主要介绍事件与事件驱动。

10.2.1 事件及其分类

事件(Event)是用来描述计算机内特定状态变化而命名的标识。窗口作为可视的人机交互界面，可以用来接收各种事件，如用户键盘或鼠标事件、外设的请求事件、定时器的请求事件、信号量的请求事件等。

事件会触发相应的行为，即事件函数。所谓事件驱动的程序设计，就是以事件为核心，一方面完成 GUI 中事件源，即各类控件的界面视图设计，另一方面结合事件函数，进行各种控制逻辑的设计。在程序中只要实现事件及事件函数之间的关联与绑定，就可以实现程序的逻辑与界面展示的视图之间的关联。

GUI 编程过程中的事件可以分为以下四类，这些事件对应 wx.Event 的不同子类：

(1) 指令事件(对应 wx.CommandEvent 子类)，发生在控件上且系统没有预定义行为的事件，比如按钮点击、输入框内容改变等；

(2) 鼠标事件(对应 wx. MouseEvent 子类)，鼠标左右中键和滚轮动作，以及鼠标移动等事件；

(3) 键盘事件(对应 wx. KeyEvent 子类)，用户敲击键盘产生的事件；

(4) 系统事件(对应 wx. CloseEvent、wx.SizeEvent、wx.PaintEvent、wx.TimerEvent 等子类)，比如关闭窗口、改变窗口大小、重绘、定时器等事件。

表 10-3 给出了一些 wxPython 中常见的事件类型。

表 10-3　wxPython 常见事件类型

事　件	说　明
wx.EVT_SIZE	由于用户干预或由程序实现，当一个窗口大小发生改变时发送给窗口
wx.EVT_MOVE	由于用户干预或由程序实现，当一个窗口被移动时发送给窗口
wx.EVT_CLOSE	当一个框架被要求关闭时发送给框架
wx.EVT_PAINT	无论何时当窗口的一部分需要重绘时发送给窗口
wx.EVT_CHAR	当窗口拥有输入焦点时，每产生非修改性(Shift 键等等)按键时发送
wx.EVT_IDLE	这个事件会当系统没有处理其他事件时定期的发送
wx.EVT_LEFT_DOWN	鼠标左键按下
wx.EVT_LEFT_UP	鼠标左键抬起
wx.EVT_LEFT_DCLICK	鼠标左键双击
wx.EVT_MOTION	鼠标在移动
wx.EVT_SCROLL	滚动条操作
wx.EVT_BUTTON	按钮被点击
wx.EVT_MENU	菜单被选中

10.2.2　窗体的基本元素

按钮(Button)、静态文本控件(StaticText)和文本框控件(TextCtrl)是窗体设计中最为常见的三个基本控件。

Button 主要用来响应用户的单击操作，是最为常见的控制组件，其文本一般是创建时直接指定的，很少需要修改。如果确实需要动态修改，可以通过 SetLabelText()方法来实现。StaticText 主要用来显示文本或给用户提示操作，不用来响应用户单击或双击事件，需要时可以使用 SetLabel()方法动态为 StaticText 控件设置文本。TextCtrl 主要用来接收用户的文本输入，可以使用 GetValue()方法获取文本框中输入的内容，也可以使用 SetValue()方法设置文本框中的文本。

在窗体的设计中，控件可以直接安置到 wxFrame 上，比如在 mainFrame 的_init_(self)方法中定义 StaticText、TextCtrl 和 Button 时可以采用 self 作为 parent 的参数。例如：

```
wx.StaticText(parent=self, label=u'输入整数：', pos=(10, 50), size=(130, -1),
style=wx.ALIGN_RIGHT)
wx.TextCtrl(parent=self, pos=(145, 50), size=(150, -1), name='TC01', style=wx.TE_CENTER)
wx.Button(parent= self, label=u'计算', pos=(350, 50), size=(100, 25))
```

此时控件被直接安置在窗体 Frame 之上。然而，如果窗体直接安置控件，整个窗体上能够安插的控件有限，更好的设计是引入面板 Panel 来作为窗口的容器，面板的大小通常与 Frame 一样，在面板上放置各种控件，就可将窗口内容与工具栏及状态栏区分开，可以支持窗口布局等各类特殊的设计。在一个 Frame 上可以添加多个面板，因此采用面板来作为控件的容器，更加符合工程设计的实际需要。采用 panel 容器以后，在 mainFrame 的_init_(self)方法中需要添加 panel 的初始化方法，同时添加各类控件，如：

```
panel = wx.Panel(parent=self)
```

```
panel.SetBackgroundColour('Yellow')
wx.StaticText(parent=panel, label=u'输入整数：', pos=(10, 50), size=(130, -1), style=wx.ALIGN_RIGHT)
wx.TextCtrl(parent=panel, pos=(145, 50), size=(150, -1), name='TC01', style=wx.TE_CENTER)
wx.Button(parent=panel, label=u'计算', pos=(350, 50), size=(100, 25))
```

这样，各种控件就被添加到了 panel 的面板实例之中。

10.2.3 事件的捕获与绑定

事件处理是 wxPython 程序工作的基本机制。对于程序运行期间的各类状态变化，经常会用相应的事件来进行描述。这种描述是以建立事件对象为标准的，如 wx.Event 是各类事件的父类。

事件处理的根本在于事件捕获。要实现事件的捕获，为其建立一个绑定的事件处理函数是一个简单而方便的方法。用于绑定的方法如下：

```
Bind(event, handler, source=None, id=wx.ID_ANY, id2=wx.ID_ANY)
```

其中 event 为事件的类型，handler 为处理函数或方法，source 是事件源，id 是事件源的标识，如果省略 source 可以通过 id 绑定事件源；id2 设置要绑定事件源的范围，当有多个事件源定到同一个事件处理者时使用。

事件在程序运行的过程中客观存在，但是在事件发生后是否捕获该事件，以及是否对该事件进行后续处理，或者结合该事件进行某种程序逻辑的处理，则完全取决于程序设计的需要。比如 wx.EVT_CLOSE 是一种在窗口关闭时报出的事件，在例 10-2 中，点击窗口右上方的叉则类似于其他的 Windows 应用，窗口完成关闭。此时我们并没有看到 wx.EVT_CLOSE，其原因在于例 10-2 中并未绑定该事件，但这并不影响窗口的正常关闭。

下面，我们为 wx.EVT_CLOSE 事件建立一个事件处理函数 OnClose(self, event)，由于是在当前类中采用成员方法的方式，该函数中第一个参数为 self，第二个参数要求代表事件，因此无论第二个参数的名称是什么，其代表的都是事件对象。事件绑定方法直接采取从 mainFrame(wx.Frame)中利用父类 wx.Frame 的绑定机制，将绑定方法建立为：

```
self.Bind(wx.EVT_CLOSE, self.OnClose)
```

这样就将事件 wx.EVT_CLOSE 绑定到了 self.OnClose 方法之上。需要说明的是，由于事件 wx.EVT_CLOSE 属于系统事件，不需要关联某个控件，因此在这一 Bind 方法中并未制定 source 参数。具体用法参见例 10-3。

【例 10-3】 窗体事件的绑定。程序代码如下：

```
import wx
class mainFrame(wx.Frame):
    def _init_(self):
        wx.Frame._init_(self, None, -1, u'绑定事件的窗体', style=wx.DEFAULT_FRAME_STYLE ^ wx.RESIZE_BORDER)
        self.SetBackgroundColour(wx.Colour(224, 224, 224))
        self.SetSize((800, 600))
        self.Center()
```

```
        icon = wx.Icon('icon.ico', wx.BITMAP_TYPE_ICO)
        self.SetIcon(icon)
        panel = wx.Panel(parent=self)
        panel.SetBackgroundColour('Yellow')
        #系统事件
        self.Bind(wx.EVT_CLOSE, self.OnClose)
    def OnClose(self, event):
        dlg = wx.MessageDialog(None, u'确定要关闭本窗口？', u'操作提示', wx.YES_NO | 
wx.ICON_QUESTION)
        if (dlg.ShowModal() == wx.ID_YES):
            self.Destroy()
if _name_ == "_main_":
    app = wx.App()
    frame = mainFrame()
    frame.Show()
    app.MainLoop()
```

系统执行后，点击窗口右上方的关闭标识，得到如图 10-3 所示的窗口关闭提示框，点击 Yes 即可关闭窗口。

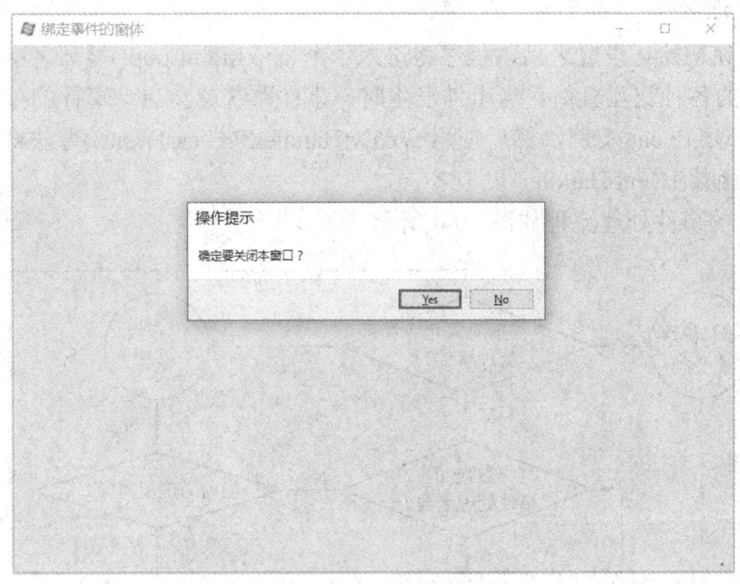

图 10-3　绑定了关闭事件的窗体

在本例中使用了消息对话框，可以方便 GUI 与用户的交互，使得用户可以在图形界面中进行一些简单的选择类操作。消息对话框的具体用法如下：

```
wxMessageDialog(parent, message, caption, style = wxOK | wxCANCEL, pos = wxDefaultPosition)
```

其中 parent 为父窗口，message 为消息，caption 为标题，style 为样式，pos 为位置信息，若不设置会由系统确定一个居中的位置。表 10-4 给出了消息对话框的常见样式。

表 10-4　消息对话框常见样式

样　式	说　明
wx.OK	显示 OK 按钮
wx.CANCEL	显示 Cancel 按钮
wx.YES_NO	显示 Yes 和 No 按钮
wx.YES_DEFAULT	Yes 和 No 按钮，以 Yes 为缺省
wx.NO_DEFAULT	Yes 和 No 按钮，以 No 为缺省
wx.ICON_EXCLAMATION	显示警告图标
wx.ICON_ERROR	显示错误图标
wx.ICON_QUESTION	显示问号图标
wx.ICON_INFORMATION	显示信息图标
wx.STAY_ON_TOP	让消息框在所有窗口之前

消息对话框的 ShowModal()方法用于显示对话框并获取用户选项，应用程序在对话框关闭前不能响应其他窗口的用户事件，该方法返回一个整数，取值包括 wx.ID_YES、wx.ID_NO、wx.ID_CANCEL、wx.ID_OK 等。

10.2.4　事件驱动编程

1. 事件处理流程

GUI 程序在初始化设置之后，程序将进入一个 app.MainLoop()循环之中，用于处理程序与用户之间的各种交互事件。当事件发生时，事件系统就会启动事件的处理，原有的事件会被转换为 wx.Event 实例，然后使用 wx.EvtHandler.ProcessEvent()方法将事件分派给适当的事件处理函数(Event Handler)。

wxPython 的事件处理流程如图 10-4 所示。

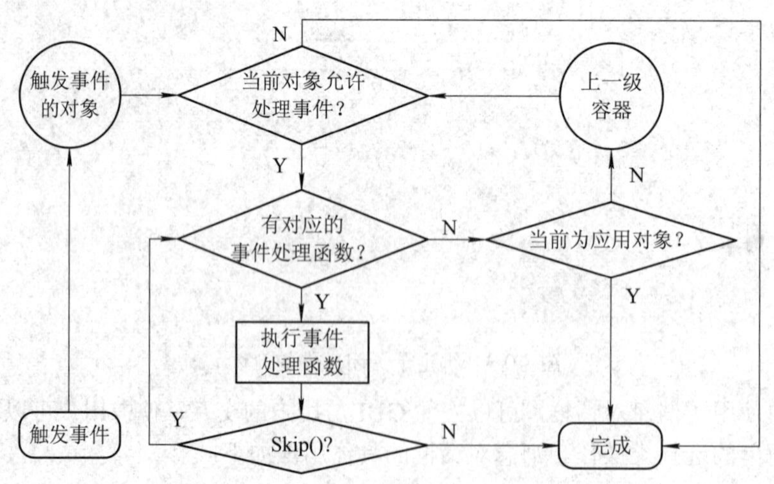

图 10-4　wxPython 事件处理流程

当鼠标点击、键盘按键等事件触发后，事件将会被送入出发事件的对象之中，若该对象允许处理事件，就会去查找相应的事件处理函数，如果有此函数就会执行，此时对应着事件所引发的程序逻辑处理，完成处理后如果调用了事件的 Skip()方法，会转入事件处理函数查找过程，否则就完成事件处理。而如果当前对象没有设置事件处理函数，会进一步向其上一级容器中查找对应的函数，如果当前对象为应用对象，则意味着没有上一级容器，事件处理完成。

在整个流程处理中，Skip()方法是否向上一级容器传递事件的处理是个关键。一般来说，在事件处理函数中，如果要控制是否需要对事件的级联处理，则应调用该方法，如 event.Skip()。调用了 Skip()方法，意味着当前的事件处理并未结束，还会将该事件的处理继续向流程的下一个环节传递，系统会再次尝试寻找其他针对该事件的处理。另一个核心问题是当前的事件处理是否需要向上一级容器传递。默认情况下，只有 wx.CommandEvent 及其子类的实例会向上展开至容器级，其他的所有事件不这样做。比如在 wx.Button 上点击鼠标产生一个命令类型的事件 wx.EVT_BUTTON 就属于 wx.CommandEvent 类型的事件，所以 wxPython 在这个按钮对象中找寻绑定失败后，它将向上展开至容器级，先是按钮的父窗口 panel。如果 panel 中没有相匹配的绑定，会再次向上至 panel 的父窗口 frame 查看是否有绑定的事件函数。

2. 事件绑定行为归属的对象

不同事件在处理流程上有所区别，因此对于不同事件，其事件绑定归属的对象也有所区别，具体可以分为以下几种：

(1) 容器与控件的关联捆绑，事件绑定于容器，关联于控件。以按钮(wx.Button)点击事件(wx.EVT_BUTTON)为例，点击事件属于指令事件(wx.CommandEvent)，所以 wxPython 在这个按钮对象中找寻绑定失败后，它将向上展开至容器级，先是按钮的父窗口 panel。由于 panel 中没有相匹配的绑定，所以又向上至 panel 的父窗口 frame。由于 frame 中有匹配的绑定，所以 ProcessEvent()调用相关方法。例如，以下按钮点击事件绑定的行为发生在 mainFrame(wx.Frame)的初始化方法之中，事件绑定归属于类 mainFrame，关联于按钮控件 btn_close：

```
self.Bind(wx.EVT_BUTTON, self. OnClose, btn_ close)
```

该事件绑定函数为 mainFrame 的成员方法 OnClose()，事件绑定所发生的事件源为按钮实例 btn_close。

对于这类事件，如果将其直接绑定于控件也可以工作，如以下绑定规则之中，同样为按钮控件 btn_close 绑定了类 mainFrame 的成员方法 OnClose()：

```
btn_close.Bind(wx.EVT_BUTTON, self.OnClose)
```

(2) 控件捆绑，事件只能绑定于控件。鼠标事件(wx. MouseEvent)不是 wx.CommandEvent 的子类，因此鼠标进入、离开，鼠标左右键的按下及抬起等事件不会向上展开至容器，而是必须绑定于按钮等控件。例如，以下为按钮 btn_compute 控件绑定了一个鼠标左键按下的事件，事件绑定函数为类 mainFrame 的成员方法：

```
btn_compute.Bind(wx.EVT_LEFT_DOWN, self.OnLeftDown)
```

对于这类事件，只能采取绑定于控件的方式，若一定要绑定到容器之上，会无法有效工作和进行事件的捕获。

(3) 容器捆绑，事件只绑定于容器。有一些事件只能绑定于容器，不能绑定于具体某个控件，也不对容器做关联。比如键盘事件、系统事件等，具体用法如在类 mainFrame 的初始化方法中绑定一个系统关闭的事件：

```
self.Bind(wx.EVT_CLOSE, self.OnClose)
```

3. 事件驱动的 GUI 设计

事件处理是 GUI 设计中的核心与关键，整个设计中可以围绕事件作为主线，完成各种设计元素的安排，最终实现应用的开发。这种以事件为驱动的编程过程包括以下五个步骤：

(1) 设计窗口布局及其组件，包括窗体、面板等容器的布置，各类控件的安插；

(2) 确定事件及其归属的类或对象，根据事件类别确定其是否要关联于某个控件；

(3) 设计应用处理逻辑，采用事件处理函数或方法完成各类处理逻辑的编写；

(4) 进行事件的绑定和关联；

(5) 完成程序的调试和运行。

这五个步骤是进行一般性的 GUI 程序设计的通用方法，在实际开发过程中也可以根据具体情况进行适当的调整。

在以下的例 10-4 的 GUI 设计中，为不同事件设置了不同的绑定方式，演示了三种事件绑定归属方式。在此例中，按钮 btn_compute 和按钮 btn_close 分别用了两种不同的捆绑方式，一种为容器与控件的关联捆绑，另一种为控件捆绑，两种捆绑方式均工作正常。对于鼠标事件，程序中采用了控件捆绑，这种捆绑方式也是处理鼠标事件的唯一方法，同时由于对一个按钮既要响应鼠标点击的指令事件，又要响应鼠标按键状态变化的鼠标事件，这种情况下涉及同一个动作的多个事件处理，在一个事件处理完成后应采用事件的 Skip()方法继续事件处理的流程。

【例 10-4】 判断素数的界面程序，如下：

```
import wx
from math import sqrt
def isPrime(n):
    if n <= 1:
        return False
    for i in range(2, int(sqrt(n)) + 1):
        if n % i == 0:
            return False
    return True
class mainFrame(wx.Frame):
    def _init_(self):
        wx.Frame._init_(self, None, -1, u'判断素数', style=wx.DEFAULT_FRAME_STYLE ^
wx.RESIZE_BORDER)
        self.SetBackgroundColour(wx.Colour(224, 224, 224))
        self.SetSize((800, 600))
        self.Center()
```

```
        icon = wx.Icon('icon.ico', wx.BITMAP_TYPE_ICO)
        self.SetIcon(icon)

        panel = wx.Panel(parent=self)
        panel.SetBackgroundColour('Yellow')
        wx.StaticText(parent=panel, label=u'输入整数：', pos=(10, 50), size=(130, -1), style=wx.ALIGN_RIGHT)
        self.result = wx.StaticText(parent=panel, label=u'结果', pos=(145, 80), size=(150, -1), style=wx.ST_NO_AUTORESIZE)
        self.tip = wx.StaticText(parent=panel, label=u'tip', pos=(145, 110), size=(150, -1), style=wx.ST_NO_AUTORESIZE)
        self.tc1 = wx.TextCtrl(parent=panel, pos=(145, 50), size=(150, -1), name='TC01', style=wx.TE_CENTER)
        btn_compute = wx.Button(parent=panel, label=u'计算', pos=(350, 50), size=(100, 25))
        btn_close = wx.Button(parent=panel, label=u'关闭', pos=(350, 80), size=(100, 25))
        #控件事件
        self.Bind(wx.EVT_BUTTON, self.OnCompute, btn_compute)
        btn_close.Bind(wx.EVT_BUTTON, self.OnClose)
        #鼠标事件
        btn_compute.Bind(wx.EVT_LEFT_DOWN, self.OnLeftDown)
        btn_compute.Bind(wx.EVT_LEFT_UP, self.OnLeftUp)
        #键盘事件
        self.Bind(wx.EVT_KEY_DOWN, self.OnKeyDown)
        #系统事件
        self.Bind(wx.EVT_CLOSE, self.OnClose)
    def OnCompute(self, event):
        print('OnCompute')
        self.result.SetLabel('')
        try:
            num = eval(self.tc1.GetValue())
            if isPrime(num):
                self.result.SetLabel(u'素数')
            else:
                self.result.SetLabel(u'非素数')
        except Exception as e:
            self.result.SetLabel(u'请输入整数')
            return
    def OnClose(self, event):
        '''关闭窗口事件函数'''
```

```
            dlg = wx.MessageDialog(None, u'确定要关闭本窗口？', u'操作提示', wx.YES_NO |
wx.ICON_QUESTION)
            if(dlg.ShowModal() == wx.ID_YES):
                self.Destroy()
        def OnLeftDown(self, event):
            '''左键按下事件函数'''
            self.tip.SetLabel(u'左键按下')
            event.Skip()
        def OnLeftUp(self, event):
            '''左键弹起事件函数'''
            self.tip.SetLabel(u'左键弹起')
            event.Skip()
        def OnKeyDown(self, event):
            '''键盘事件函数'''
            key = event.GetKeyCode()
            self.tip.SetLabel(str(key))
    if _name_ == "_main_":
        app = wx.App()
        frame = mainFrame()
        frame.Show()
        app.MainLoop()
```

程序执行结果如图 10-5 所示。

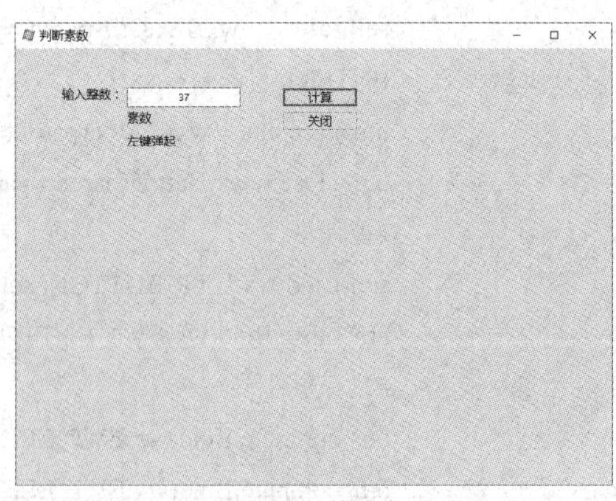

图 10-5　判断输入数字是否为素数

10.3　窗口布局

在 GUI 程序设计中，进行应用程序逻辑设计的关键是掌握好事件及事件捆绑函数之间的关系，而用户界面设计本身的主线是做好窗口布局设计。良好的窗口布局是进行各类窗体容器布置和控件安排的基础。

10.3.1　静态布局

在 wxPython 中，静态布局又称绝对位置布局。窗口中每个控件的位置需要在程序中指出其绝对位置，通常以像素为单位。在之前的例子中，基本都是采用了静态布局的方式，可以看到在各个控件的实例化方法中，都有一个 pos 参数，用以指定控件的坐标。

然而，在实际应用中，静态布局存在以下问题：

(1) 开发投入大，难以找到准确的位置信息；

(2) 窗口大小改变以后，以往设置的合理位置可能会变得不合理；

(3) 跨平台的兼容性较差；

(4) 修改和重新布局工作繁琐费时。

在后面我们会给出采用静态布局方法设计菜单、工具条和状态条的演示程序示例。学习示例之前先分别对菜单栏、工具栏和状态栏这三种图形组件加以介绍。

1．菜单栏(MenuBar)

菜单是 GUI 应用程序中常见的组件，可以分为普通菜单和弹出式菜单两大类，其中普通菜单就是大多数窗口菜单栏的下拉菜单，而弹出式菜单也称上下文菜单，一般需要使用鼠标右键激活，并根据不同的环境或上下文来显示不同的菜单项。普通菜单和弹出式菜单在菜单条目的定义方面并没有区别，都是通过建立 wx.Menu()实例的方法形成一个菜单条目。例如：

```
FileMenu = wx.Menu()                    #建立一个文件菜单
FileMenu.Append(1000,"打开")             #添加菜单项
FileMenu.Append(1001,"新建")
FileMenu.AppendSeparator()              #添加一个分隔线
FileMenu.Append(1002,"保存")
FileMenu.Append(1003,"退出")
HelpMenu = wx.Menu()                    #建立一个编辑菜单
HelpMenu.Append(1004,"关于")
self.popupMenu = wx.Menu()              #建立一个弹出式菜单
popupCopy = popupMenu.Append(901, '复制')
popupCut = popupMenu.Append(902, '剪切')
popupPaste = popupMenu.Append(903, '粘贴')
```

普通菜单在完成菜单条目的创建后，会将菜单条目附加到菜单条上。例如：

```
menuBar = wx.MenuBar()                  #创建菜单栏
menuBar.Append(FileMenu,"文件")          #将文件菜单置入菜单条
menuBar.Append(EditMenu,"编辑")          #将编辑菜单置入菜单条
self.SetMenuBar(menuBar)                #将新建的菜单条设置为窗体的
```

弹出式菜单在实例化以后直接将菜单添加到对应的载体之上，此处是将其作为文本框的鼠标右键点击弹出菜单，因此直接绑定到了文本框的对象上。代码如下：

```
self.tc = wx.TextCtrl(self.panel,pos=(1,1),size=(622,362))
self.tc.Bind(wx.EVT_RIGHT_DOWN, self.OnRClick)
```

对于菜单项的事件处理函数，普通菜单和弹出式菜单并没有差别，二者都是采用“函数名(self, event)”的形式，若尚未实现方法中完整的程序，可以暂时用 pass 语句或类似于以下方法中简单的信息提示功能，使得具体内容的实现留待将来完成：

```
def OnNew(self, event):
    wx.MessageBox("新建文件")
    self.statusBar.SetStatusText('新建文件')
```

普通菜单只要添加到 mainFrame 自身的菜单条即可工作，而弹出式菜单的弹出操作需要两点，一是要找到当前的鼠标点击位置，以便在点击点弹出，二是菜单弹出的动作是在事件捆绑函数中加以实现的。例如：

```
def OnRClick(self, event):
    pos = (event.GetX(),event.GetY())                  #获取鼠标当前位置
    self.tc.PopupMenu(self.popupMenu, pos)             #弹出菜单
```

对于普通下拉式菜单和弹出式菜单，为菜单项绑定事件处理函数的方式是一样的，例如下面的代码，其中第二个数值型的参数是菜单项的 ID，最后一个参数是事件处理函数的名称。绑定之后，运行程序并单击某菜单项，则会执行相应的事件处理函数中的代码：

```
self.Bind(wx.EVT_MENU,self.OnOpen,id=1000)
self.Bind(wx.EVT_MENU,self.OnNew,id=1001)
self.Bind(wx.EVT_MENU,self.OnSave,id=1002)
self.Bind(wx.EVT_MENU,self.OnAbout,id=1003)
self.Bind(wx.EVT_MENU,self.OnExit,id=1004)
```

2. 工具栏(ToolBar)

工具栏往往用来显示当前上下文最常用的功能按钮，一般而言，工具栏按钮是菜单全部功能的子集。

工具栏的使用方法如下，首先创建出工具栏实例，然后向其中添加工具按钮，最后通过 Realize()方法使工具栏生效，并绑定事件处理函数。

```
toolbar = self.CreateToolBar()
toolbar.AddTool(wx.ID_OPEN,"打开",wx.Bitmap("Open16.png"))
toolbar.AddTool(wx.ID_SAVE,"保存",wx.Bitmap("Save16.png"))
toolbar.AddTool(wx.ID_ABOUT,"关于",wx.Bitmap("About16.png"))
toolbar.AddTool(wx.ID_EXIT,"退出",wx.Bitmap("Close16.png"))
toolbar.Realize()
self.Bind(wx.EVT_TOOL,self.OnOpen,id=wx.ID_OPEN)
```

由于工具栏本身就是窗体的特有功能，因此工具栏不需要通过程序语句特殊指明嵌入窗体之中即可生效。

3. 状态栏(StatusBar)

状态栏主要用来显示当前状态或给用户友好提示，例如，Word 软件中的状态上显示的当前页码、总页数、节数以及当前行与当前列等信息。

状态栏的创建和使用相对比较简单，通过下面的代码即可创建：

```
self.statusBar=self.CreateStatusBar()     #建立一个状态条
```

如果需要在状态栏上显示状态或者显示文本以提示用户，可以通过下面的代码设置状态栏文本：

```
self.statusBar.SetStatusText('打开文件')
```

例 10-5 采用了静态布局的方式设置文本框，编写程序时需要精细计算和调试文本框的位置和大小，同时程序运行以后，一旦对窗口进行拉伸等操作，文本框的显示就会出现与窗体位置不居中，样式失去原有的美观性。

【例 10-5】 采用静态布局的菜单、工具栏和状态栏演示程序。代码如下：

```
import wx
class mainFrame(wx.Frame):
    def _init_(self, parent=None):
        wx.Frame._init_(self, parent, -1, "菜单、工具栏和状态栏演示", size=(640, 480))
        self.panel = wx.Panel(self,-1)
        self.panel.SetBackgroundColour('White')
        FileMenu = wx.Menu()                          #建立一个文件菜单
        FileMenu.Append(1000,"打开")                  #添加菜单项
        FileMenu.Append(1001,"新建")
        FileMenu.AppendSeparator()                    #添加一个分隔线
        FileMenu.Append(1002,"保存")
        FileMenu.Append(1003,"退出")
        HelpMenu = wx.Menu()                          #建立一个编辑菜单
        HelpMenu.Append(1004,"关于")
        self.popupMenu = wx.Menu()                    #建立一个弹出式菜单
        popupCopy = self.popupMenu.Append(901, '复制')
        popupCut = self.popupMenu.Append(902, '剪切')
        popupPaste = self.popupMenu.Append(903, '粘贴')
        menuBar = wx.MenuBar()                        #创建菜单栏
        menuBar.Append(FileMenu,"文件")               #将文件菜单置入菜单条
        menuBar.Append(HelpMenu,"帮助")               #将帮助菜单置入菜单条
        self.SetMenuBar(menuBar)                      #将新建的菜单条设置为窗体的菜单条

        self.Bind(wx.EVT_MENU,self.OnOpen,id=1000)
        self.Bind(wx.EVT_MENU,self.OnNew,id=1001)
        self.Bind(wx.EVT_MENU,self.OnSave,id=1002)
        self.Bind(wx.EVT_MENU,self.OnAbout,id=1003)
        self.Bind(wx.EVT_MENU,self.OnExit,id=1004)
        toolbar = self.CreateToolBar()
        toolbar.AddTool(wx.ID_OPEN,"打开",wx.Bitmap("Open16.png"))
        toolbar.AddTool(wx.ID_SAVE,"保存",wx.Bitmap("Save16.png"))
        toolbar.AddTool(wx.ID_ABOUT,"关于",wx.Bitmap("About16.png"))
        toolbar.AddTool(wx.ID_EXIT,"退出",wx.Bitmap("Close16.png"))
        toolbar.Realize()                             #使工具栏生效
        self.Bind(wx.EVT_TOOL,self.OnOpen,id=wx.ID_OPEN)
        self.Bind(wx.EVT_TOOL,self.OnSave,id=wx.ID_SAVE)
        self.Bind(wx.EVT_TOOL,self.OnAbout,id=wx.ID_ABOUT)
        self.Bind(wx.EVT_TOOL,self.OnExit,id=wx.ID_EXIT)
```

```
        self.statusBar=self.CreateStatusBar()                #建立一个状态条
        self.Center()
        self.tc = wx.TextCtrl(self.panel,pos=(1,1),size=(622,362))
        self.tc.Bind(wx.EVT_RIGHT_DOWN, self.OnRClick)
    def OnOpen(self, event):
        wx.MessageBox("打开文件")
        self.statusBar.SetStatusText('打开文件')
    def OnNew(self, event):
        wx.MessageBox("新建文件")
        self.statusBar.SetStatusText('新建文件')
    def OnSave(self, event):
        wx.MessageBox("保存文件")
        self.statusBar.SetStatusText('保存文件')
    def OnAbout(self, event):
        wx.MessageBox("关于")
        self.statusBar.SetStatusText('关于')
    def OnExit(self, event):
        self.Close(True)
    def OnRClick(self, event):
        pos = (event.GetX(),event.GetY())                    #获取鼠标当前位置
        self.tc.PopupMenu(self.popupMenu, pos)               #弹出菜单
app = wx.App()
frame = mainFrame()
frame.Show()
app.MainLoop()
```

程序执行结果如图 10-6 所示，其中的文本框采取了静态布局方法，窗体拉伸无法随着窗体而改变。

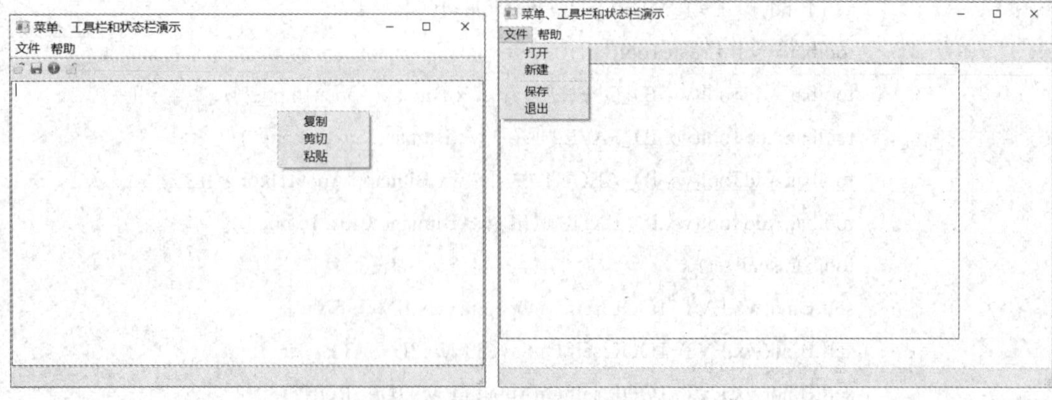

图 10-6　拉伸窗口后，静态布局失去美观性

10.3.2　线性布局

布局管理是 GUI 程序开发中事件处理之外的另一个重要方面。然而单纯依赖于静态布局的方式，较难设计出复杂的界面效果，因此在实际应用中，一般需要采取自动布局的方式。wxPython 的 Sizer 布局管理器就是进行自动布局所经常使用的工具。wxPython 预定义了线性布局(Box Sizer)、网格布局(Grid Sizer)、灵活网格布局(FlexGrid Sizer)、静态线性布局(StaticBox Sizer)、网格包布局(GridBag Sizer)等。以下将有选择地加以介绍。

线性布局(Box Sizer)，也可称为盒式布局，是一种常用的布局管理方式。在线性布局中，窗体被看成是一个具有方向性的线性容器(或者说盒子)，其方向性可以为水平向(wx.HORIZONTAL)或者是垂直向(wx.VERTICAL)。水平向的布局只能进行水平分割(横向)，向其中进一步放置(利用 Add()方法)界面组件或者是其他的盒子都是水平分布的，若布局为垂直向，则只能进行垂直方向的分割(竖向)，向其中放置界面组件或者其他布局是垂直分布的。建立布局的方法如下：

```
sizer = wx.BoxSizer(orient)
sizer.Add(window, proportion=0, flag = 0, border = 0, userData=None)
或 sizer.Add(sizer, flags)
或 sizer.Add(width, height, flags)
容器.SetSizer(sizer)
```

其中方向参数 orient 为 wx.HORIZONTAL 或 wx.VERTICAL。

Add()方法有三种形式，第一种用来添加控件或容器，第二种用来添加其他布局，第三种用来添加一段空白间隙。

proportion 参数用来表示布局的当前组件与布局之间的关系，proportion=0 时组件不随着布局的伸缩而调整，proportion=1 时组件以相同的比例与布局进行伸缩，proportion=2 时组件以 2 倍的比例相对于布局进行伸缩。

flags 为布局所添加组件的标记，用于指定 border 所属方向，以及组件是否会扩展以填满布局等特性，或者是组件的对齐方式，如表 10-5 所示。由于这些性质分别为独立的属性，允许通过或符号“|”来连接不同的属性。如以下程序：

```
vbox = wx.BoxSizer(wx.VERTICAL)
hbox1 = wx.BoxSizer(wx.HORIZONTAL)
st1 = wx.StaticText(panel,label='服务要求')
hbox1.Add(st1,flag=wx.RIGHT,border=8)
tc = wx.TextCtrl(panel)
hbox1.Add(tc,proportion=1)
vbox.Add(hbox1,flag=wx.EXPAND| wx.LEFT|wx.RIGHT|wx.TOP,border=10)
```

以上程序表示在布局对象 vbox 中添加 hbox1 布局，且 hbox1 会扩展以填满 vbox 布局，同时 hbox1 在左右和顶部都设置 10 个像素的空白边界。

表 10-5 布局中标记 flags 的取值

标 记 值	说 明
wx.TOP	用于表示 border 属于哪个方向的边界，其中 wx.ALL 表示上下左右四个方向
wx.BOTTOM	
wx.LEFT	
wx.RIGHT	
wx.ALL	
wx.EXPAND	当前组件会扩展以填满布局
wx.SHAPED	当前组件会扩展以填满布局但会保持之前的形状
wx.ALIGN_CENTER	表示组件的对齐方式
wx.ALIGN_LEFT	
wx.ALIGN_RIGHT	
wx.ALIGN_TOP	
wx.ALIGN_BOTTOM	

布局管理器的 Add()方法还可以为布局添加一个空白间隙，具体方法如下所示：

```
vbox.Add((-1, 10)) 或 vbox.Add(-1, 10) 或 vbox.Add(0, 10)
```

这三种写法表示的含义相同，都是指在垂直方向上添加 10 个像素的空白间隙。由于以上代码中 vbox 是在垂直方向上建立的布局，宽度参数 width 没有意义，只有高度参数 height 具有实际的作用，因此此处即使填写了 vbox.Add(100, 10)仍然与 vbox.Add((-1, 10))相当。

事实上一般在每个子布局之间，都根据情况安插一段适当大小的空白间隙，整体上看起来才会更加美观。如图 10-7 所示的采用线性布局的汽车售后服务窗口，其中图(a)为没有空白间隙的窗体，可见内容过于密集，缺少层次感，图(b)为插入了适当间隙的布局，看起来更加美观。

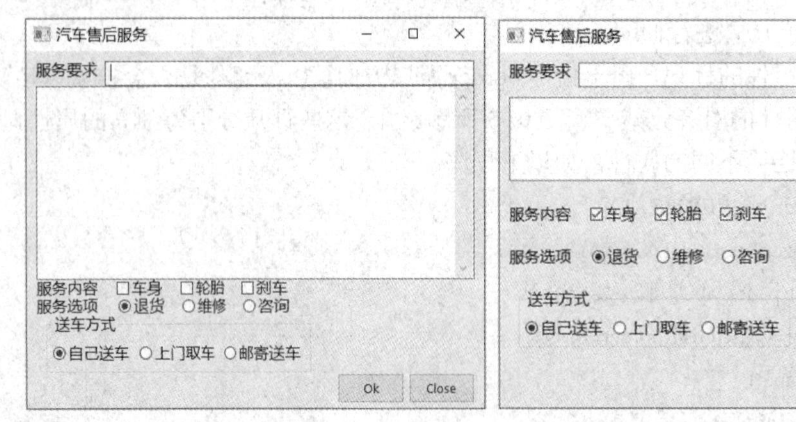

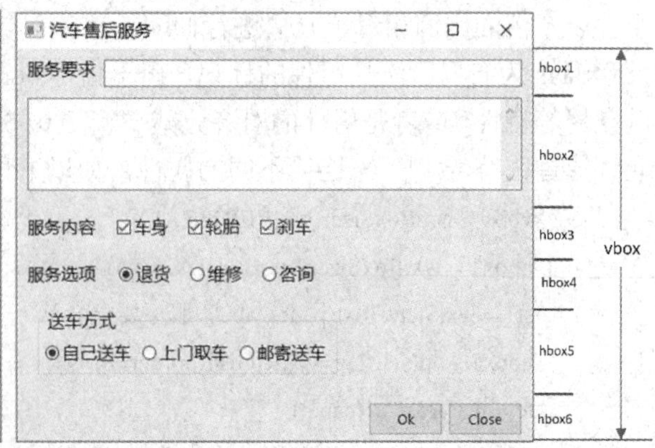

(a) 没有插入空白间隙的布局　　(b) 插入了适当空白间隙的布局

图 10-7 采用线性布局的汽车售后服务窗口

在图 10-7(b)中显示了该窗体的布局划分，面板 panel 对应的布局为 vbox 竖向线性布局，其中添加了 6 个横向的线性子布局 hbox1—hbox6。

图 10-7 中采用了多种选项的控件，包括单选按钮、单选按钮分组和复选框等。下面分别加以介绍。

1．单选按钮

案例的服务选项中退货、维修和咨询的选择控件为单选按钮，送车方式采取了单选按钮分组的方式。单选按钮常用来实现用户在多个选项中的互斥选择，在同一组内多个选项中智能选择一个，当选择发生变化以后，之前选中的选项自动失效。为了创建一组可相互选择的按钮，第一个 wx.RadioButton 对象的 style 参数设置为 wx.RB_GROUP，后续按钮对象将添加到组中。wx.RadioButton 的构造函数如下：

```
wx.RadioButton(parent, id, label, pos, size, style)
```

style 参数仅适用于组中的第一个按钮，它的值是 wx.RB_GROUP。对于组中的后续按钮，可以选择使用 wx.RB_SINGLE 样式参数。单选按钮对象关联的事件为 wx.EVT_RADIOBUTTON，只要将同一组的所有按钮都捆绑到一个事件处理函数上，就可以实现对单选按钮的处理。wx.RadioButton 类的两个重要方法是 SetValue()和 GetValue()，SetValue()用于通过编程的方式来选择或取消选择按钮，而 GetValue()会在选择了按钮时返回 True，否则返回 False。此外 GetLabel()方法则返回当前单选框的文本内容。

2．单选按钮分组

在下面的例 10-6 中汽车售后服务案例的送车方式虽然也是单选按钮，但它采取的是单选按钮分组控件(wx.RadioBox)。wx.RadioBox 的构造函数形式如下：

```
wx.RadioBox(parent, id, label, pos, size, choices[], majorDimension=0, style)
```

组中的每个按钮都从 List 对象获取其标签，该对象充当 wx.RadioBox 构造函数的"choices"参数。其中的 style 参数取值为 wx.RA_SPECIFY_ROWS 或 wx.RA_SPECIFY_COLS，表示按行排列或者按列排列，而其中的行数或列数由 majorDimension 确定，当 majorDimension=0 时，列表输入的选择数据按布局顺序排开，样式 style 的值无效，若 majorDimension 为大于 0 的个数，就会按照其行数或列数的指定将列表输入的选择数据进行排列。

3．复选框

汽车售后服务案例的服务内容部分采用了复选框的方式，允许同时选择车身、轮胎、刹车等多项内容。复选框(wx.CheckBox)允许用户多选，一个复选框对象有两种状态(选中或未选中)。复选框对象关联的事件为 wx. EVT_CHECKBOX，可以用来设置选取事件。从对象的方法来看，与单选框相同，都支持 SetValue()、GetValue()和 GetLabel()等，其返回值也都相同。

例 10-6 给出了汽车售后服务面板的完整演示程序，其中演示了单选按钮、单选按钮分组和复选框等几种控件的使用方法，可以在 IDLE 控制台中观看点选事件触发时的输出结果。

【例 10-6】 采用线性布局设置的汽车售后服务面板。程序代码如下：

```
import wx
class mainFrame(wx.Frame):
    def _init_(self,parent,title):
        super(mainFrame, self)._init_(parent,title=title,size=(500,400))
        self.InitUI()
```

```
        self.Centre()
        self.Show()
    def InitUI(self):
        panel = wx.Panel(self)
        vbox = wx.BoxSizer(wx.VERTICAL)                                    #垂直布局
        hbox1 = wx.BoxSizer(wx.HORIZONTAL)                                 #水平布局 1
        st1 = wx.StaticText(panel,label='服务要求')
        hbox1.Add(st1,flag=wx.RIGHT,border=8)
        tc = wx.TextCtrl(panel)
        hbox1.Add(tc,proportion=1)
        vbox.Add(hbox1,flag=wx.EXPAND|wx.LEFT|wx.RIGHT|wx.TOP,border=10)
        vbox.Add(0,10)
        hbox2 = wx.BoxSizer(wx.HORIZONTAL)
        tc2 = wx.TextCtrl(panel, style=wx.TE_MULTILINE)                    #多行文本框
        hbox2.Add(tc2, proportion=1, flag=wx.EXPAND)
        vbox.Add(hbox2, proportion=1, flag=wx.LEFT|wx.RIGHT|wx.EXPAND, border=10)
        vbox.Add((-1, 25))
        hbox3 = wx.BoxSizer(wx.HORIZONTAL)
        st2 = wx.StaticText(panel,label='服务内容')
        hbox3.Add(st2,flag=wx.RIGHT, border=20)
        self.cb1 = wx.CheckBox(panel, label='车身')
        hbox3.Add(self.cb1)
        self.cb2 = wx.CheckBox(panel, label='轮胎')
        hbox3.Add(self.cb2, flag=wx.LEFT, border=10)
        self.cb3 = wx.CheckBox(panel, label='刹车')
        self.cb1.Bind(wx.EVT_CHECKBOX, self.Event1)
        self.cb2.Bind(wx.EVT_CHECKBOX, self.Event1)
        self.cb3.Bind(wx.EVT_CHECKBOX, self.Event1)
        hbox3.Add(self.cb3, flag=wx.LEFT, border=10)
        vbox.Add(hbox3, flag=wx.LEFT, border=10)
        vbox.Add((-1, 25))
        hbox4 = wx.BoxSizer(wx.HORIZONTAL)
        st3 = wx.StaticText(panel,label='服务选项')
        hbox4.Add(st3,flag=wx.RIGHT,border=12)
        #每组 RadioButton 的第一个要设置 style 为 wx.RB_GROUP
        self.rbtn1 = wx.RadioButton(panel,-1,"退货", style = wx.RB_GROUP)
        self.rbtn2 = wx.RadioButton(panel, -1, "维修")
        self.rbtn3 = wx.RadioButton(panel, -1, "咨询")
        self.rbtn1.Bind(wx.EVT_RADIOBUTTON, self.Event2)
```

```
        self.rbtn2.Bind(wx.EVT_RADIOBUTTON, self.Event2)
        self.rbtn3.Bind(wx.EVT_RADIOBUTTON, self.Event2)
        hbox4.Add(self.rbtn1, flag=wx.LEFT, border=10)
        hbox4.Add(self.rbtn2, flag=wx.LEFT, border=10)
        hbox4.Add(self.rbtn3, flag=wx.LEFT, border=10)
        vbox.Add(hbox4, flag=wx.LEFT, border=10)
        vbox.Add((-1, 25))
        hbox5 = wx.BoxSizer(wx.HORIZONTAL)
        list1 = ["自己送车","上门取车" ,"邮寄送车"]
        self.rbox = wx.RadioBox(panel, -1, "送车方式", choices=list1, majorDimension=1,
style=wx.RA_SPECIFY_ROWS)
        self.rbox.Bind(wx.EVT_RADIOBOX, self.Event3)
        hbox5.Add(self.rbox, flag=wx.LEFT, border=10)
        vbox.Add(hbox5, flag=wx.LEFT, border=10)
        vbox.Add((-1, 25))
        hbox6 = wx.BoxSizer(wx.HORIZONTAL)
        btn1 = wx.Button(panel, label='Ok', size=(70, 30))
        hbox6.Add(btn1, flag=wx.LEFT|wx.BOTTOM, border=5)
        btn2 = wx.Button(panel, label='Close', size=(70, 30))
        hbox6.Add(btn2, flag=wx.LEFT|wx.BOTTOM, border=5)
        vbox.Add(hbox6, flag=wx.ALIGN_RIGHT|wx.RIGHT, border=10)
        panel.SetSizer(vbox)
    def Event1(self,event):
        cb = event.GetEventObject()
        print(cb.GetLabel(), cb.GetValue())
    def Event2(self,event):
        #可以直接利用函数参数获取控件
        cb = event.GetEventObject()
        print(cb.GetLabel(), cb.GetValue())
        #也可以通过成员变量的方式直接遍历每个控件的当前数据
        if self.rbtn1.GetValue():
            print(self.rbtn1.GetLabel())
        elif self.rbtn2.GetValue():
            print(self.rbtn2.GetLabel())
        else:
            print(self.rbtn3.GetLabel())
    def Event3(self,event):
        #方式 1 获取选中项
        print("RadioBox: ",self.rbox.GetStringSelection(),self.rbox.GetSelection())
```

```
            #方式 2 获取选中项，更灵活
            print("RadioBox：",event.GetString(),event.GetInt())
    if _name_ == '_main_':
        app = wx.App()
        mainFrame(None,title="汽车售后服务")
        app.MainLoop()
```

10.3.3 网格布局

网格布局(GridSizer)使用了二维网格进行组件的安插，一般是按从左到右和从上到下的顺序。GridSizer 对象有四个参数：

```
    wx.GridSizer(rows, columns, vgap, hgap)
```

如 gs = wx.GridSizer(4, 4, 5, 5)表示 4×4 的网格，水平和垂直网格的间距都是 5 个像素。

【例 10-7】 采用网格布局的数字按钮面板。程序代码如下：

```
    import wx
    class mainFrame(wx.Frame):
        def _init_(self, parent, title):
            super(mainFrame, self)._init_(parent, title = title, size = (300,200))
            self.InitUI()
            self.Centre()
            self.Show()
        def InitUI(self):
            p = wx.Panel(self)
            gs = wx.GridSizer(4, 4, 5, 5)
            for i in range(1,17):
                btn = str(i)
                gs.Add(wx.Button(p,label = btn), 0, wx.EXPAND)
            p.SetSizer(gs)

    if _name_ == '_main_':
        app = wx.App()
        mainFrame(None, title="网格数字按钮")
        app.MainLoop()
```

其运行结果如图 10-8 所示。

图 10-8 采用网格布局的数字按钮

10.3.4 灵活网格布局

灵活网格布局(FlexGridSizer)是网格布局(GridSizer)的增强版本，它允许每行和每列拥有单独的尺寸，当布局发生变化时，允许指定特定的行或列以一定比例跟随布局的变化而进行缩放。灵活网格布局的构造方法如下：

```
    wx.FlexGridSizer(int rows=1, int cols=0, int vgap=0, int hgap=0)
```

与网格布局相同，其中的参数表示行数、列数、网格之间的水平间距及垂直间距。

灵活网格布局通过 AddGrowableRow(idx, proportion=0)和 AddGrowableCol(idx, proportion=0)来实现网格的灵活变化，允许通过索引指定哪一行或者哪一列能够跟随窗体按比例调整。

在图 10-9 中给出了一个基于灵活网格布局的员工信息录入窗口，其中图(a)为运行时的窗口，图(b)为进行拉伸后的窗口。

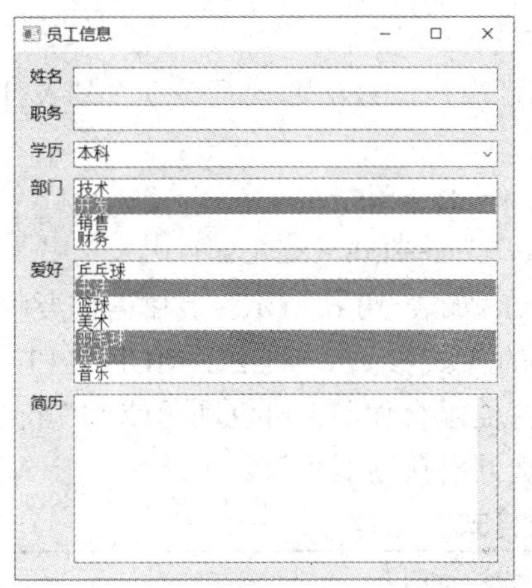

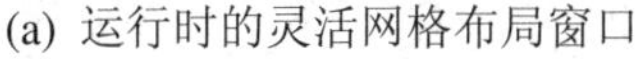

(a) 运行时的灵活网格布局窗口

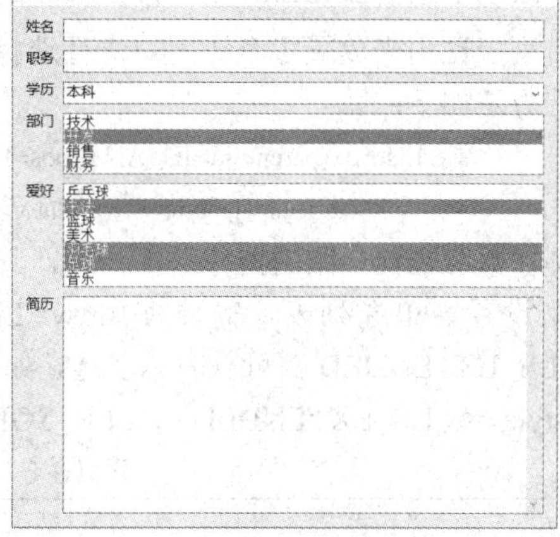

(b) 拉伸后的窗口

图 10-9　采用灵活网格布局的员工信息窗口

之所以有这样的差别，是因为员工信息录入窗口进行了如下设计：

```
fgs = wx.FlexGridSizer(6, 2, 10,10)
fgs.AddMany([(title), (tc1, 1, wx.EXPAND), (author), (tc2, 1, wx.EXPAND),
    (education), (cb, 1, wx.EXPAND),(department), (lb1, 1, wx.EXPAND),
    (hobbies), (lb2, 1, wx.EXPAND), (review), (tc3, 1, wx.EXPAND)])
fgs.AddGrowableRow(5, 1)
fgs.AddGrowableCol(1, 1)
```

可见该窗体有 6 行 2 列共 12 个网格，窗体通过 AddMany()方法相当于多次调用 Add()方法，其中 12 个元组对应了 12 个网格。其中第 0、2、4、6、8、10 这 6 个元组内保存了第 0 列的静态文本框，其余 6 个元组则保存了第 1 列的各类控件。其中的数字 1 为采用 1 的比例跟随缩放，而 wx.EXPAND 则设置该组件可以填满网格。由于设置了第 5 行和第 1 列为可扩展的行和列，所以可以看到右侧的伸缩效果。

图 10-9 中使用了一些之前尚未接触的基础性控件，包括组合框和列表框，以下分别加以介绍。

1. 组合框(ComboBox)

组合框用来实现从固定的多个选项中选择一个的控件，单击下拉箭头时可以弹出所有选项。组合框的构造方法如下：

```
wx.ComboBox(parent, id=ID_ANY, value="", pos=DefaultPosition,
        size=DefaultSize, choices=[], style=0, validator=DefaultValidator,
```

```
name=ComboBoxNameStr)
```

其中的 choices 列表为组合框的元素列表，value 为组合框的初始设定值，样式 style 的取值为普通的下拉框 wx.CB_DROPDOWN、只读下拉框 wx.CB_READONLY 和排序的下拉框 wx.CB_SORT。

组合框对象关联的事件为 wx. EVT_ COMBOBOX，可以用来设置选取事件，完成选择后可以从事件的 GetString()方法获得选项的文本，从 GetSelection()方法获得选项的索引值。

2．列表框(ListBox)

列表框用来放置多个让用户进行选择的元素，允许用户进行单选或者多选。列表框的构造方法如下：

```
wx. ListBox(parent, id=ID_ANY, pos=DefaultPosition, size=DefaultSize,
        choices=[], style=0, validator=DefaultValidator, name=ListBoxNameStr)
```

具体参数与之前介绍的控件基本一致，其中的样式 style 如表 10-6 所示。其中若需要将列表框设置为单选列表，需要使用 wx.LB_SINGLE 的样式参数，wx.LB_MULTIPLE 和 wx.LB_EXTENDED 都可以表示多选，如果需要多个特征组合使用，可以利用或“|”符号。如 style=wx.LB_EXTENDED | wx.LB_SORT，表示多选同时排序的列表。

表 10-6　列表框常用样式

样　式	说　　明
wx.LB_SINGLE	设置为单选
wx.LB_MULTIPLE	多选列表
wx.LB_EXTENDED	可以使用 SHIFT 或 CTRL 键与鼠标配合选择多个元素
wx.LB_HSCROLL	如果内容太宽，可创建水平滚动条
wx.LB_ALWAYS_SB	始终显示垂直滚动条
wx.LB_NEEDED_SB	仅在需要时才创建垂直滚动条
wx.LB_SORT	列表框内容按字母顺序排序

列表框常用的方法如表 10-7 所示。其中 GetSelection()用于返回单选列表的选项索引，GetSelections()用于多选列表的选项索引列表。

表 10-7　列表框常用方法

样　式	说　　明
FindString(string, caseSensitive=False)	搜索指定元素的索引，若没找到返回 wx.NOT_FOUND
GetCount()	返回列表框中元素的个数
GetSelection()	返回当前选项的索引，仅对单选列表有效
GetSelections()	返回所有已选条目索引的列表
GetString(index)	返回指定索引的元素文本
IsSelected(index)	返回指定索引的元素的选择状态
Deselect(index)	用于多项列表，取消索引位置条目的选中状态
SetSelection(index)	设置指定索引元素的选择状态
SetString(index, string)	设置指定索引的元素文本

具体的用法参见例 10-8 所示，其中演示了组合框和列表框的创建与事件处理方法，程序运行后会展示出如图 10-9 的窗口，也可以在 IDLE 的控制台观察点选组合框和列表框时的输出结果。

【例 10-8】 采用灵活网格布局的员工信息窗口设计。程序设计如下：

```
import wx
class mainFrame(wx.Frame):
    def _init_(self, parent, title):
        super(mainFrame, self)._init_(parent, title=title, size=(500,540))
        self.InitUI()
        self.Centre()
        self.Show()
    def InitUI(self):
        panel = wx.Panel(self)
        hbox = wx.BoxSizer(wx.HORIZONTAL)
        fgs = wx.FlexGridSizer(6, 2, 10,10)
        title = wx.StaticText(panel, label="姓名")
        author = wx.StaticText(panel, label="职务")
        education = wx.StaticText(panel, label="学历")
        department = wx.StaticText(panel, label="部门")
        hobbies = wx.StaticText(panel, label="爱好")
        review = wx.StaticText(panel, label="简历")
        tc1 = wx.TextCtrl(panel)
        tc2 = wx.TextCtrl(panel)
        tc3 = wx.TextCtrl(panel, style=wx.TE_MULTILINE)
        list1 = ['高中','大专','本科','研究生']
        cb = wx.ComboBox(panel, value='本科', choices=list1)
        self.Bind(wx.EVT_COMBOBOX, self.on_combobox, cb)
        list2 = ['技术','开发','销售','财务']
        lb1 = wx.ListBox(panel, -1, choices=list2, style=wx.LB_SINGLE)          #单选
        self.Bind(wx.EVT_LISTBOX, self.on_list1, lb1)
        list3=['足球','篮球','乒乓球','羽毛球','音乐','美术','书法']
        lb2=wx.ListBox(panel, choices=list3, style=wx.LB_EXTENDED | wx.LB_SORT)
                                                                        #多选并且排序
        self.Bind(wx.EVT_LISTBOX, self.on_list2,lb2)
        textFont = wx.Font(11, wx.DEFAULT, wx.NORMAL, wx.NORMAL, False)
        lb1.SetFont(textFont)
        lb2.SetFont(textFont)
        fgs.AddMany([(title), (tc1, 1, wx.EXPAND), (author), (tc2, 1, wx.EXPAND),
            (education), (cb, 1, wx.EXPAND),(department), (lb1, 1, wx.EXPAND),
```

```
            (hobbies), (lb2, 1, wx.EXPAND), (review), (tc3, 1, wx.EXPAND)])
        fgs.AddGrowableRow(5, 1)
        fgs.AddGrowableCol(1, 1)
        hbox.Add(fgs, proportion = 2, flag = wx.ALL|wx.EXPAND, border = 15)
        panel.SetSizer(hbox)
    def on_combobox(self,event):
        print("选择{0}，{1}".format(event.GetString(),event.GetSelection()))
        xb = event.GetEventObject()
        print(xb.GetCurrentSelection())
    def on_list1(self, event):
        print("选择{0}，{1}".format(event.GetString(),event.GetSelection()))
        listbox=event.GetEventObject()
        print('listbox1:'+str(listbox.GetSelection()))              #单选要用 GetSelection()取值
    def on_list2(self, event):
        listbox2 = event.GetEventObject()
        print('listbox2:' + str(listbox2.GetSelections()))          #多选用 GetSelections()取值
if _name_ == "_main_":
    app = wx.App()
    mainFrame(None, title = '员工信息')
    app.MainLoop()
```

10.3.5 网格包布局

网格包布局(GridBag Sizer)是另外一种能够灵活安排网格的布局方式。它不需要设定网格的数量，可以直接在 Add()方法中指定所添加的网格单元位置及其高度与宽度，由网格包自动计算行和列的总网格数量。具体用法如下所示：

```
wx.GridBagSizer(vgap,hgap)
wx.GridbagSizer().Add(control, pos, span=(1,1), flags, border)
```

若不指定 span，会默认新添加的控件长宽都占用一个网格，若指定了 span 参数，如以下所示：

```
sizer.Add(tc, pos = (0, 1), span = (1, 2), flag = wx.EXPAND|wx.ALL, border = 5)
```

则表示在网格(0,1)的位置上建立控件，且控件的高度占用 1 个网格(1 行)，宽度占用 2 个网格(2 列)。

此外，网格包布局也具有灵活网格布局所具有的 AddGrowableRow(idx, proportion=0)和 AddGrowableCol(idx, proportion=0)等方法，如有需要可以使用。

下面使用复杂列表控件 wx.ListCtrl 建立一个表格，并演示其在网格包布局之中的使用。

相比于列表框(wx.ListBox)，复杂列表(wx.ListCtrl)是一个增强的更为复杂的列表控件。列表框只能显示一列，而复杂列表可以包含多列。复杂列表的创建方式如下：

```
wx.ListCtrl(parent, id=ID_ANY, pos=DefaultPosition, size=DefaultSize,
    style=wx.LC_ICON, validator=DefaultValidator, name=ListCtrlNameStr)
```

复杂列表控件支持的样式如表 10-8 所示。

表 10-8　复杂列表框常用样式

样　式	说　　明
wx.LC_LIST	多列列表视图，带有可选的小图标。列自动计算
wx.LC_REPORT	单或多列报表视图，带有可选标头
wx.LC_ICON	大图标视图，带有可选标签
wx.LC_SMALL_ICON	小图标视图，带有可选标签
wx.LC_ALIGN_LEFT	图标左对齐
wx.LC_EDIT_LABELS	标签是可编辑的 - 编辑开始时将通知应用程序
wx.LC_NO_HEADER	报告模式下没有标题
wx.LC_SORT_ASCENDING	按升序排序
wx.LC_SORT_DESCENDING	按降序排序
wx.LC_HRULES	在报告模式下在行之间绘制浅水平规则
wx.LC_VRULES	在报告模式下在列之间绘制浅垂直规则

创建复杂列表实例以后，要想在列表中添加数据，首先添加标题行，如下所示：

```
self.lst.InsertColumn(0, '学期', width = 100)
self.lst.InsertColumn(1, '100 米跑', wx.LIST_FORMAT_RIGHT, 100)
self.lst.InsertColumn(2, '50 米跑', wx.LIST_FORMAT_RIGHT, 100)
```

此处建立了一个具有 3 列的复杂列表。要为列表添加数据，需要建立其数据，将元素为 3 个的元组放置到一个列表中，就构成了复杂列表的每一行数据。以下通过循环将这些数据插入列表：

```
data = [('2019-I', '12.3', '7.3'), ('2018-I', '13.4', '7.5'), ('2018-II', '14.1', '8.2'),
    ('2017-II', '13.6', '7.8'), ('2017-II', '12.9', '7.9')]
for i in data:
    idx = self.lst.InsertItem(0, i[0])
    self.lst.SetItem(idx, 1, i[1])
    self.lst.SetItem(idx, 2, i[2])
```

新行是以 InsertItem(index, item)方法来创建的，其中 index 为数据项的索引，可以自定义，其返回值为行号的索引，后续在同一行内添加数据项是采用 SetItem(index, item)进行的。例 10-9 给出了完整的程序样例。

【例 10-9】 采用网格包布局的学生体侧表窗口。程序代码如下：

```
import wx
data = [('2019-I', '12.3', '7.3'), ('2018-I', '13.4', '7.5'),('2018-II', '14.1', '8.2'),
        ('2017-II', '13.6', '7.8'), ('2017-II', '12.9', '7.9')]
class mainFrame(wx.Frame):
    def _init_(self, parent, title):
        super(mainFrame, self)._init_(parent, title = title)
        self.InitUI()
```

```
        self.Centre()
        self.Show()
    def InitUI(self):
        panel = self                          #此处并未新建面板，直接将其设置为 wx.Frame
        hbox = wx.BoxSizer(wx.HORIZONTAL)
        sizer = wx.GridBagSizer(0,0)
        text = wx.StaticText(panel, label = "姓名")
        sizer.Add(text, pos = (0, 0), flag = wx.ALL, border = 5)
        tc = wx.TextCtrl(panel)
        tc.AppendText('张三')
        sizer.Add(tc, pos = (0, 1), span = (1, 2), flag = wx.EXPAND|wx.ALL, border = 5)
        text2 = wx.StaticText(panel,label = "身高")
        sizer.Add(text2, pos = (1, 0), flag = wx.ALL, border = 5)
        tc2 = wx.TextCtrl(panel)
        sizer.Add(tc2, pos = (1,1), flag = wx.ALL, border = 5)
        tc2.AppendText(str(170))
        text3 = wx.StaticText(panel,label = "体重")
        sizer.Add(text3, pos = (1, 2), flag = wx.ALIGN_CENTER|wx.ALL, border = 5)
        tc3 = wx.TextCtrl(panel)
        sizer.Add(tc3, pos = (1,3),flag = wx.EXPAND|wx.ALL, border = 5)
        tc3.AppendText(str(65))
        self.lst = wx.ListCtrl(panel, -1, style = wx.LC_REPORT)
        self.lst.InsertColumn(0, '学期', width = 100)
        self.lst.InsertColumn(1, '100 米跑', wx.LIST_FORMAT_RIGHT, 100)
        self.lst.InsertColumn(2, '50 米跑', wx.LIST_FORMAT_RIGHT, 100)
        for i in data:
            idx = self.lst.InsertItem(0, i[0])
            self.lst.SetItem(idx, 1, i[1])
            self.lst.SetItem(idx, 2, i[2])
        sizer.Add(self.lst,pos = (2,0), span = (5, 4), flag = wx.EXPAND|wx.ALL, border = 5)
        hbox.Add(sizer, proportion = 1, flag = wx.ALL|wx.EXPAND, border = 15)
        panel.SetSizerAndFit(hbox)
if _name_ == '_main_':
    app = wx.App()
    mainFrame(None, title = '学生体测表')
    app.MainLoop()
```

程序运行结果如图 10-10 所示，可以看到其中 5 行 3 列数据，外加一行标题行。

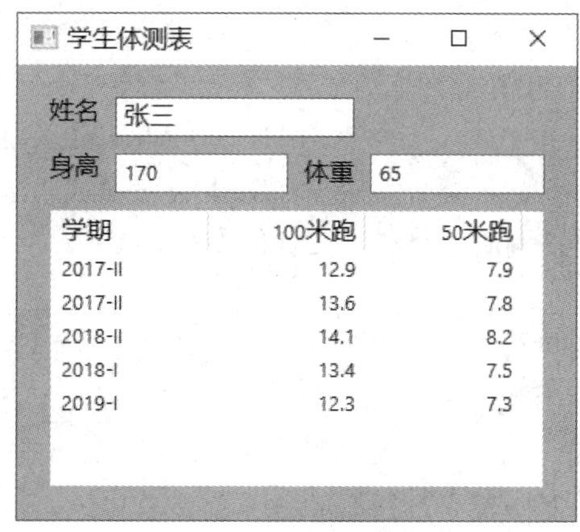

图 10-10　学生体测窗口

本章小结

wxPython 是跨平台的 GUI 模块，提供了健全的图形界面编程组件。其编程的基础是采用框架类 wx.Frame 来作为基本容器，形成主窗体。而进一步的 GUI 程序设计方法学习可以沿着两条主线进行，一是事件与事件驱动的程序设计方法，二是窗口布局的设计。

事件是计算机内特点状态变化的描述，事件机制是 GUI 程序设计的灵魂。只要能够把握住程序运行过程中的事件，进行事件的绑定和事件处理函数的编写，就相当于把握住了 GUI 程序设计的脉络，可以充分调动各类控件、窗体和容器，解决程序设计过程中的各类问题。程序运行中事件本身客观存在，然而必须结合业务需要捕获出相关的事件，充分理解和运用事件处理流程，才能够更好地了解控件、容器与事件源及事件处理函数之间的关系，从而完成各类 GUI 处理逻辑的编写。

窗口布局设计是用户界面设计中至关重要的一环，良好的窗口布局能够减轻程序设计的复杂度，同时获得更好的界面效果。对于布局管理，本章介绍了静态布局、线性布局、网格布局(Grid Sizer)、灵活网格布局(FlexGrid Sizer)、网格包布局(GridBag Sizer)等几种常见的布局。静态布局经常出现在一些程序或 GUI 程序设计示例之中，然而静态布局由于其无法适应窗口的变化，在实际应用中应以线性布局、灵活网格布局等各类动态布局为主进行设计。

本章还讲解了面板、按钮、静态文本标签、文本框、菜单栏、工具栏、状态栏、单选按钮、单选按钮分组、复选框、组合框、列表框、复杂列表等多种窗口设计元素的设计和常用使用方法。

习题

一、单选题

1. wx.EVT_BUTTON 事件属于(　　　)的子类。

A. wx.CommandEvent　　　　B. wx.MouseEvent

C. wx.KeyEvent　　D. 以上都不是

2. wx.EVT_LEFT_DCLICK 事件属于(　　)。

A. wx.CommandEvent　　B. wx.MouseEvent

C. wx.KeyEvent　　D. 以上都不是

3. 完成事件处理后如果调用了事件的 Skip()方法，则(　　)。

A. 完成事件的处理

B. 跳过下一条语句的执行

C. 继续查找事件处理函数

D. 停止查找当前对象，在上一级容器中继续查找函数

4. 鼠标事件应采取以下哪种事件捆绑机制？(　　)

A. 容器与控件的相关联的捆绑　　B. 捆绑于具体的控件

C. 捆绑于具体的容器　　D. 捆绑于系统处理函数

5. 以下哪种布局是可以提供对 AddGrowableRow()方法的支持？(　　)

A. 静态布局　　B. 线性布局　　C. 网格布局　　D. 灵活网格布局

6. 以下哪种布局具有方向性，可以分为水平向和垂直向的布局两种。(　　)

A. 静态布局　　B. 线性布局　　C. 网格布局　　D. 灵活网格布局

7. 现有一个水平方向的布局，利用 Add()方法为其子布局添加 20 个像素的空白间隙，以下哪个写法可以实现这个效果？(　　)

A. Add((-1, 20))　　B. Add(1, -20)　　C. Add(20, -20)　　D. Add(-20, 20)

二、填空题

1. GUI 程序采用________方法发起消息循环，这样框架才能接收并处理事件。

2. 建立 GUI 的窗体时，应继承________派生出程序框架的子类。

3. 事件处理是 wxPython 程序工作的基本机制，其中________是各类事件的父类。

4. 如果窗口中每个控件的位置需要在程序中指出其绝对位置，这样的布局称为________。

三、程序题

1. 运行程序，显示如图 10-11 所示窗口，用户输入一个数字，程序计算其是否为素数，并分别显示“Yes”或“No”。

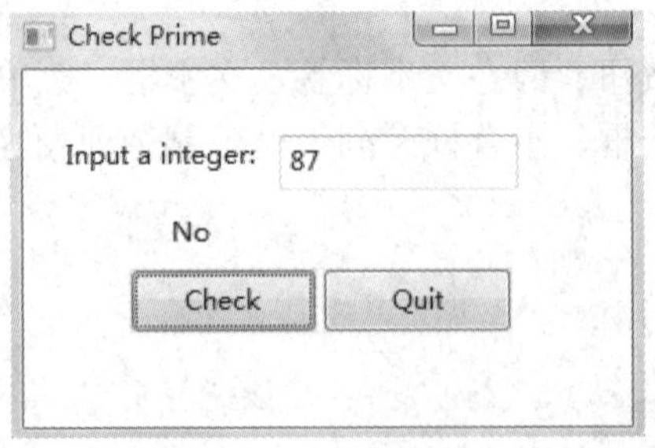

图 10-11　习题 1 插图

2．实现用户登录界面，窗口显示如图 10-12 所示的内容。当用户名输入“admin”密码为“123456”时，跳出登录成功的窗口，否则弹出登录失败的窗口。

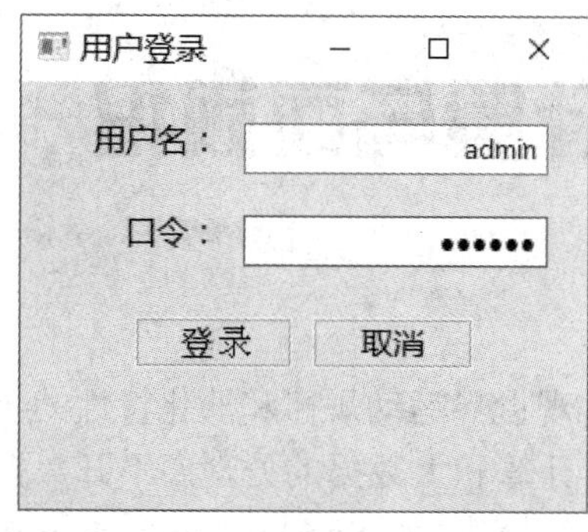

(a) 登录

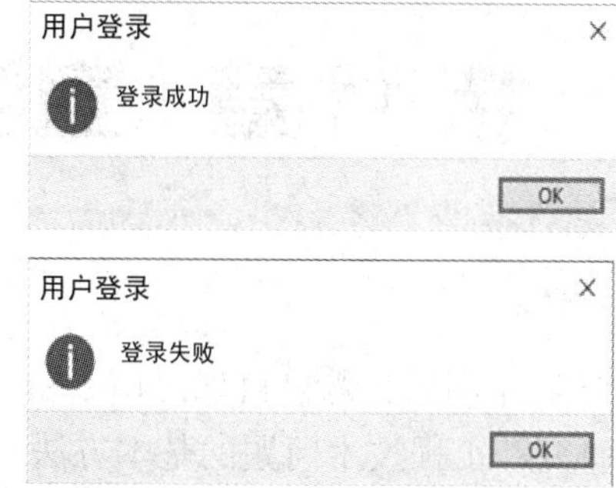

(b) 成功与失败窗口

图 10-12　习题 2 插图

3. 设计一个学生信息录入的界面，如图 10-13 所示。

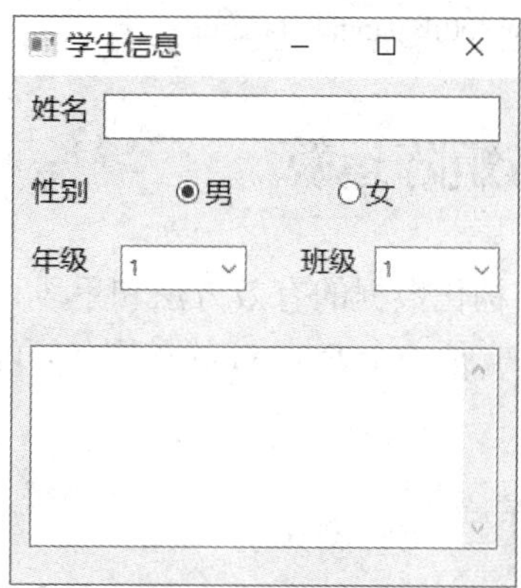

图 10-13　习题 3 插图

第 11 章　科学计算与可视化

科学计算是利用计算机再现、预测和发现客观世界运动规律和演化特性的全过程，是解决科学研究和工程技术问题的基本方法。科学计算和大数据的处理离不开数据可视化。Python 提供了丰富的科学计算与可视化技术的功能模块，如 NumPy、SciPy、SymPy、pandas、Matplotlib、Traits、TraitsUI、Chaco、TVTK、Mayavi、OpenCV 等。本章侧重于选取其中的基础方法和工具，为各类科学与工程技术领域的数据处理提供入门性的知识。本章使用的各类软件包可以在命令行窗口用以下命令一次性安装：

```
pip install numpy scipy matplotlib pandas statistics
```

11.1　数组与矩阵运算

数组和矩阵是处理海量结构化数据的有效方法和手段，也是进行各类计算与分析必不可少的基础性数据结构。NumPy 是一个 Python 的扩展包，可以为数组和矩阵的运算提供良好的支持。

11.1.1　列表、数组和矩阵

列表和元组是 Python 的常见序列类型，在之前的例子中，常常使用这两种数据类型保存数组类型的数据。例如：

一维数组　list1 = [1, 2, 3, 'a']

二维数组　tuple1 = ([1, 2, 3], [4, 5, 6], [7, 8, 9])

事实上，列表(list)中的数据类型不必相同，其中保存的实际上是地址，而非数据本身，例如以上 list1 中需要 4 个指针和四个数据，因此列表类型数据的处理效率并不高。更重要的是，由于列表中的数据类型可以不同，对于列表自身的操作主要是以元素的添加和删除为主，如 append()方法可以添加元素，列表还支持用加法+和乘法*的方式来添加元素。例如：

```
>>> list1+[1,2]
[1, 2, 3, 'a', 1, 2]
```

```
>>> list1*2
[1, 2, 3, 'a', 1, 2, 3, 'a']
```

因此列表并不能提供数学意义上的数组元素之间的四则运算。

NumPy 模块中提供了真正的数组实现，称为多维数组对象，即 ndarray(n-dimensional array)。ndarray 会将所有元素转化为同一种类型，该对象可以接收各类序列类型的数据，并将其转化为数组。

ndarray 数组中的维度(dimensions)又称为轴(axis)。例如，二维数组相当于是两个一维数组，其中第一个一维数组中每个元素又是一个一维数组，所以一维数组就是 ndarray 中的轴，第一个轴(即第 0 轴)相当于是底层数组，第二个轴(即第 1 轴)是底层数组里的数组。因此，若 axis=0，表示沿着第 0 轴进行操作，即对每一列进行操作；若 axis=1，表示沿着第 1 轴进行操作，即对每一行进行操作。ndarray 数组的维数又称为秩(rank)，一维数组的秩为 1，二维数组的秩为 2，依此类推。因此秩的数量也就是轴的个数。要创建 ndarray 数组，采用 numpy.array()方法，一般采用如下的方式：

```
>>> import numpy as np
>>> a1 = np.array((1,2,3,4))
>>> a2 = np.array(([1,2,3,4],[5,6,7,8],[9,10,11,12]))
>>> a1
array([1, 2, 3, 4])
>>> a2
array([[1, 2, 3, 4],
       [5, 6, 7, 8],
       [9, 10, 11, 12]])
```

在以上示例中的 a2 对象是一个 3×4 数组，可以看成由 3 个一维数组构成，每个一维数组包含 4 个元素。如图 11-1 所示，数组的第 0 轴对应着第一维，第 1 轴对应着第二维，数组的秩为 2，维度为(3,4)的形状，元素总个数为 12。表 11-1 列出了 ndarray 数组对象的基本属性，以下再针对例子可以对照其实际的取值。

表 11-1　ndarray 数组对象的基本属性

属　性	说　　明
.ndim	数组的秩，即轴的数量或维度的数量
.shape	数组的维度，表示数组在每个维度上的元素个数，例如二维数组中纬度即表示行数和列数
.size	数组元素总个数，为 shape 属性中元组元素的乘积
.dtype	数组元素的数据类型
.itemsize	数组元素占用的字节数
.data	包含数组元素的内存区域

示例代码如下：

```
>>> a2.ndim
2
>>> a2.shape
(3, 4)
>>> a2.size
12
>>> a2.dtype
dtype('int32')
>>> a2.itemsize
4
>>> a2.data
<memory at 0x00000235D2472048>
```

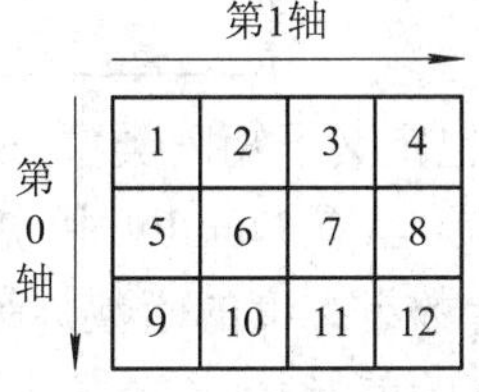

图 11-1　4×3 数组的两个轴

通过 dtype 属性，可以看到其元素的数据类型为 int32，占用 4 个字节，在 Python 中仅定义了 int 类型，并没有更细致的定义。NumPy 扩展了数据类型的定义，如表 11-2 所示，其中定义的常见常量如表 11-3 所示。

表 11-2　NumPy 支持的数据类型

类　型	类型代码	说　　明
int8、uint8	i1、u1	有符号和无符号的 8 位(1 个字节)整型
int16、uint16	i2、u2	有符号和无符号的 16 位(2 个字节)整型
int32、uint32	i4、u4	有符号和无符号的 32 位(4 个字节)整型
int64、uint64	i8、u8	有符号和无符号的 64 位(8 个字节)整型
float16	f2	半精度浮点数，16 位
float32	f4 或 f	标准的单精度浮点数，32 位
float64 或 float	f8 或 g	标准的双精度浮点数，64 位
complex64	c8	用两个 32 位浮点数表示实部和虚部
complex128 或 complex	c16	用两个 64 位浮点数表示实部和虚部
bool	?	存储 True 和 False 的值的布尔类型
object	o	Python 对象类型
string	s	字符串类型
unicode	u	unicode 类型

表 11-3　NumPy 中常见的常量

常　量	说 明
inf, Inf, Infinity, infty, PINF	正无穷
NINF	负无穷
PZERO	正零
NZERO	负零
NAN, NaN, nan	非数值
e	自然常数 e
pi	π

NumPy 也定义了矩阵类型(matrix)，矩阵是一种 2 维的特殊数组，是多维数组(ndarray)的一个特例。因此，在 NumPy 中，矩阵被定义为数组的子类，具有很多数组的特性。np.shape()是一个可查看数组维度的函数，等同于数组的 shape()方法，通过以下示例来观察列表、数组和矩阵维度的差异：

```
>>> import numpy as np
>>> lst = [1,2,3,4]
>>> np.shape(lst)
(4,)
>>> a1 = np.array(lst)
>>> np.shape(a1)
(4,)
>>> a2 = np.array(([1,2,3,4],[5,6,7,8]))
>>> np.shape(a2)
(2, 4)
>>> a3 = np.matrix([1,2,3,4])
>>> np.shape(a3)
```

```
(1, 4)
>>> a3
matrix([[1, 2, 3, 4]])
>>> a4 = np.matrix(([1,2,3,4],[5,6,7,8]))
>>> np.shape(a4)
(2, 4)
>>> a4
matrix([[1, 2, 3, 4],
        [5, 6, 7, 8]])
```

可见，矩阵对数据的处理与数组有细微的差别，数组中允许单维度的数据，而矩阵中所有的数据均被处理为双维度，当输入为列表数据时，其处理方式是行数为 1、列数为列表元素个数的矩阵。

11.1.2 数组与标量的算术运算

算术运算是以数组或矩阵为基础的线性代数中最为常见的计算形式。NumPy 的数组和矩阵在算术运算中的使用与数学定义基本一致。

在进行运算以前，首先详细看一下 numpy.array()方法的详细用法：

```
numpy.array(object, dtype=None, copy=True, order='K', subok=False, ndmin=0)
```

其中 object 为待转换的数据；dtype 为数据类型；copy 默认为 True，会复制一个单独的对象副本；order 指定阵列的内存布局，其中 C 按行、F 按列、A 按原顺序、K 按元素在内存中出现的顺序；subok 当输入为矩阵时有效，表示返回的数组是否为子类，默认为 False 表示采用基类，即数组，若为 True，则优先选择子类，一般为矩阵；ndmin 为数组的最小维度。

以下在具体的算术运算实例中进一步观察各种数组初始化参数的使用情况。首先观察加减运算，注意其数据类型的变化。代码如下：

```
>>> import numpy as np
>>> a = (1, 2, 3)
>>> b = np.array(a, dtype=np.float)
>>> b
array([1., 2., 3.])
>>> b.dtype
dtype('float64')
>>> type(b[0])
<class 'numpy.float64'>
>>> c = np.array(a)
>>> c
array([1, 2, 3])
>>> d = c+1
>>> d
array([2, 3, 4])
>>> d-1.0
array([1., 2., 3.])
```

下面进行乘除的运算，同时利用 copy 参数控制是否建立数组的副本：

```
>>> a = np.array([1,2,3,4,5] , dtype=np.float)
>>> b = np.array(a)
>>> c = np.array(a, copy=False)
>>> b[0] = 0
>>> b[1] = b[1]/0.
>>> b
array([ 0., inf,   3.,   4.,   5.])
>>> a   #由于 b 已建立副本，a 未发生改变
array([1., 2., 3., 4., 5.])
>>> c[0] = 0
>>> a   #由于 c 未建立单独副本，a 已改变
array([0, 2, 3, 4, 5])
>>> c
array([0, 2, 3, 4, 5])
>>> c = c/2
>>> c   #进行了 c 的赋值相当于建立了副本
array([0. , 1. , 1.5, 2. , 2.5])
>>> a   #可以看到 a 并未随着 c 而改变
array([0., 2., 3., 4., 5.])
```

可见，当单独对数组元素进行操作时，并未改变数组本身，而一旦进行了数组本身的赋值操作，也就默认建立了新的副本。

下面看一下数组和矩阵同时存在时的情况：

```
>>> d = np.array([1,2,3,4,5], ndmin=2)
>>> d
array([[1, 2, 3, 4, 5]])
>>> d*2
array([[ 2,  4,  6,  8, 10]])
>>> e = np.matrix('1 2 3; 4 5 6; 7 8 9')
#适用于矩阵的初始化方法
>>> e
matrix([[1, 2, 3],
        [4, 5, 6],
        [7, 8, 9]])
>>> e1 = np.array(e, subok=True)
>>> e2 = np.array(e, subok=False)
>>> e1      #允许子类，因此为矩阵
matrix([[1, 2, 3],
        [4, 5, 6],
        [7, 8, 9]])
>>> e2   #不允许子类，因此为数组
array([[1, 2, 3],
       [4, 5, 6],
       [7, 8, 9]])
>>> (e1-1)*2
matrix([[ 0,  2,  4],
        [ 6,  8, 10],
        [12, 14, 16]])
>>> e2*2
array([[ 2,  4,  6],
       [ 8, 10, 12],
       [14, 16, 18]])
```

11.1.3 数组与数组的运算

在进行数组运算之前，首先要初始化一些指定形状的多维数组。初始化指定维度的数组，可以采用如表 11-4 所示的一些方法。

表 11-4 NumPy 中初始化指定维度数组的函数

NumPy 函 数	说　明
empty(shape, dtype=float, order='C')	依据指定维度创建未初始化的数组
empty_like(a, dtype=None, order='K', subok=True)	依据数组 a 的维度创建未初始化的数组
zeros(shape, dtype=float, order='C')	依据指定维度创建以 0 填充的数组
zeros_like(a, dtype=None, order='K', subok=True)	依据数组 a 的维度创建以 0 填充的数组
ones(shape, dtype=float, order='C')	依据指定维度创建以 1 填充的数组
ones_like(a, dtype=None, order='K', subok=True)	依据数组 a 的维度创建以 1 填充的数组
full(a, fill_value, dtype=None, order='K', subok=True)	依据指定维度创建依据指定值填充的数组
full_like(shape, fill_value, dtype=None, order='K', subok=True)	依据数组 a 的维度创建以给定值填充的数组
eye(n, m=None, k=0, dtype=float)	返回对角线为 1，其余位置均为 0 的数组，n 为行数，m 为列数，若 m 为 None 则返回方阵，k=0 为主对角线，k 为正整数，指从第 k 个值开始的右上对角线；k 为负整数，指从第-k 个值开始的左下对角线

续表

NumPy 函 数	说　　明
identity(n, dtype=None)	创建单位数组，主对角线上为 1 而其余位置为 0 的方阵
copy(a, order='K')	创建数组 a 的浅复制数组
reshape(a, shape, order='C')或 数组.reshape(shape)	返回改变数组的维度后的数组，在各维度允许其中一个为-1，表示长度由系统确定
resize(shape)	改变当前数组，依 shape 生成
flatten()	对数组展平成一维
swapaxes(ax1, ax2)	将两个维度调换
arange(start, stop, step, dtype=None)	创建一个起始值为 start，终止值为 stop，步长为 step 的等差数列
linspace(start, stop, num=50, endpoint=True, retstep=False, dtype=None)	创建一个起始值为 start，终止值为 stop，等分个数为 num 的等差数列数组，若 endpoint 为 True 则可取到区间终止值，retstep 为 True，返回由生成的数组和步长构成的元组；否则只返回生成的数组
logspace(start, stop, num=50, endpoint=True, base=10.0, dtype=None)	获取 start 和 stop 之间 num 个按照对数等分的等差数列数组，底数为 base
geomspace(start, stop, num=50, endpoint=True, dtype=None)	获取 start 和 stop 之间 num 个按照指数等分的等差数列数组
fromstring(string, dtype=float, count=-1, sep='')	从字符串中读取数据，并将其转换为一维数组
fromiter(iterable, dtype, count=-1)	从可迭代对象中读取数据，并将其转换为一维数组

1. 数组之间的算术运算

数组之间进行算术运算时，主要是对应的元素之间直接进行运算，因此应保证参与运算的两个数组维度之间有对应性。在以下例子中，数组 a 和数组 b 具有相同的维度，数组 c 与其维度不同，但 c 的长度与 a 的列数相同，可以进行元素间的算术运算。示例代码如下：

```
>>> import numpy as np
>>> a = np.array([[1,2,3],[4,5,6]])
>>> b = np.ones((2,3), int)*2
>>> a
array([[1, 2, 3],
       [4, 5, 6]])
>>> b
array([[2, 2, 2],
       [2, 2, 2]])
>>> a+b
array([[3, 4, 5],
       [6, 7, 8]])
>>> a-b
array([[-1,  0,  1],
       [ 2,  3,  4]])
>>> a*b
array([[ 2,  4,  6],
       [ 8, 10, 12]])
>>> a/b
array([[0.5, 1. , 1.5],
       [2. , 2.5, 3. ]])
```

2. 数组变换

数组是数据的集合，在进行数组运算时，经常会不可避免地根据需要进行数组变换，涉及数组转置和维度变换。数组对象的 .T 属性可以直接提供转置的数组，而数组的维度变换可以采用 np.reshape()函数，如下例所示：

```
>>> a = np.array(([1,2,3],[4,5,6],[7,8,9]))
>>> a
array([[1, 2, 3],
       [4, 5, 6],
       [7, 8, 9]])
>>> a.T
array([[1, 4, 7],
       [2, 5, 8],
       [3, 6, 9]])
>>> b = np.eye(3, 4, dtype=int)
>>> b
array([[1, 0, 0, 0],
       [0, 1, 0, 0],
       [0, 0, 1, 0]])
>>> b.T
array([[1, 0, 0],
       [0, 1, 0],
       [0, 0, 1],
       [0, 0, 0]])
>>> b.reshape(4,3)
array([[1, 0, 0],
       [0, 0, 1],
       [0, 0, 0],
       [0, 1, 0]])
```

对于秩为 2 的数组，转置变换与轴变换的作用相同，如下所示 b.swapaxes(0,1)的结果与 b.T 完全相同，而对于三维数组，其转置的结果相当于 swapaxes(0,2)：

```
>>> b.swapaxes(0,1)
array([[1, 0, 0],
       [0, 1, 0],
       [0, 0, 1],
       [0, 0, 0]])
>>> c = np.arange(16).reshape(2,2,4)
>>> c
array([[[ 0,  1,  2,  3],
        [ 4,  5,  6,  7]],
       [[ 8,  9, 10, 11],
        [12, 13, 14, 15]]])
>>> c.T
array([[[ 0,  8],
        [ 4, 12]],
       [[ 1,  9],
        [ 5, 13]],
       [[ 2, 10],
        [ 6, 14]],
       [[ 3, 11],
        [ 7, 15]]])
>>> c.swapaxes(0,2)
array([[[ 0,  8],
        [ 4, 12]],
       [[ 1,  9],
        [ 5, 13]],
       [[ 2, 10],
        [ 6, 14]],
       [[ 3, 11],
        [ 7, 15]]])
```

3. 数组与矩阵的点积

一维数组的点积是两个数组的内积，二维数组的点积运算与矩阵乘积一致，或者说矩阵的乘法就相当于点积。进行点积运算可以使用 np.dot(a, b)函数，也可以使用 a.dot(b)的方式来求数组 a 与数组 b 之间的点积。需要指出的是，指数操作在数组中相当于两个数据之间的乘积，而矩阵的指数运算相当于点积。具体过程见以下示例：

```
>>> a = np.array([[1,2],[3,4]])
>>> b = np.array([[5,6],[7,8]])
>>> a
array([[1, 2],
       [3, 4]])
>>> b
array([[5, 6],
       [7, 8]])
>>> a*b
array([[ 5, 12],
       [21, 32]])
>>> a.dot(b)
array([[19, 22],
       [43, 50]])
>>> np.dot(a,b)
array([[19, 22],
       [43, 50]])
>>> np.dot(b,a)
array([[23, 34],
       [31, 46]])
>>> c = np.matrix(a)
>>> d = np.matrix(b)
>>> c
matrix([[1, 2],
        [3, 4]])
>>> d
matrix([[5, 6],
        [7, 8]])
>>> c*d
matrix([[19, 22],
        [43, 50]])
>>> d*c
matrix([[23, 34],
        [31, 46]])
>>> a**2  #数组的指数为对应元素相乘
array([[ 1,  4],
       [ 9, 16]], dtype=int32)
>>> c**2  #矩阵指数运算，此处为平方
matrix([[ 7, 10],
        [15, 22]])
>>> d**2        #矩阵的指数操作
matrix([[ 67,  78],
        [ 91, 106]])
>>> np.dot(c,c)  #点积与矩阵平方相同
matrix([[ 7, 10],
        [15, 22]])
>>> d.dot(d,d)
matrix([[ 67,  78], [ 91, 106]])
```

4. 数组的广播机制

进行算术运算时，如果两个数组的维度不同，原则上无法进行元素到元素的操作。为最大限度地支持数组的算术运算功能，NumPy 采取一种称为广播(Broadcasting)的机制，使得较小的数组能够自主扩充以适应较大数组的维度，使得两个数组具有相同的形状，从而能够进行对应元素之间的操作。通过广播，可以使得秩较小的数组进行扩展。如果两个数组在某一轴上的长度是相同的，或者其中一个数组在该轴上的长度为 1，则这两个数组在该轴上是相容的。如果两个数组在所有轴上都是相容的，它们就能进行广播。进行广播时，拥有较小秩的数组可以通过广播将相容的轴上的数据沿其他轴复制，以扩充为与拥有较大秩的数组相同的形状。

如以下数组中，a 数组在第 0 轴上有 2 个元素，在第 1 轴上有 3 个元素，b 数组在其第 0 轴上有 3 个元素，与 a 数组的第 1 轴长度相同。由于 b 数组只有 1 个轴，因此这相当于 a、b 两个数组在所有轴上都相容，可以利用广播机制进行算术运算。示例代码如下：

```
>>> a = np.array([[1,2,3],[4,5,6]])
>>> a
array([[1, 2, 3],
       [4, 5, 6]])
>>> b = np.full(3, 0.5)
>>> b
array([0.5, 0.5, 0.5])
>>> a+b
array([[1.5, 2.5, 3.5],
       [4.5, 5.5, 6.5]])
>>> a-b
array([[0.5, 1.5, 2.5],
       [3.5, 4.5, 5.5]])
>>> a*b
array([[0.5, 1. , 1.5],
       [2. , 2.5, 3. ]])
>>> a/b
array([[ 2.,  4.,  6.],
       [ 8., 10., 12.]])
```

若两个数组中有一个数组在某个轴上的长度为 1，则更易进行广播，如下例所示：

```
>>> a = np.arange(0,40,10)
>>> a
array([ 0, 10, 20, 30])
>>> b = a.reshape(-1,1)
>>> b
array([[ 0],
       [10],
       [20],
       [30]])
>>> a+b
array([[ 0, 10, 20, 30],
       [10, 20, 30, 40],
       [20, 30, 40, 50],
       [30, 40, 50, 60]])
>>> a-b
array([[  0,  10,  20,  30],
       [-10,   0,  10,  20],
       [-20, -10,   0,  10],
       [-30, -20, -10,   0]])
>>> a*b
array([[   0,   0,   0,   0],
       [   0, 100, 200, 300],
       [   0, 200, 400, 600],
       [   0, 300, 600, 900]])
```

数组与数组之间可以进行算术运算，而数组与元组和列表之间如果维度相匹配或广播相容，也可以直接进行算术运算。如下例所示：

```
>>> a = np.array([[1,2,3],[4,5,6]])
>>> b = [1,2,3]
>>> a*b
array([[ 1,  4,  9],
       [ 4, 10, 18]])
>>> a+b
array([[2, 4, 6],
       [5, 7, 9]])
>>> a-b
array([[0, 0, 0],
       [3, 3, 3]])
>>> a*b
array([[ 1,  4,  9],
       [ 4, 10, 18]])
>>> a/b
array([[1. , 1. , 1. ],
       [4. , 2.5, 2. ]])
>>> c = (2,3,4)
>>> c+a
array([[ 3,  5,  7],
       [ 6,  8, 10]])
>>> c-a
array([[ 1,  1,  1],
       [-2, -2, -2]])
>>> c*a
array([[ 2,  6, 12],
       [ 8, 15, 24]])
>>> c/a
array([[2.        , 1.5       , 1.33333333],
       [0.5       , 0.6       , 0.66666667]])
```

11.1.4 数组的切片与索引

1. 切片视图

序列结构中的切片操作同样适用于数组。NumPy 在进行切片时，不会复制数组内部数据，而是创建原数据的视图，以引用的方式访问数据。

若要获取某一轴的完整切片，可以在该轴上使用“:”或“...”。当切片的数量少于数组轴的数量时，缺少的维度索引被认为是一个完整切片，相当于省略了“:”或“...”。例如：

```
>>> import numpy as np
>>> a = np.linspace(0, 30, num=6)
>>> a
array([ 0.,   6., 12., 18., 24., 30.])
>>> a[1:6:2]
array([ 6., 18., 30.])
>>> a[3:]
array([18., 24., 30.])
>>> a[:3]
array([ 0.,   6., 12.])
>>> a = np.arange(9)+1
>>> a
array([1, 2, 3, 4, 5, 6, 7, 8, 9])
>>> a.reshape(-1,3)
array([[1, 2, 3],
       [4, 5, 6],
       [7, 8, 9]])
>>> a[1:]
array([2, 3, 4, 5, 6, 7, 8, 9])
>>> b = a.reshape(-1,3)
>>> b
array([[1, 2, 3],
       [4, 5, 6],
       [7, 8, 9]])
>>> b[1:]
array([[4, 5, 6],
       [7, 8, 9]])
>>> b[1:,1:]
array([[5, 6],
       [8, 9]])
>>> b[:,1:]
array([[2, 3],
       [5, 6],
       [8, 9]])
>>> b[...,1:]
array([[2, 3],
       [5, 6],
       [8, 9]])
```

2. 整数索引

一般情况下，数组的索引会采用整数。通过数组的索引方式，将返回数组内元素的副本，而不是创建视图。因此，相比于切片视图，索引数据的方式更具有通用性。如下例所示：

```
>>> a = np.logspace(0, 100, 10).reshape(5,2)
>>> a
array([[1.00000000e+000, 1.29154967e+011],
       [1.66810054e+022, 2.15443469e+033],
       [2.78255940e+044, 3.59381366e+055],
       [4.64158883e+066, 5.99484250e+077],
       [7.74263683e+088, 1.00000000e+100]])
>>> a[2]
array([2.78255940e+44, 3.59381366e+55])
>>> a[0,1]
129154966501.48827
>>> a[0][1]
129154966501.48827
>>> b = (np.arange(12)+1).reshape(2,2,3)
>>> b
array([[[ 1,   2,   3],
```

```
        [ 4,   5,   6]],
       [[ 7,   8,   9],
        [10, 11, 12]]])
>>> b[0]
array([[1, 2, 3],
       [4, 5, 6]])
>>> b[1,0]
array([7, 8, 9])
>>> b[0,0,1]
2
```

3. 以数组作为索引

以整数作为索引可以返回数组的元素，可能会对应一个子数组或数值。如果以数组作为索引，相当于多个整数索引结果的集合。如下例所示：

```
>>> a = np.identity(4)
>>> a
array([[1., 0., 0., 0.],
       [0., 1., 0., 0.],
       [0., 0., 1., 0.],
       [0., 0., 0., 1.]])
>>> i = np.fromstring('0,1,2', dtype=int, sep=',')
>>> i
array([0, 1, 2])
>>> a[i]
array([[1., 0., 0., 0.],
       [0., 1., 0., 0.],
       [0., 0., 1., 0.]])
>>> a[0, i]
array([1., 0., 0.])
```

也可以直接采用列表进行索引操作，其效果与数组作为索引的效果相同，例如下列程序代码：

```
>>> a = np.arange(16).reshape(4,4)
>>> a
array([[ 0,   1,   2,   3],
       [ 4,   5,   6,   7],
       [ 8,   9, 10, 11],
       [12, 13, 14, 15]])
>>> a[[0,1,3]]
array([[ 0,   1,   2,   3],
       [ 4,   5,   6,   7],
       [12, 13, 14, 15]])
>>> a[1, [1,2,3]]
array([5, 6, 7])
>>> a[2, [0,1]]
array([8, 9])
```

4. 布尔索引

一般的数组索引默认为整数索引，如果索引本身为布尔类型，则为数组的布尔索引。布尔数组用途十分广泛，如元素筛选、元素赋值等。例如：

```
>>> a = np.arange(8)
>>> a > 4
array([False, False, False, False, False, True,
True, True])
>>> a[a > 4]
array([5, 6, 7])
>>> (a > 4) & (a < 7)
array([False, False, False, False, False, True,
True, False])
>>> a[(a > 4) & (a < 7)] += 10
>>> a
array([ 0,   1,   2,   3,   4, 15, 16,   7])
>>> b = np.arange(6).reshape(2,3)
>>> b
array([[0, 1, 2],
       [3, 4, 5]])
>>> b > 2
array([[False, False, False],
       [ True,   True,   True]])
>>> b[b > 2]
array([3, 4, 5])
```

11.1.5　数组的函数运算

采用 NumPy 数组以后，数组的函数运算可以直接对数组中所有元素进行操作，而不必每次都利用程序对每个元素进行计算，往往具有更好的程序可读性和更快的运行效率。

1. 条件与分段函数

NumPy 中可以采用 where 函数进行数组元素的条件过滤，NumPy 中条件与分段的函数的用法如表 11-5 所示。

表 11-5　NumPy 中条件与分段的函数

NumPy 函 数	说　明
select(condlist, choicelist, default=0)	条件列表 condlist 与选择列表 choicelist 的长度相对应
where(condition)	常被用作条件索引，返回符合条件元素位置的元组
where(condition, x, y)	条件取值，为 True 时取值为 x，为 False 时取值为 y
piecewise(x, condlist, funclist)	分段函数，条件列表 condlist 与函数列表 funclist 的长度相对应

其中 where()一般用作数组的条件索引来使用，其他两个函数可以直接返回条件选取的结果数组。具体使用方法如下例所示：

```
>>> import numpy as np
>>> a = np.arange(10)
>>> a
array([0, 1, 2, 3, 4, 5, 6, 7, 8, 9])
>>> b = np.select([a<6], [a+10], default=20)
>>> b
array([10, 11, 12, 13, 14, 15, 20, 20, 20, 20])
>>> c = np.arange(6).reshape(2,3)
>>> c
array([[0, 1, 2],
       [3, 4, 5]])
>>> np.where(c>2)
(array([1, 1, 1], dtype=int64), array([0, 1, 2],
dtype=int64))
>>> c[np.where(c>2)]        #条件索引
array([3, 4, 5])
>>> np.where(b>2, 1, -1)
array([[-1, -1, -1],
       [ 1,  1,  1]])
>>> d = np.piecewise(c, [c<2, c>4], [-1,1])
>>> d
array([[-1, -1,  0],
       [ 0,  0,  1]])
```

piecewise()函数一般用作条件分段函数，其参数中有一个条件列表和一个函数列表，二者长度要求保持一致，每个条件对应一个运算函数。最简单的情况下，函数列表中的元素可以设置为常数，也可以使用 lambda 表达式来构成简单的函数编写形式。如以下所示：

```
>>> a = np.fromiter((x*x for x in range(10)), int)
>>> a
array([ 0,  1,  4,  9, 16, 25, 36, 49, 64, 81])
>>> b = np.piecewise(a, [a<10, a>30], [-1,1])
>>> b
array([-1, -1, -1, -1,  0,  0,  1,  1,  1,  1])
>>> c = np.piecewise(a, [a<10, a>30], [lambda x:x+100, lambda x:x*10])
>>> c
```

```
array([100, 101, 104, 109,    0,    0, 360, 490, 640, 810])
```

2. 通用函数

NumPy 中的通用函数(universal function)是能同时对数组中的所有元素进行运算的函数。表 11-6 中列出了常用的通用函数。

表 11-6　NumPy 中常用的通用函数

NumPy 函 数	说　明
abs(a)	取各元素的绝对值
sqrt(a)	计算各元素的平方根
square(a)	计算各元素的平方
log(a), log10(a), log2(a)	计算各元素的自然对数、10、2 为底的对数
ceil(a), floor(a)	计算各元素的 ceiling 值(向上取整)， floor 值(向下取整)
rint(a)	各元素四舍五入
modf(a)	将数组各元素的小数和整数部分以两个独立数组形式返回
exp(a)	计算各元素的指数值
sign(a)	计算各元素的符号值 1(+)，0，-1(-)
mod(a, b)	元素级的模运算
random.rand(d0, d1, …,dn)	各元素是[0, 1)的浮点数，服从均匀分布
random.randn(d0, d1, …,dn)	标准正态分布
random.randint(low, high,(shape))	依 shape 创建随机整数或整数数组，范围是[low, high)
random.seed(s)	随机数种子
random.shuffle(a)	根据数组 a 的第一轴进行随机排列，改变数组 a
sum(a, axis = None)	依给定轴 axis 计算数组 a 元素之和，axis 为整数或者元组
mean(a, axis = None)	依给定轴 axis 计算平均值
average(a, axis =None, weights=None)	依给定轴 axis 计算数组 a 相关元素的加权平均值
std(a, axis = None)	依给定轴 axis 计算标准差
var(a, axis = None)	依给定轴 axis 计算方差
min(a), max(a)	计算数组 a 的最小值和最大值
argmin(a), argmax(a)	计算数组 a 的最小、最大值的下标(注：是一维的下标)
unravel_index(index, shape)	根据 shape 将一维下标 index 转成多维下标
median(a)	计算数组 a 中元素的中位数(中值)
bincount(a)	计算整数数组元素的出现次数并将其放到对应与索引的数组中，其 bin 的数量为数组中最大值元素 n 再加 1
unique(a, return_index=False, return_inverse=False, return_counts=False, axis=None)	找出数组中唯一的元素所构成的数组，若指定了轴，则仅在此轴上判断唯一性

bincount()函数用于统计数组元素的数量，其 bin 的数量为数组中最大值元素 n 再加 1。然后在其中的每个 bin 内填充该 bin 索引数所对应的数组元素的数量。如下例所示，其中 x 的最大元素为 10，因此所建立的 bin 为 0～10 共 11 个，由于 0 的数量为 1，所以第 0 个位置为 1，1 的数量为 3，因此第 1 个位置的值为 3，依此类推。代码如下：

```
>>> x = np.array([0,1,1,3,2,1,10])
>>> y = np.bincount(x)
>>> y
array([1, 3, 1, 1, 0, 0, 0, 0, 0, 0, 1], dtype=int64)
```

在通用函数中，很多函数的输入参数中有轴，默认为 None。以 unique()函数为例，当 axis=None 时，不考虑轴，则数组中的所有元素都考虑进来。如果考虑了轴，则仅在指定轴上寻找唯一的元素，如下例所示：

```
>>> a = np.array([[1, 0, 0], [1, 0, 0], [2, 3, 4]])
>>> np.unique(a)
array([0, 1, 2, 3, 4])
>>> np.unique(a, axis=0)     #第 0 轴上有 3 个元素，即 3 个列表
array([[1, 0, 0],
       [2, 3, 4]])
```

下面以 sum()函数为例，进一步说明 axis 对于计算的作用。当不包含 axis 参数时，默认为 None，此时表示所有数组元素的和。代码如下：

```
>>> a = np.arange(18).reshape((2,3,3))
>>> a
array([[[ 0,  1,  2],
        [ 3,  4,  5],
        [ 6,  7,  8]],
       [[ 9, 10, 11],
        [12, 13, 14],
        [15, 16, 17]]])
>>> np.sum(a)
153
```

取 axis=0 时，第 0 轴上有两个元素，一个是[[0, 1, 2],[3, 4, 5],[6, 7, 8]]，另一个是[[9, 10, 11],[12, 13, 14],[15, 16, 17]]。将两个元素对应位置的数值求和即得到结果，如下所示：

```
>>> np.sum(a, axis=0)
array([[ 9, 11, 13],
       [15, 17, 19],
       [21, 23, 25]])
```

对于 axis=1，数组 a 第 1 轴上分成两个部分，每个部分有 3 个元素，第一个部分的三个元素为[0, 1, 2],[3, 4, 5],[6, 7, 8]]，第二个部分的三个元素为[9, 10, 11],[12, 13, 14],[15, 16, 17]，求和运算为对这两个部分内的三个元素内部的数值进行求和。结果就是每个部分得到 3 个求和结果的元素。例如：

```
>>> np.sum(a, axis=1)
array([[ 9, 12, 15],
       [36, 39, 42]])
```

对于 axis=2，数组 a 第 2 轴上进行求值时，可以看出第 2 轴对应着每个 3 元组内的数值，如 0,1,2，求和时就是将这三个数值求和。因此在第 2 轴上求和的结果如下：

```
>>> np.sum(a, axis=2)
array([[ 3, 12, 21],
       [30, 39, 48]])
```

11.2 科学计算

SciPy 是一个用于数学、科学、工程领域的常用软件包，可以处理插值、积分、优化、图像处理、常微分方程数值的求解、信号处理等问题。SciPy 库依赖于 NumPy，二者相互配合，可以更加高效地解决问题。

SciPy 根据不同应用的需要设置了若干模块，其中的主要模块如表 11-7 所示。

表 11-7　SciPy 的主要模块

模　块	说　　明	模　块	说　　明
cluster	向量计算/Kmeans	odr	正交距离回归
constants	物理和数学常量	optimize	优化
fftpack	傅立叶变换	signal	信号处理
integrate	积分程序	sparse	稀疏矩阵
interpolate	插值	spatial	稀疏矩阵
io	数据输入输出	special	一些特殊的数学函数
linalg	线性代数程序	stats	统计
ndimage	n 维图像包		

SciPy 科学计算库在 NumPy 库的基础上增加了众多的数学、科学以及工程计算中常用的库函数。例如线性代数、常微分方程数值求解、信号处理、图像处理、稀疏矩阵等，可以进行插值处理、信号滤波以及用 C 语言加速计算。以下给出一些具体的示例。

在例 11-1 中给出了积分计算的示例，SciPy 的积分模块给出了积分函数：

```
scipy.integrate.quad(func, a, b)
```

其中 func 为定积分的函数，a 为积分下限，b 为积分上限。其返回值为一个元组(y, abserr)，其中 y 为积分结果，abserr 为对结果 y 绝对误差的估计。

【例 11-1】 计算定积分 $\int_0^{\infty} \mathrm{e}^{-x}\mathrm{d}x$。程序设计如下：

```
import numpy as np
from scipy import integrate
f = lambda x: np.exp(-x)
x = integrate.quad(f, 0, np.inf)
print(x)
print('The integrate is %.1f' % x[0])
```

程序执行情况如下：

```
(1.0000000000000002, 5.842606703608969e-11)
```

```
The integrate is 1.0
```

SciPy 中的 linalg 提供了更多的线性代数计算功能，在 NumPy 中也有 linalg 模块，二者在一些函数实现方面相同。在例 11-2 中给出了求逆矩阵的一个示例，在此例中分别使用了 SciPy 和 NumPy 中的 linalg 模块，可以看到相同的计算结果。linalg 模块进行逆矩阵求解所用的函数为：

```
linalg.inv(a, overwrite_a=False, check_finite=True)
```

【例 11-2】 求矩阵的逆矩阵。程序设计如下：

```
import numpy as np
from scipy import linalg
x = np.array([[1., 2.], [3., 4.]])
y = linalg.inv(x)          #采用 SciPy 的 linalg 线性代数包
print(y)
print(np.dot(x,y))         #结果数据精度较高，所以并不是严格的单位矩阵
print(np.rint(np.dot(x,y))) #四舍五入后可看到原矩阵与逆矩阵的点积为单位矩阵
z = np.linalg.inv(x)       #采用 NumPy 的 linalg 线性代数包
print(z)
print(np.rint(np.dot(x,z)))
a = np.matrix(x)           #采用矩阵进行计算
b = linalg.inv(a)
print(b)
print(np.rint(np.dot(a,b)))
```

程序执行情况如下：

```
[[-2.    1. ]
 [ 1.5 -0.5]]
[[1.0000000e+00 0.0000000e+00]
 [8.8817842e-16 1.0000000e+00]]
[[1. 0.]
 [0. 1.]]
[[-2.    1. ]
 [ 1.5 -0.5]]
[[1. 0.]
 [0. 1.]]
[[-2.    1. ]
 [ 1.5 -0.5]]
[[1. 0.]
 [0. 1.]]
```

对非齐次线性方程组的求解，linalg 提供了 solve(A, b)方法，对应着 Ax = b 的非齐次方程的系数。如例 11-3 所示。

【例 11-3】 求解非齐次线性方程组$\begin{cases}4x_1-2x_2+2x_3=1\\x_1+2x_2-4x_3=2\\2x_1-5x_2+4x_3=4\end{cases}$。程序设计如下：

```
import numpy as np
from scipy import linalg
A = np.array([[4,-2,2],[1,2,-4],[2,-5,4]])
b = np.array([1,2,4])
x = linalg.solve(A,b)
print(x)
```

程序执行结果如下：

```
[ 0.   -2.   -1.5]
```

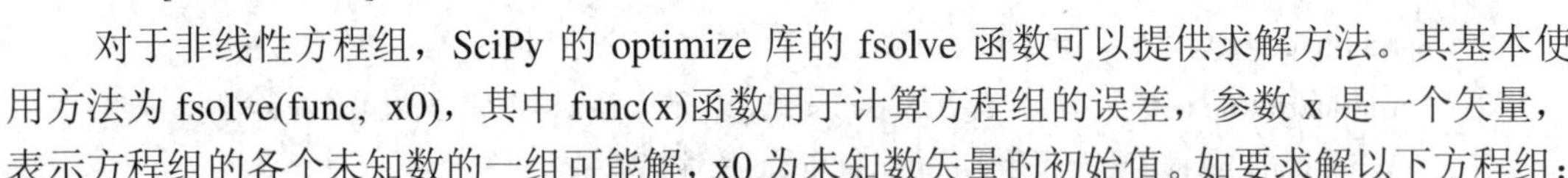

对于非线性方程组，SciPy 的 optimize 库的 fsolve 函数可以提供求解方法。其基本使用方法为 fsolve(func, x0)，其中 func(x)函数用于计算方程组的误差，参数 x 是一个矢量，表示方程组的各个未知数的一组可能解，x0 为未知数矢量的初始值。如要求解以下方程组：

$$\begin{cases}f_1(x_1,x_2,x_3)=0\\f_2(x_1,x_2,x_3)=0\\f_3(x_1,x_2,x_3)=0\end{cases}$$

则 func 可以定义如下：

```
def func(x):
    x1, x2, x3 = x
    return [f1(x1,x2,x3), f2(x1,x2,x3), f3(x1,x2,x3)]
```

【例 11-4】 求解非线性方程组$\begin{cases}5x_1+3=0\\4{x_0}^2-2\sin(x_1x_2)=0\\x_1x_2-1.5=0\end{cases}$。程序如下：

```
from scipy.optimize import fsolve
from math import sin,cos
def f(x):
    x0,x1,x2 = float(x[0]),float(x[1]),float(x[2])
    return [
        5*x1+3,
        4*x0*x0 - 2*sin(x1*x2),
        x1*x2 - 1.5
    ]
x0,x1,x2 = fsolve(f, [1,1,1])
print(x0,x1,x2)
print(f([x0,x1,x2]))
```

程序执行结果如下：

```
-0.7062205698661039 -0.6 -2.500000000000009
[0.0, -9.126033262418787e-14, 5.329070518200751e-15]
```

SciPy 的 signal 模块提供了很多信号处理的功能，在此介绍一下其中的中值滤波的方法。中值滤波是数字信号处理、数字图像处理中常用的预处理技术，特点是将信号中的每个值都替换为其邻域内的中值，即邻域内所有值排序后中间位置的值。signal 的 medfilt() 提供了中值滤波的功能，用法如下：

```
scipy.signal.medfilt(a, kernel_size=None)
```

其中 a 为输入的数组，kernel_size 为中值计算的邻域，必须为奇数，可以是数字或元组。在每个位置的邻域中选取中间的数值作为结果中对应位置的值，对于邻域中没有元素的位置，以 0 补齐。

【例 11-5】 一维数组的中值滤波。程序代码如下：

```
import numpy as np
import scipy.signal as signal
x=np.arange(0,100,10)
np.random.shuffle(x)
print(x)
y = signal.medfilt(x,3)
print(y)
```

程序执行结果如下：

```
[30  0 70 60 90 50 20 40 10 80]
[ 0. 30. 60. 70. 60. 50. 40. 20. 40. 10.]
```

进行中值计算时，数组[30 0 70 60 90 50 20 40 10 80]被扩充为[0 30 0 70 60 90 50 20 40 10 80 0]的形式，第一个邻域为 0 30 0，排序后为 0 0 30，中间的数字 0 为结果。第二个邻域为 30 0 70，排序后为 0 30 70，中间的数字 30 为结果，依此类推。

对于二维数组需要利用元组来构建邻域。如例 11-6 所示。

【例 11-6】 二维数组的 3 × 3 窗口中值滤波。程序如下：

```
import numpy as np
import scipy.signal as signal
x=np.random.randint(1,1000,(4,4))
print(x)
y = signal.medfilt(x,(3,3))
print(y)
```

程序执行结果如下：

```
[[  4 578 661 907]
 [661 994 412 456]
 [559 574 736 562]
 [120   4 332 364]]
[[  0. 412. 456.   0.]
```

```
[559. 578. 578. 456.]
[120. 559. 456. 364.]
[  0. 120. 332.   0.]]
```

二维数组进行 3 × 3 窗口中值滤波时，首先对数组的边界通过补 0 进行扩展，然后以数组元素为中心，上下左右各取 1 个数值构成 3 × 3 的矩阵，将这 9 个数字进行排序取中间的数值，如此第一组得到 0，第二组得到 412，如图 11-2 所示。对其余元素继续重复此过程即可得到滤波结果的矩阵。若要进行 5 × 5 窗口的中值滤波，则每次要构建 5 × 5 的矩阵。

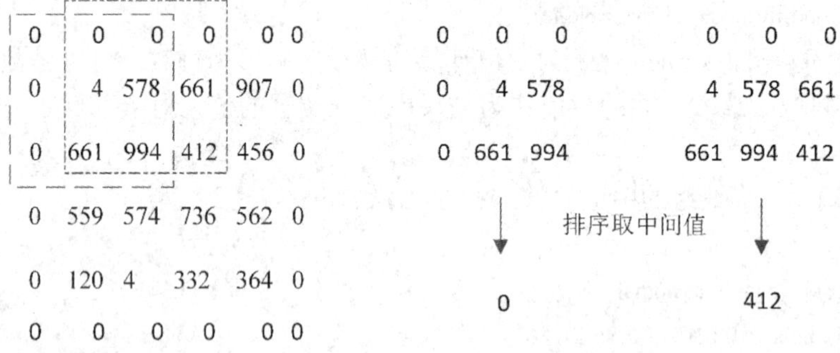

图 11-2　二维数组的 3×3 窗口中值滤波

11.3　数据图表

Matplotlib 模块依赖于 numpy 模块和 tkinter 模块，可以绘制多种形式的图形，包括线图、直方图、饼状图、散点图、误差线图等，是一种有力的数据可视化工具。

Matplotlib 提供了强大的绘图功能，具体使用时，可以用 pyplot 和 pylab 两套接口，其中 pylab 将 pyplot 与 numpy 捆绑成为一个命名空间，可以简化在一些交互式环境下的使用。而 pyplot 的做法是将 numpy 作为独立模块导入，更加符合一般的编程习惯，因此以下均采用 pyplot 接口进行数据图表功能的介绍。

11.3.1　画布与坐标系

Matplotlib 默认并未设置对中文的支持，可以利用其自带的字体管理器 font_manager 自行设置绘图中的字体使其支持中文显示，具体用法如例 11-7 所示。

【例 11-7】 在 pyplot 绘图中显示中文。程序如下：

```
import numpy as np
from matplotlib import pyplot as plt
from matplotlib import font_manager
font = font_manager.FontProperties(fname=r"C:\Windows\Fonts\msyh.ttf")
x = np.arange(1,11)
y = 2*x + 5
plt.title("Matplotlib 绘图", fontproperties=font, fontsize=13)
plt.xlabel("x  轴", fontproperties=font, fontsize=12)
```

```
plt.ylabel("y 轴", fontproperties=font, fontsize=12)
plt.plot(x,y)
plt.show()
```

程序执行结果如图 11-3 所示。

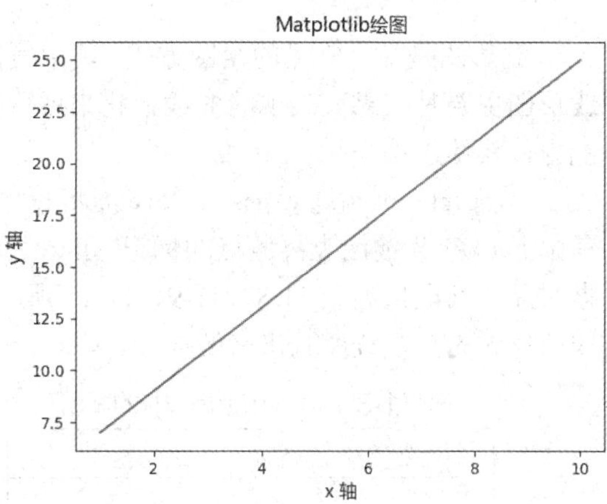

图 11-3 简单的 Matplotlib 绘图

以上程序采用了默认的画布，在程序中可以利用 plt.figure()函数创建自定义的画布，具体用法为：

```
plt.figure(num=None, figsize=None, dpi=None,
facecolor=None, edgecolor=None, frameon=True)
```

其中 num 为图像名称或索引号，figsize 为画布的宽和高，单位为英寸，dpi 为绘图对象的分辨率，缺省为 80 像素每英寸，facecolor 为背景颜色，edgecolor 为边框颜色，frameon 表示是否显示边框。

获得画布对象的实例 fig 后，可以进一步控制图表的绘制，如为原有画布添加子图，具体方法为 fig.add_subplot(numrows, numcols, fignum)，其中的三个参数表示子图的行数、列数和索引号。如 fig.add_subplot(1, 1, 1)表示仅为画布设置 1 个子图，可以写为 fig.add_subplot(111)的简化形式，如例 11-8 所示。

【例 11-8】 一个具有自定义坐标范围的绘图。程序如下：

```
import numpy as np
from matplotlib import pyplot as plt
fig = plt.figure()
ax = fig.add_subplot(111)
ax.set(xlim=[0.5, 4.5], ylim=[-2, 8], title='An Example Axes',
        ylabel='Y-axis', xlabel='X-axis')
ax.plot([1, 2, 3], [1, 2, 3])
plt.show()
```

程序执行结果如图 11-4 所示。

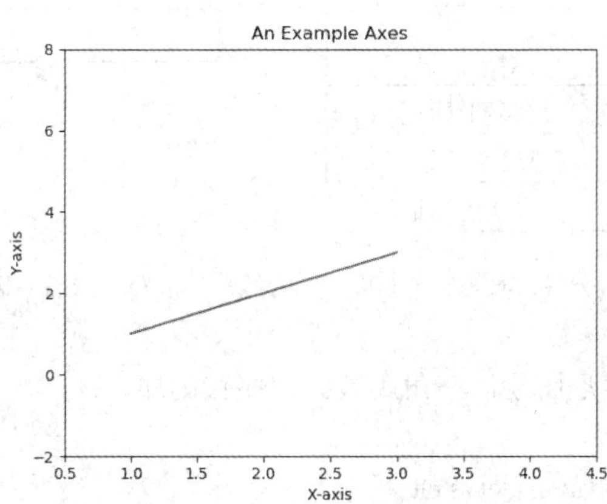

图 11-4 采用自定义坐标范围的绘图

11.3.2 线形图

线形图是最为常见的绘图方式，其中线图采用绘制曲线的方式，是最为标准的线形图。线形图主要是依靠其表现的曲线形状来展现出数据的特性。plot()方法提供了线形图的绘制能力，具体用法为：

```
pyplot. plot([x], y, '[marker][line][color]', *, data=None, **kwargs)
```

其中 marker 为线图上离散点的标记，line 为线形，color 为线图的颜色，data 为自定义的数据对象。其取值如表 11-8、11-9、11-10 所示。如'gH--'表示绿色线条，点的样式为六边形，线的样式为短横线所画出来的曲线。

表 11-8 pyplot.plot 中的标记

字 符	描 述
'.'	点标记
','	像素标记
'o'	圆标记
'v'	倒三角标记
'^'	正三角标记
'<'	左三角标记
'>'	右三角标记
'1'	下箭头标记
'2'	上箭头标记
'3'	左箭头标记
'4'	右箭头标记
's'	正方形标记
'p'	五边形标记
'*'	星形标记
'h'	六边形标记 1
'H'	六边形标记 2
'+'	加号标记
'x'	X 标记
'D'	菱形标记
'd'	窄菱形标记
'|'	竖直线标记
'_'	水平线标记

表 11-9 pyplot.plot 中的线形

字 符	描 述
'-'	实线样式
'--'	短横线样式
'-.'	点划线样式
':'	虚线样式

表 11-10 pyplot.plot 中的颜色

字 符	描 述
'b'	蓝色
'g'	绿色
'r'	红色
'c'	青色
'm'	品红色
'y'	黄色
'k'	黑色
'w'	白色

在例 11-9 中将画布分割为四个子图，用于绘制 sin()、cos()和 tan()等曲线，并截取其中 0～π 之间的片段。

【例 11-9】 利用线形图绘制三角函数。程序代码如下：

```
import numpy as np
from matplotlib import pyplot as plt
fig = plt.figure()
```

```
ax1 = fig.add_subplot(221)
ax2 = fig.add_subplot(222)
ax3 = fig.add_subplot(223)
ax4 = fig.add_subplot(224)
x = np.linspace(0, np.pi)
y_sin = np.sin(x)
y_cos = np.cos(x)
y_tan = np.tan(x)
ax1.plot(x, y_sin)
ax2.plot(x, y_sin, 'gH--',
      linewidth=1, markersize=4)
ax3.plot(x, y_cos, color='red',
      marker='+', linestyle='dashed')
ax4.plot(x, y_tan, 'bv:',
      linewidth=1, markersize=4)
plt.show()
```

程序执行结果如图 11-5 所示。

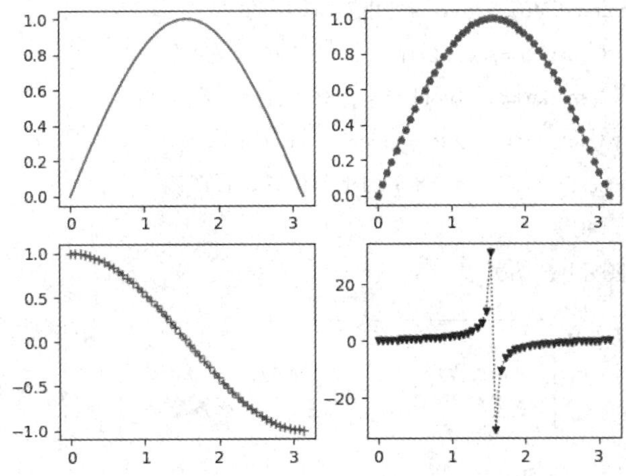

图 11-5　利用线形图绘制三角函数(左上、右上：sin()；左下：cos()；右下：tan())

11.3.3　散点图

有时数据点之间的关系未必呈现线性关系，有时需要查看数据点在空间中的分布情况，此时散点图是一种很好的选择。散点图的具体用法如下：

```
pyplot.scatter(x, y, s=None, c=None, marker=None, norm=None, vmin=None, vmax=None, alpha=None, linewidths=None, verts=None, edgecolors=None, hold=None, data=None, **kwargs)
```

其中 x、y 为长度一致的数据，s 为标记大小，可以为标量或通过列表为每个 x、y 标记大小单独赋值，若为空列表[]则默认为 36 平方磅。c(color)为颜色，marker 为标记样式，edgecolors 为轮廓颜色，alpha 为透明度，linewidths 为线宽。

绘图时，若图示内有多个关系需要同时表示，如绘制多条曲线，或者对应散点图，有多个函数关系的散点，可以用图例的方法在绘图中展示出每套散点的标签参数值(label)。图例的用法如下：

```
pyplot.legend(loc='upper right', **kwargs)
```

图例的位置参数(loc)表示图例在绘图上的方位，具体取值范围如表 11-11 所示。若选取 loc='best' 或 loc=0，表示由系统自行选择合适的位置。

表 11-11　图例的位置取值

模 块	说 明
0	'best'
1	'upper right'
2	'upper left'
3	'lower left'
4	'lower right'
5	'right'
6	'center left'
7	'center right'
8	'lower center'
9	'upper center'
10	'center'

【例 11-10】 一个散点图的示例。代码如下：

```
import matplotlib.pyplot as plt
import numpy as np
x1 = [1, 2, 3, 4]
y1 = [1, 2, 3, 4]                    #第一组数据
x2 = [1, 2, 3, 4]
y2 = [2, 3, 4, 5]                    #第二组数据
n = 10
x3 = np.random.randint(0, 5, n)
y3 = np.random.randint(0, 5, n)     #使用随机数产生
plt.scatter(x1, y1, marker='x',color='red', s=40 ,label='散点 1')
plt.scatter(x2, y2, marker='s', color='blue', s=60, label='散点 2')
plt.scatter(x3, y3, marker='o', color='green', s=50, label='散点 3')
plt.legend(loc='best')              #使用推荐位置设置图例
plt.show()
```

程序执行结果如图 11-6 所示。

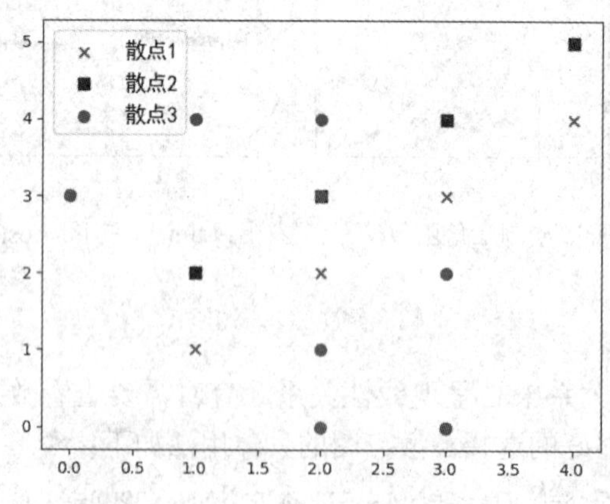

图 11-6　散点图

11.3.4　条形图

条形图(又称柱状图)能够直观表现数据量及其增长变化关系，常常用于表现各类经济

或统计领域的分类数据。柱状图的用法如下：

```
pyplot.bar(x, height, width=0.8, bottom=None, *, align='center', data=None, **kwargs)
```

其中 x 为标量序列，表示 x 轴的刻度数据；height 为 y 轴的刻度；width 为单个柱图的宽度；bottom 为 y 边界坐标轴起点。

缺省情况下的柱状图为竖直绘制的，只需设置 x 和 y 的坐标，如：

```
plt.bar(x=index, height=y1)
```

若要水平绘制，可采用坐标变换的方式，并设置 orientation 为'horizontal'，如下所示：

```
plt.bar(x=0, bottom=index1, width=y2, height=bar_height, color='b', orientation='horizontal')
```

其中柱图的 x 从 0 开始，bottom 对应原有 x 坐标的刻度，width 对应原有 y 坐标的刻度。对于横向的堆叠柱图(如图 11-7 上右侧)，只需在完成一次绘制之后，再次进行一次柱图的绘制，且其 x 不再从 0 开始，而是从第一次绘制时截止的 width 值开始，即：

```
plt.bar(x=y2, bottom=index1, width=y3, height=bar_height, color='r', orientation='horizontal')
```

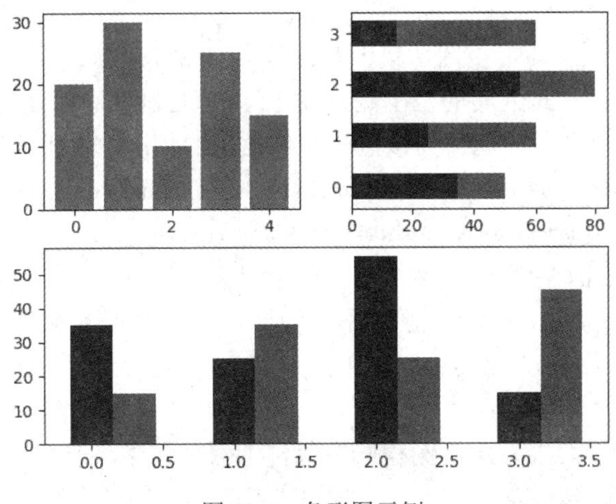

图 11-7 条形图示例

对于并列绘制的两个柱图(如图 11-7 下部分)，只需两次执行 bar()函数，同时将第二次绘制柱图的 x 坐标设置为第一次坐标加柱图宽度，如下所示：

```
plt.bar(x=index, height=y2, width=bar_width, color='b')
plt.bar(x=index+bar_width, height=y3, width=bar_width, color='r')
```

完整的程序如例 11-11 所示。

【例 11-11】 一个条形图的示例。代码如下：

```
import matplotlib.pyplot as plt
import numpy as np
y1 = [20, 30, 10, 25, 15]
y2 = [35, 25, 55, 15]
y3 = [15, 35, 25, 45]
index = np.arange(len(y1))
index1 = np.arange(4)
bar_height = 0.5
```

```
bar_width = 0.3
plt.subplot(221)            #将画布分为 2x2 的区域，取其中第 1 个区域
plt.bar(x=index, height=y1)
plt.subplot(222)            #将画布分为 2x2 的区域，取其中第 2 个区域
plt.bar(x=0, bottom=index1, width=y2, height=bar_height, color='b', orientation='horizontal')
plt.bar(x=y2, bottom=index1, width=y3, height=bar_height, color='r', orientation='horizontal')
 plt.subplot(212)            #将画布分为 2x1 的区域，取其中第 2 个区域
index = np.arange(4)
plt.bar(x=index, height=y2, width=bar_width, color='b')
plt.bar(x=index+bar_width, height=y3, width=bar_width, color='r')
plt.show()
```

11.3.5 直方图

直方图是一种频次统计报告图，第 i 个长条形的高度表示该区间事件发生的数量 n_i，其宽度表示该区间大小，其区间的范围则是发生这些事件的条件。若直方图各个区间宽度相同，则区间面积与总面积的比值为该区间事件发生的频次。以下为直方图的用法：

```
pyplot.hist(x,bins=None,range=None, density=False, bottom=None, histtype='bar', align='mid', log=False, color=None, label=None, stacked=False, normed=None)
```

其中：x 为数据集；bins 为区间的数量，为标量时表示等分数量，为列表时则可以详细划分每个区间；density 为 False 表示显示频数统计结果，为 True 则表示频率统计，histtype 可选区间为{'bar', 'barstacked', 'step', 'stepfilled'}；align 可选{'left', 'mid', 'right'}之一，stacked 表示是否为堆积状图。

在以下的例 11-12 的直方图示例程序中包含了两个程序，一个用于统计工资所在区间的人数，另一个用于计算正态分布。

【例 11-12】 直方图示例程序。代码如下：

```
import matplotlib.pyplot as plt
import numpy as np
plt.subplot(211)                          #将画布分为 2x1 的区域，取其中第 1 个区域
salary = [2400,2700,3100,5600,8000,8900,9200,9800,10000,10100,10300]
salary.sort()
thebins = [1000, 2000, 3000, 4000, 7000, 8000, 9000, 10000, 11000]
res = plt.hist(salary, thebins, histtype='bar', rwidth=0.8)
plt.ylabel('Count')
plt.subplot(212)                          #将画布分为 2x1 的区域，取其中第 2 个区域
np.random.seed(4)                         #设置随机数种子
Gaussian = np.random.normal(0,1,1000)
                    #创建总个数为 1000 的符合标准正态分布的数据
plt.hist(Gaussian, bins=25, histtype="stepfilled", density=True, alpha=0.6)
plt.ylabel('Density')
```

```
plt.show()
```

程序的执行结果如图 11-8 所示，其中上半部分为工资分布的示例，其中 4000～7000 之间有一个数值 5600，对应着图上该区域数量为 1。而下半部分为 1000 个随机数按正态分布的统计，采用了 density=True 来查看密度分布的方式。

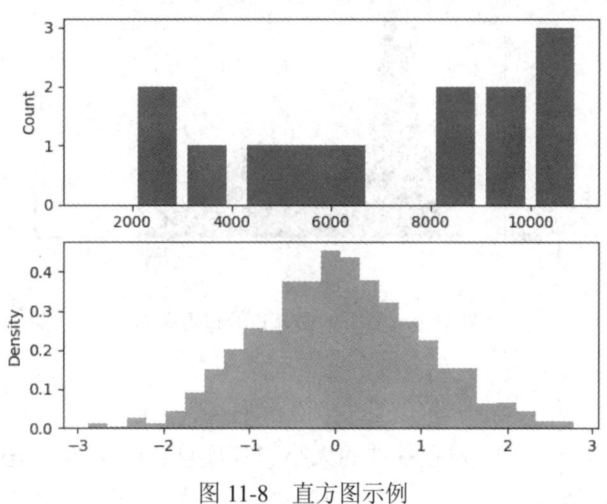

图 11-8　直方图示例

Matplotlib 自带了 TeX 表达式解析器，可以对复杂的数学符号进行编辑，并将其显示在绘制的图像上。一般需要在字符串前添加 r 作为前缀，并用美元符号($)包围数学符号，如 r'$\mu_1=90$'表示 $\mu_1 = 90$。

【例 11-13】 多个正态分布的直方图。代码如下：

```
import numpy as np
import matplotlib.pyplot as plt
mu1, sigma1 = 90, 15
mu2, sigma2 = 50, 6
x1 = mu1 + sigma1 * np.random.randn(10000)
x2 = mu2 + sigma2 * np.random.randn(10000)
fig = plt.figure()
ax = fig.add_subplot(1,1,1)
ax.hist(x1, bins=50, density=True, color='red')
ax.hist(x2, bins=50, density=True, color='blue')
ax.set_title(r'$\mu_1=90,\ \sigma_1=15,\ \mu_2=50,\ \sigma_2=6$')
ax.set_xlabel('x')
ax.set_ylabel('freq')
ax.set_ylim(0,0.1)
plt.grid(True)                        #设置背景网格
fig.show()
```

程序运行结果如图 11-9 所示。

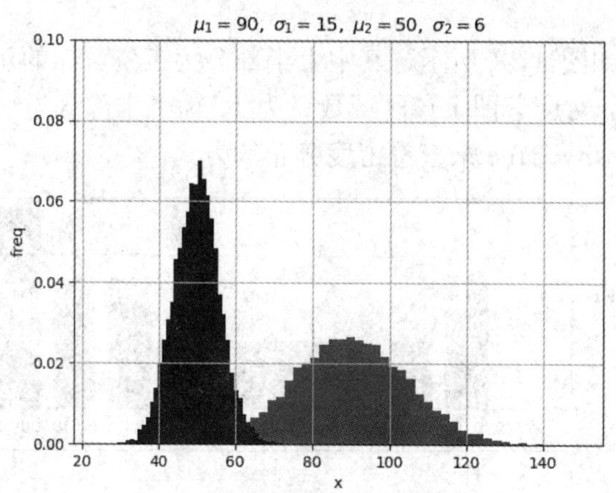

图 11-9　多个正态分布的直方图示例

11.3.6　饼图

饼图用于显示一个数据序列中各项的大小与各项总和的比例，是一种比较直观的数据可视化形式。常用参数如下：

```
pyplot.pie(x, explode=None, labels=None, colors=None, shadow=False, labeldistance=1.1,
startangle=None, radius=None, counterclock=True, center=(0, 0), frame=False, rotatelabels=False)
```

其中 x 为各扇区的比例，如果 sum(x) > 1，会使用 sum(x)归一化；labels 为饼图外侧显示的说明文字；explode 为各扇区离开中心的距离。

在之前的介绍中，进行绘图时若要在一个画板中包含多个部分，采用了子图(subplot)的方法，每个子图会拥有一个自己的坐标系，用于绘制各类图形。通过布局的方法可以布置各个子图的位置。如果要在当前图示中更加灵活地添加一个小图，可以采用添加坐标系(axes)的方式，每个坐标系则对应了一个独立的绘图，例如：

```
fig.add_axes([left, bottom, width, height])
```

表示添加了一个左下角坐标为(left, bottom)，长宽为 width 和 height 的可绘图坐标系。在例 11-14 中，在饼图下方嵌套了一个小图，图中采用 xticks()方法设置了自定义的坐标轴刻度，以年份为 x 轴坐标。

【例 11-14】 某企业营销数据的饼图示例。代码如下：

```
import numpy as np
import matplotlib.pyplot as plt
plt.rcParams['font.sans-serif'] = ['SimHei']            #设置中文字体
plt.rcParams['axes.unicode_minus'] = False
data = {
    '广州':(35, 'r'),
    '上海':(45, 'b'),
    '北京':(60, 'm'),
    '其他':(80, '#923f40'),
```

```
}
fig = plt.figure(figsize=(5,5))
cities = data.keys()
values = [x[0] for x in data.values()]
colors = [x[1] for x in data.values()]
ax1 = fig.add_subplot(111)
ax1.set_title('营销数据(万元)')
labels = ['{}:{}'.format(city, value) for city,
        value in zip(cities,values)]
explode = [0, 0, 0.1, 0]
ax1.pie(values, labels = labels, colors=colors,
        explode=explode, shadow=True)
left, bottom, width, height = [0.06, 0.06, 0.2, 0.2]
ax2 = fig.add_axes([left, bottom, width, height])
x = np.linspace(0, 10, 3)
y = [175, 185, 220]
group_labels = ['2017','2018','2019']
plt.xticks(x, group_labels, rotation=0)
ax2.plot(x, y)
plt.show()
```

程序运行结果如图 11-10 所示。

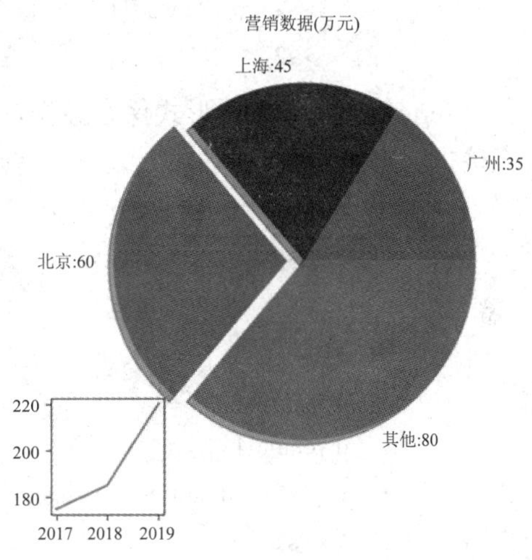

图 11-10　某企业营销数据的饼图示例

11.4　数据分析

pandas(Python Data Analysis Library)是基于 NumPy 的数据分析模块，提供了高效操作大型数据集所需的工具。为增强数据处理能力，pandas 为数据建立了索引机制，来实现对每个数据的标签化。

11.4.1　标签化的一维数组

一般来说，数组、元组数据可以采用数据顺序存放的位置编号(整数)作为索引。字典不属于顺序存放的数据，但字典可以利用键值(一般为整数、字符串)作为索引。在很多场合中，这种键值索引的方式更容易满足应用的需求，对数据的表达更加直观，有利于数据的处理。

如果对一般的序列结构数据也能够像字典一样通过有意义的键值作为标签，就能够加强数据的表现效果并提高其操作处理能力。

1. Series 对象

pandas 的 Series 数据类型就提供了这样的一种带标签的一维数组形式。默认情况下，Series 对象为每个数据设置如同元组和列表一样的位置索引。如下所示：

```
>>> import numpy as np
>>> import pandas as pd
>>> s1 = pd.Series((1, 2, 3))
>>> s1
0    1
1    2
2    3
dtype: int64
>>> s2 = pd.Series([[1, 2, 3],[4,5,6]])
>>> s2
0    [1, 2, 3]
1    [4, 5, 6]
dtype: object
>>> s3 = pd.Series(['a', 'b', 'c'])
>>> s3
0    a
1    b
2    c
dtype: object
```

Series 采用数组的形式保存数据，其输入也可以是数组、字典，并可以在构造函数中直接指定定制索引。例如：

```
>>> s4 = pd.Series({'a':1, 'b':2, 'c':3})
>>> s4
a    1
b    2
c    3
dtye: int64
>>> s5 = pd.Series(np.arange(4))
>>> s5
0    0
1    1
2    2
3    3
dtype: int32
>>> s6 = pd.Series([1, 2, 3, 4], index=['A', 'B', 'C', 'D'])
>>> s6
A    1
B    2
C    3
D    4
dtype: int64
```

2．数据的选择、添加和删除

完成 Series 数组的创建后，可以随时修改其索引的标签，也可以通过索引访问和修改其数值。例如：

```
>>> s5.index = ['red', 'green', 'blue', 'yellow']
>>> s5
red       0
green     1
blue      2
yellow    3
dtype: int32
>>> s5['green'] = 4
>>> for i in s5.index:
        print(i, s5[i])
red 0
green 1
blue 2
yellow 3
```

Series 数组可以进行数据的添加和删除操作，添加元素时采用 append()方法连接其他 Series，删除元素时可以通过 drop()方法删除指定索引的值，但这些操作并不影响数组本身，因此若要实现对数组元素的添加和删除，还需要在操作完成后重新对变量进行赋值。例如：

```
>>> s5.drop('green')
red       0
blue      2
yellow    3
```

```
dtype: int32
>>> s5      #可见 s5 并未改变
red         0
green       4
blue        2
yellow      3
dtype: int32
>>> s5 = s5.drop('green')
>>> s5
red         0
blue        2
yellow      3
dtype: int32
>>> s7 = s5.append(s4)
>>> s7
red         0
blue        2
yellow      3
a           1
b           2
c           3
dtype: int64
```

3．四则运算

创建完成后，可以像使用普通数组一样对 Series 数组进行条件或四则运算，运算时是以当前的索引标签作为两个 Series 数组中元素组合的依据，若某一标签只在进行操作的一个 Series 数组中存在，在另一数组中不存在，则该标签对应的数值在结果数组中为 NaN。例如：

```
>>> s5[s5<2]
red     0
dtype: int32
>>> s5*2
red         0
blue        4
yellow      6
dtype: int32
>>> s5+s7
a           NaN
b           NaN
blue        4.0
c           NaN
red         0.0
yellow      6.0
dtype: float6
```

11.4.2　时间序列

时间序列是各时间点上形成的数值序列，可用于通过观察历史数据预测未来的值，如股票预测、房价预测分析等。pandas 的 date_range()函数可以返回固定频率的时间索引，生成时可以根据需要指定起止时间(start, end)，也可以指定生成数据的数量(periods)。例如：

```
>>> pd.date_range(start='2019-1-09', end='2019-1-31')
DatetimeIndex(['2019-01-09', '2019-01-10', '2019-01-11', '2019-01-12',
               '2019-01-13', '2019-01-14', '2019-01-15', '2019-01-16',
               '2019-01-17', '2019-01-18', '2019-01-19', '2019-01-20',
               '2019-01-21', '2019-01-22', '2019-01-23', '2019-01-24',
               '2019-01-25', '2019-01-26', '2019-01-27', '2019-01-28',
               '2019-01-29', '2019-01-30', '2019-01-31'],
              dtype='datetime64[ns]', freq='D')
>>> pd.date_range(start='2019-1-09', end='2019-12-31', freq='M')
```

```
DatetimeIndex(['2019-01-31', '2019-02-28', '2019-03-31', '2019-04-30',
               '2019-05-31', '2019-06-30', '2019-07-31', '2019-08-31',
               '2019-09-30', '2019-10-31', '2019-11-30', '2019-12-31'],
              dtype='datetime64[ns]', freq='M')
>>> pd.date_range(start='2019-1-09',periods=10,freq='H')
DatetimeIndex(['2019-01-09 00:00:00', '2019-01-09 01:00:00',
               '2019-01-09 02:00:00', '2019-01-09 03:00:00',
               '2019-01-09 04:00:00', '2019-01-09 05:00:00',
               '2019-01-09 06:00:00', '2019-01-09 07:00:00',
               '2019-01-09 08:00:00', '2019-01-09 09:00:00'],
              dtype='datetime64[ns]', freq='H')
```

11.4.3 数据表格

pandas 所提供的更加有用并常见的数据类型是数据表格(DataFrame)。数据表格可以对二维的行列数据进行处理。

1. 建立数据表格

数据表格输入的列数据可以来自数组，而每一行的数据可以利用元组、列表、数组、Series 数组等，若某一列仅指定一个数据，会自行通过广播机制使其扩充与其他列一致。

下面以运动队员成绩表为例对 DataFrame 数据表格的创建和基本使用加以说明。程序如下：

```
>>> import numpy as np
>>> import pandas as pd
>>> players = ['Wang','Song','Li',
        'Zhang','Wu','Zhao']
>>> times = pd.date_range(start='2019-1-09',
        periods=6,freq='M')
>>> scores = [21,35,17,38,16,29]
>>> teams=['West','West','East',
        'West','East','East']
>>> df = pd.DataFrame({'player':players,
        'time':times, 'score':scores, 'team':teams})
>>> df
  player  score  team        time
0   Wang     21  West 2019-01-31
1   Song     35  West 2019-02-28
2     Li     17  East 2019-03-31
3  Zhang     38  West 2019-04-30
4     Wu     16  East 2019-05-31
5   Zhao     29  East 2019-06-30
>>> df.head(2)          #获取头部的 2 行
  player  score  team        time
0   Wang     21  West 2019-01-31
1   Song     35  West 2019-02-28
>>> df.tail(3)          #获取尾部的 3 行
  player  score  team        time
3  Zhang     38  West 2019-04-30
4     Wu     16  East 2019-05-31
5   Zhao     29  East 2019-06-30
>>> df.index            #(行)索引
RangeIndex(start=0, stop=6, step=1)
>>> df.columns          #(列)索引
Index(['player', 'score', 'team',
       'time'], dtype='object')
>>> df.values
array([['Wang', 21, 'West',
        Timestamp('2019-01-31 00:00:00')],
```

```
    ['Song', 35, 'West',
Timestamp('2019-02-28 00:00:00')],
    ['Li', 17, 'East',
Timestamp('2019-03-31 00:00:00')],
    ['Zhang', 38, 'West',
Timestamp('2019-04-30 00:00:00')],
    ['Wu', 16, 'East',
Timestamp('2019-05-31 00:00:00')],
    ['Zhao', 29, 'East',
Timestamp('2019-06-30 00:00:00')]],
  dtype=object)
>>> df.describe()        #简短统计摘要
            score
count    6.000000
mean    26.000000
std      9.380832
min     16.000000
25%     18.000000
50%     25.000000
75%     33.500000
max     38.000000
```

2. 选择数据

1) 行与列的选取

对于 DataFrame 数据表格，可以通过行列标签的方式进行行列数据的选取。其中，通过列名选取列数据将获得一个 Series 数组，通过行索引进行切片选择将获得一个二维数组。对于列的选取，可以采用两种方式进行选取。比如在以上体育队员运动成绩之中，df['player'] 与 df.player 是等价的。例如下列程序：

```
>>> df['player']
0      Wang
1      Song
2        Li
3     Zhang
4        Wu
5      Zhao
Name: player, dtype: object
>>> df.player
0      Wang
1      Song
2        Li
3     Zhang
4        Wu
5      Zhao
Name: player, dtype: object
>>> df[0:2]              #行切片
  player  score  team
0   Wang     21  West
1   Song     35  West
```

若 DataFrame 数据表格采取了自定义的行索引，仍然可以利用以上的行切片方法，如下所示：

```
>>> df.index = ['a', 'b', 'c', 'd', 'e', 'f']
>>> df
  player  score  team        time
a   Wang     21  West  2019-01-31
b   Song     35  West  2019-02-28
c     Li     17  East  2019-03-31
d  Zhang     38  West  2019-04-30
e     Wu     16  East  2019-05-31
f   Zhao     29  East  2019-06-30
>>> df[0:2]
  player  score  team        time
a   Wang     21  West  2019-01-31
b   Song     35  West  2019-02-28
```

2) 索引方式

对于行列数据的访问，可以采用以下三种索引函数：

(1) loc：标签索引，行和列的名称，等价于 at。

(2) iloc：整型索引(绝对位置索引)，等价于 iat。

(3) ix：iloc 和 loc 的整合，可同时使用行列标签和整数。

示例程序如下：

```
>>> df.loc['c']
player                    Li
score                     17
team                    East
time     2019-03-31 00:00:00
Name: c, dtype: object
>>> df.loc['c', 'score']
17
>>> df.loc[['a','b'],['player','score']]
  player  score
a   Wang     21
b   Song     35
>>> df.iloc[1]
player                  Song
score                     35
team                    West
time     2019-02-28 00:00:00
Name: b, dtype: object
>>> df.iloc[1,2]
'West'
>>> df.iloc[1:3, 0:2]
  player  score
b   Song     35
c     Li     17
>>> df.iloc[[0,2],:]
  player  score  team       time
a   Wang     21  West 2019-01-31
c     Li     17  East 2019-03-31
>>> df.ix[1, 'player']
'Song'
```

3) 布尔索引

由于数据表格的列属于 Series 数组，因此可以用列进行布尔索引，也可以用整个数据表格作为布尔索引，看以下的示例，注意其中二者在结果上的差异：

```
>>> df[df>20]
  player  score  team                time
a   Wang   21.0  West 2019-01-31 00:00:00
b   Song   35.0  West 2019-02-28 00:00:00
c     Li    NaN  East 2019-03-31 00:00:00
d  Zhang   38.0  West 2019-04-30 00:00:00
e     Wu    NaN  East 2019-05-31 00:00:00
f   Zhao   29.0  East 2019-06-30 00:00:00
>>> df[df.score>20]
  player  score  team                time
a   Wang     21  West 2019-01-31 00:00:00
b   Song     35  West 2019-02-28 00:00:00
d  Zhang     38  West 2019-04-30 00:00:00
f   Zhao     29  East 2019-06-30 00:00:00
```

3. 添加、删除行列

插入新的列时可以通过索引值自行排列数据。如下所示：

```
>>> genders = ['F', 'M', 'M', 'F', 'F', 'M']
>>> df['gender'] = pd.Series(genders, index=df.index)
>>> df.loc['g'] = {'player':'Yang', 'score':17, 'team':'East', 'gender':'M', 'time':'2019-06-30 00:00:00'}
>>> df
  player  score  team        time gender
a   Wang     21  West 2019-01-31      F
b   Song     35  West 2019-02-28      M
c     Li     17  East 2019-03-31      M
d  Zhang     38  West 2019-04-30      F
e     Wu     16  East 2019-05-31      F
f   Zhao     29  East 2019-06-30      M
>>> df.loc['g'] = {'player':'Yang', 'score':17, 'team':'East',
      'gender':'M', 'time':pd.to_datetime('2019-07-30', format='%Y-%m-%d')}
>>> df
  player  score  team        time gender
a   Wang     21  West 2019-01-31      F
b   Song     35  West 2019-02-28      M
c     Li     17  East 2019-03-31      M
d  Zhang     38  West 2019-04-30      F
e     Wu     16  East 2019-05-31      F
f   Zhao     29  East 2019-06-30      M
g   Yang     17  East 2019-07-30      M
```

4. 缺失值处理

数据表格中如果出现了某些数据的缺失会以 NaN 来表示缺失数据的元素值。比如为数据表格添加一个新列时若未添加元素值，可能会出现缺失值的元素。例如：

```
>>> df = df.reindex(index=df.index, columns=list(df.columns) + ['X'])      #添加一个新列'X'
>>> df.loc[['a','b','c'], 'X'] = 1
>>> df
  player  score  team        time gender    X
a   Wang     21  West 2019-01-31      F  1.0
b   Song     35  West 2019-02-28      M  1.0
c     Li     17  East 2019-03-31      M  1.0
d  Zhang     38  West 2019-04-30      F  NaN
e     Wu     16  East 2019-05-31      F  NaN
f   Zhao     29  East 2019-06-30      M  NaN
g   Yang     17  East 2019-07-30      M  NaN
>>> pd.isnull(df)                                                          #判断是否存在缺失值
   player  score   team   time  gender      X
```

```
a    False   False   False   False    False   False
b    False   False   False   False    False   False
c    False   False   False   False    False   False
d    False   False   False   False    False    True
e    False   False   False   False    False    True
f    False   False   False   False    False    True
g    False   False   False   False    False    True
>>> df = df.fillna(value=5)                                    #将缺失数据赋值
  player  score  team        time gender    X
a   Wang     21  West 2019-01-31      F  1.0
b   Song     35  West 2019-02-28      M  1.0
c     Li     17  East 2019-03-31      M  1.0
d  Zhang     38  West 2019-04-30      F  5.0
e     Wu     16  East 2019-05-31      F  5.0
f   Zhao     29  East 2019-06-30      M  5.0
g   Yang     17  East 2019-07-30      M  5.0
```

5. 数据运算

数据表格中可以直接调用运算方法，会自行查找仅包含数据内容的列并计算出结果。例如：

```
>>> df.mean()    #计算列数据的均值
score     24.714286
X          3.285714
dtype: float64
>>> df.mean(1)  #计算行数据的均值
a     11.0
b     18.0
c      9.0
d     21.5
e     10.5
f     17.0
g     11.0
dtype: float64
```

6. 数据表格的组合

对于独立的行，可以用 concat()函数进行各行的组合，例如：

```
>>> df1 = pd.DataFrame(
       np.random.randn(10, 4))
>>> pieces = [df1[:3], df1[3:7], df1[7:]]
>>> pd.concat(pieces)
          0         1         2         3
0 -0.615192 -2.081434 -1.974634  0.375798
1  0.243544  2.171433  0.179078 -0.096322
2 -0.795008  0.925070  1.762342 -1.387233
3  0.010779 -1.799749 -0.232570 -0.131131
4 -0.177062  1.474282 -1.056884 -0.186924
5 -0.221088 -0.274257 -0.131242  1.252990
6 -0.149159  1.664560  0.706315 -1.145246
7 -0.869206 -1.106243 -0.868515  0.820532
8  0.322126  1.170962  0.074631 -1.114270
9 -0.578101 -0.166466 -0.241037 -0.341815
```

若两部分有相同的列，但也有各自独立的一部分列，则可以采用 merge()函数依据相同列的顺序将独立的列聚合在一起。例如：

```
>>> left = pd.DataFrame({'key': ['foo', 'bar'], 'lval': [1, 2]})
>>> right = pd.DataFrame({'key': ['foo', 'bar'], 'rval': [4, 5]})
>>> pd.merge(left, right, on='key')
   key  lval  rval
0  foo     1     4
1  bar     2     5
```

merge()函数起到了合并两个表格的作用，而 concat()执行的是对两个表格进行堆叠。默认情况下，concat()函数对第 0 轴做行的堆叠，若指定轴为 1，也可以对列进行堆叠。对以上表格，可以堆叠如下：

```
>>> pd.concat([left,right],axis=0,join='outer')
   key  lval  rval
0  foo   1.0   NaN
1  bar   2.0   NaN
0  foo   NaN   4.0
1  bar   NaN   5.0
>>> pd.concat([left,right],axis=1)
   key  lval  key  rval
0  foo     1  foo     4
1  bar     2  bar     5
```

7. 分类

在运动成绩表中 team 仅有'East'和'West'两个值，而 gender 一列则仅有'M'和'F'两个值，因而可以使其构成类别数据，在 pandas 中对应着 category 数据类型。例如：

```
>>> df.team.astype('category')
a    West
b    West
c    East
d    West
e    East
f    East
g    East
Name: team, dtype: category
Categories (2, object): [East, West]
>>> df.gender.astype('category')
a    F
b    M
c    M
d    F
e    F
f    M
g    M
Name: gender, dtype: category
Categories (2, object): [F, M]
```

8. 文件读写

可以很方便地将 DataFrame 数据表格的数据保存到文件，或者从文件读取到变量之中。在调用 Excel 函数的时候，使用了 openpyxl 模块，因此进行数据保存之前需要事先安装此模块：

```
pip install openpyxl
```

以下将运动队员成绩表保存到当前目录的文件之中，然后又从文件中读取数据到另外一个变量之中：

```
>>> df.to_excel('df.xlsx')
>>> df.to_csv('df.csv')
>>> df2 = pd.read_excel('df.xlsx')
```

```
>>> df3 = pd.read_csv('df.csv')
```

11.4.4 轴向运算

Pandas 数据分析模块最吸引人的地方就是其灵活的数据处理方式和运算形式，可以方便地进行数据的分组与聚合以满足计算的需要。

1. 单列运算

首先建立一个用于 DataFrame 数据表格，其中数据用于模拟某工业指标。DataFrame 的单列数据实际就是一个 Series 数组，因此单列运算属于 Series 数组的运算。

一些公共的列运算函数在 Series 数组和 DataFrame 中分别包装成自己的方法，可用于函数处理、分组和聚合运算，常用的列运算方法如表 11-12 所示。

表 11-12 常用的列运算方法

Series 方法	DataFrame 方法	说 明
apply(func[, convert_dtype, args])	apply(func, axis=0, broadcast=False, raw=False, reduce=None, args=(), **kwds)	应用函数 func，轴向 axis 为 0 ('index')对每列处理，轴向为 1 ('columns')对每行处理
map(arg)	applymap(func)	以元素为单位对列进行映射
agg(func[, axis])	agg(func, axis=0, *args)	在指定的轴上聚合
aggregate(func[, axis])	aggregate(func, axis=0, *args)	同 agg 方法
transform(func[, axis])	transform(func, *args, **kwargs)	调用 func 产生新的 Series
groupby([by, axis, level, ...])	groupby([by, axis, level, ...])	根据某列或多列分组处理

数据表格中原有 A、B、C 三个指标，对应三列数据。现有一个新的指标 D 是原有指标 B 的平方，则在数据表格中建立一个新的列'D'，采用 DataFrame 列数据的 map()方法，以映射一个平方函数，也可以使用 lambda 函数来代替。示例代码如下：

```
>>> import numpy as np                              A    B    C
>>> import pandas as pd                         a   4  105   16
>>> df = pd.DataFrame({'A': [4, 8, 3, 7, 6],    b   8   94   64
      'B': [105, 94, 101, 105, 112]},           c   3  101    9
      index=list('abcde'))                      d   7  105   49
>>> df['C'] = df['A'].map(lambda x:x**2)        e   6  112   36
>>> df
```

2. 多列运算

要实现对多个列同时运算，可以使用 apply()或 applymap()函数。DataFrame 已经将这些函数包装为自己的方法，可以直接对整个数据表格根据指定的轴向应用函数进行处理。要应用 apply()或 applymap()方法，应保证所有参与运算的列都适合函数运算，一般来说，DataFrame 的数据元素应为数字，不能包括字符串等其他类型的元素。

二者在用法方面的区别在于，apply()会针对整列进行操作，属于列运算，而 applymap()则是元素级的运算。因此 apply()返回结果可能为 Series，也可能是 DataFrame，而 applymap()

返回结果一定是 DataFrame，如下例所示：

```
>>> f = lambda x : x.max()-x.min()
>>> df.apply(f)
A      5
B     18
C     55
dtype: int64
>>> def g(x):
      x = int(x/2)
      return x
>>> df.applymap(g)
   A   B   C
a  2  52   8
b  4  47  32
c  1  50   4
d  3  52  24
e  3  56  18
>>> df['D'] = df.apply(lambda x: x['A'] +
        int(x['B']/2), axis=1)
>>> df
   A    B   C   D
a  4  105  16  56
b  8   94  64  55
c  3  101   9  53
d  7  105  49  59
e  6  112  36  62
```

3. 聚合运算

当对数据表格的一列或一行求和或平均数等操作时，其输入为一组数据，输出为一个数据，这一过程就属于将一组数据聚合为一个数据，属于聚合运算。事实上，这样的聚合性运算还有很多，常见的聚合函数如表 11-13 所示。

表 11-13　常见聚合函数

函　数	说　明
count	分组中非 Nan 值的数量
sum	非 Nan 值的和
mean	非 Nan 值的平均值
median	非 Nan 值的算术中间数
std, var	标准差、方差
min, max	非 Nan 值的最小值和最大值
prob	非 Nan 值的积
first, last	第一个和最后一个非 Nan 值

当轴向为 0 ('index')时，聚合运算属于列聚合，将对列中的元素按聚合函数进行运算得出聚合结果。列聚合可以用列表的方式同时指定多个聚合操作，也可以在输入聚合要求时以字典的形式指定哪个列参加何种聚合操作。当轴向为 1('columns')时，聚合运算属于行聚合，将对各行元素按聚合函数进行运算得出聚合结果。行聚合只能一次进行一种聚合操作。示例代码如下：

```
>>> df
   A    B   C   D
a  4  105  16  56
b  8   94  64  55
c  3  101   9  53
d  7  105  49  59
e  6  112  36  62
>>> df.agg(['mean','sum'])
        A      B     C     D
mean  5.6  103.4  34.8  57.0
```

```
sum    28.0   517.0   174.0   285.0
>>> df.agg({'A':['sum', 'min'],
        'B':['max','min']})
          A        B
max     NaN  112.0
min    3.0    94.0
sum   28.0      NaN
>>> df.agg("sum", axis=1)
a      181
b      221
c      166
d      220
e      216
dtype: int64
>>> df.agg("mean", axis="columns")
a      45.25
b      55.25
c      41.50
d      55.00
e      54.00
dtype: float64
```

11.4.5 分组运算

轴向运算属于粗粒度的计算，虽然符合数据处理的基本需求，然而很多情况下，要实现对数据的深度处理，还需要对列数据进行细粒度划分，这时就需要进行分组运算。示例如下：

1. 基于列值的分组

```
>>> import numpy as np
>>> import pandas as pd
>>> df = pd.DataFrame({'k1':['a','a','b','b','a'],
        'k2':['X','Y','X','Y','X'],
        'd1':np.random.randint(1,10,5),
        'd2':np.random.randint(10,20,5)})
>>> df
   d1  d2 k1 k2
0   8  10  a  X
1   4  12  a  Y
2   8  19  b  X
3   8  12  b  Y
4   7  14  a  X
```

可以对指定的列或者整个数据表格进行分组，分组时需要指定根据哪一个或哪几个列进行组别的划分，一般为存放键值的列，如下例中为'k1'、'k2'：

```
>>> g1 = df['d1'].groupby(df['k1'])
>>> for i in g1:
        print(i)
 ('a', 0     8
1      4
4      7
Name: d1, dtype: int32)
('b', 2      8
3      8
Name: d1, dtype: int32)
>>> g2 = df.groupby(df['k1'])
>>> for name,group in g2:
        print(name)
        print(group)
a
   d1  d2 k1 k2
0   8  10  a  X
1   4  12  a  Y
4   7  14  a  X
b
   d1  d2 k1 k2
2   8  19  b  X
3   8  12  b  Y
>>> g3 = df['d1'].groupby([df['k1'],df['k2']])
```

```
>>> for name,group in g3:
        print(name)
        print(group)
('a', 'X')
0      8
4      7
Name: d1, dtype: int32
('a', 'Y')
1      4
Name: d1, dtype: int32
('b', 'X')
2      8
Name: d1, dtype: int32
('b', 'Y')
3      8
Name: d1, dtype: int32
>>> g4 = df.groupby([df['k1'],df['k2']])
```

```
>>> for (k1,k2),group in g4:
        print(k1, k2)
        print(group)
a X
   d1  d2 k1 k2
0   8  10  a  X
4   7  14  a  X
a Y
   d1  d2 k1 k2
1   4  12  a  Y
b X
   d1  d2 k1 k2
2   8  19  b  X
b Y
   d1  d2 k1 k2
3   8  12  b  Y
```

2. 分组数据聚合

对分组后的数据，可以进行 sum、mean 等聚合操作。由于分组结果为 Series 或 DataFrame，自身已经具有了常用的聚合方法。示例如下：

```
>>> g1.mean()
k1
a      6.333333
b      8.000000
Name: d1, dtype: float64
>>> g2.mean()
```

```
          d1      d2
k1
a   6.333333    12.0
b   8.000000    15.5
```

如果要将聚合结果回归到与原有数据一致的形式，从而使得分组数据的聚合结果能够成为一列回放到原有数据列表，就需要使用 transform()方法。比如以上的 mean()聚合运算，虽然得到了结果，但是这一结果无法回放到原有数据列表，若采用 transform()方法，就可以实现这种形式的转变。示例如下：

```
>>> x = g2.transform(np.mean)
>>> x
         d1     d2
0  6.333333   12.0
1  6.333333   12.0
2  8.000000   15.5
3  8.000000   15.5
4  6.333333   12.0
>>> df['d1_mean'] = x['d1']
```

```
>>> df['d2_mean'] = x['d2']
>>> df
   d1  d2 k1 k2   d1_mean   d2_mean
0   8  10  a  X  6.333333      12.0
1   4  12  a  Y  6.333333      12.0
2   8  19  b  X  8.000000      15.5
3   8  12  b  Y  8.000000      15.5
4   7  14  a  X  6.333333      12.0
```

 11.5 统计分析

Python 内置了统计模块 statistics，可以进行一般性的数据统计。

1. 计算平均数

示例如下：

```
>>> import statistics
>>> x = list(range(1,10))
>>> x
[1, 2, 3, 4, 5, 6, 7, 8, 9]
>>> statistics.mean(x)
5
>>> statistics.mean(range(1,10))
5
>>> import decimal
>>> x = ('0.5', '0.75', '0.625', '0.375')
>>> y = map(decimal.Decimal, x)
>>> statistics.mean(y)    #高精度实数
Decimal('0.5625')
```

2. 计算中位数

计算中位数时，median()函数对于样本为偶数的则取中间两个数的平均数，median_low()函数取中间两个数的较小者，median_high()取中间两个数的较大者，而 median_grouped()则使用插值来估计分组连续数据的中位数。例如：

```
>>> statistics.median([1, 3, 5, 7])
4.0
>>> statistics.median_low([1, 3, 5, 7])
3
>>> statistics.median_high([1, 3, 5, 7])
5
>>> statistics.median(range(1,10))
5
>>> statistics.median_low([5, 3, 7]), statistics.median_high([5, 3, 7])
(5, 5)
>>> statistics.median_grouped([5, 3, 7])
5.0
>>> statistics.median_grouped([52, 52, 53, 54])
52.5
>>> statistics.median_grouped([1, 2, 2, 3, 4, 4, 4, 4, 4, 5])
3.7
>>> statistics.median_grouped([1, 2, 2, 3, 4, 4, 4, 4, 4, 5], interval=2)
3.4
```

3. 最常见数据

mode()函数可以返回最常见数据或出现次数最多的数据(most common data)。若找不到

次数最多的唯一元素，会返回 statistics.StatisticsError 异常。示例代码如下：

```
>>> statistics.mode([1, 3, 5, 7])
statistics.StatisticsError: no unique mode; found 4 equally common values
>>> statistics.mode([1, 3, 5, 7, 3])
3
>>> statistics.mode(["red", "blue", "blue", "red", "green", "red", "red"])
'red'
```

4．总体标准差

pstdev()函数返回总体标准差(population standard deviation ，the square root of the population variance)，如下所示：

```
>>> statistics.pstdev([1.5, 2.5, 2.5, 2.75, 3.25, 4.75])
0.986893273527251
>>> statistics.pstdev(range(20))
5.766281297335398
```

5．总体方差

pvariance()函数返回总体方差(population variance)或二次矩(second moment)，例如：

```
>>> statistics.pvariance([1.5, 2.5, 2.5, 2.75, 3.25, 4.75])
0.9739583333333334
>>> x = [1, 2, 3, 4, 5, 10, 9, 8, 7, 6]
>>> mu = statistics.mean(x)
>>> mu
5.5
>>> statistics.pvariance([1, 2, 3, 4, 5, 10, 9, 8, 7, 6], mu)
8.25
>>> statistics.pvariance(range(20))
33.25
```

6．样本方差和样本标准差

variance()、stdev()函数用于计算样本方差(sample variance)和样本标准差(sample standard deviation，the square root of the sample variance，也叫均方差)。示例如下：

```
>>> statistics.variance(range(20))
35.0
>>> statistics.stdev(range(20))
5.916079783099616
>>> _ * _
35.0
>>> lst = [3, 3, 3, 3, 3, 3]
>>> statistics.variance(lst), statistics.stdev(lst)
(0, 0.0)
```

本章小结

科学计算和可视化是大数据处理不可或缺的技术和方法基础。本章重点介绍了 NumPy、SciPy、Matplotlib、pandas、Statistics 等基础性模块。

NumPy 为数组和矩阵的运算提供了支持，也是其他各类科学计算的基础。相比于元组、列表等基础性数据结构，NumPy 中的 ndarray 数组提供了更好的数组计算能力，可方便地进行算术运算和数组之间的各类运算，也可以方便地转化为矩阵运算。数组在切片和索引方面具有列表等数据结构的各类方便灵活的特征，还可以支持以数组作为索引、布尔索引、函数运算等特殊用法，极大地加强了数据的计算和处理能力。

SciPy 提供了积分、齐次线性方程组求解、数字滤波等一些成熟的数学问题求解方法，在实际工程中可以直接使用。

Matplotlib 则提供了强大的绘图功能，可以利用 pyplot 绘制线性图、散点图、条形图、直方图、饼图等各类统计图形。对于图形的绘制主要掌握其中的基础性原理与方法，能够进行单图、多图的绘制以及图例、坐标等的标注方法。

pandas 是基于 NumPy 的数据分析模块，本章重点介绍了标签化的一维数组 Series 和数据表格 DataFrame 两个重要的数据对象的使用方法。二者一个用于一维数据的处理，一个用于二维数据的处理，但处理方式和方法具有很大的相似性，具有类似的数据创建、选择、运算、分类等处理方式，同时 DataFrame 的列数据本身就是 Series 结构。本章还介绍了轴向运算和分组运算等的特点和方法。

习题

一、单选题

1. 将 [[1, 2, 3, 4], [5, 6, 7, 8], [9, 10, 11, 12]]转化为 ndarray 数组，转换后的数组具有以下的秩(　　)。

A. 1　　B. 2　　C. 3　　D. 4

2. 已知一个矩阵 matrix([[1, 2, 3, 4]])，该矩阵的维度为(　　)。

A. 1　　B. 2　　C. (1,4)　　D. (4)

3. 对于 NumPy 数组，np.ones((2,1))返回的结果为(　　)。

A. array([[1, 1]])　　B. array([[1], [1]])

C. array([[1., 1.]])　　D. array([[1.], [1.]])

4. 已知 NumPy 数组 a 为 array([1,2,3])，则 a.reshape(-1,1)为(　　)。

A. array([1],[2],[3])　　B. array([[1, 2, 3]])

C. array([[1],[2],[3]])　　D. array([1, 2, 3])

5. 已知一个矩阵 matrix([[1, 2, 3, 4]])，该矩阵的维度为(　　)。

A. 1　　B. 2　　C. (1,4)　　D. (4)

6. 对于 pandas 数据，s = pd.Series([[1],[2]])，则 print(s)的结果为(　　)。

A.		B.		C.		D.	
0	1	0	1	0	[1]	0	[1]
1	2	1	2	1	[2]	1	[2]
dtype: int64		dtype: object		dtype: int64		dtype: object	

7. 以下不属于聚合函数的是(　　　)。

A. add　　B. median　　C. sum　　D. count

二、填空题

1. [1,2]+[1,2]的计算结果是__________。

2. (3, 3, 'a')*2 的计算结果是__________。

3. 已知变量 a 的内容为数组 array([[1, 2, 3],[4, 5, 6]])，则 a*2 结果为__________。

4. 对于 NumPy 数组，已知 a = np.array(([1,2,3],[4,5,6]))，则 a.T 为 __________。

5. 对于 NumPy 数组，已知 a = np.array([[3,3],[1,4]])，则 a**2 为 __________。

6. 对于 NumPy 数组，已知 a = np.array([[1,2],[3,4]])，b = numpy.array([[1,3],[2,4]])，则 a*b 为__________，a.dot(b)为 __________。

7. 对于 NumPy 数组，已知 a = np.arange(6)，则 a[:3]为________，a[1:-1]为________，a[(a > 1) & (a < 4)]为________。

8. 已知数组 x 的内容为 NumPy 数组 array([[143, 816, 622], [326, 818, 891],[997, 571, 445]])，对其执行 3×3 滤波，其结果为________________________。

9. 已知 NumPy 数组 a = np.array([[1, 5, 2], [1, 3, 0], [2, 3, 2]])，则 np.unique(a) = __________。

10. 对于 NumPy 数组，已知 a = np.array([[1, 0, 0], [1, 0, 0], [2, 3, 4]])，则 a.sum() 的结果是__________，a.sum(axis=0) 的结果是__________，a.sum(axis=1) 的结果是__________。

三、程序题

1. 创建大小为 10、值为 0 的向量。

2. 创建一个 10*10 的随机数组并查找最大最小值。

3. 生成 20 个 1 到 100 之间的随机数，将这 20 个数中大于其均值的划分为一组，小于均值的划分为一组，输出两组的内容。

4. 已知数组 a 的数据来自列表[[1, 2, 3], [3, 1, 4], [2, 3, 5]]，求 a 在各个轴向上的均值。

5. 创建一个具有 6 个学生信息的 DataFrame 数据表格，包括姓名('Wang', 'Song', 'Li', 'Zhang', 'Wu', 'Zhao')、性别(3'm'、3'f')、成绩(61,75,87,78,76,91)，通过性别对学生信息进行分组，分别求出每组的平均成绩。

第 12 章 并发编程

大数据的处理往往要涉及数据密集型和计算密集型的任务，海量的数据和复杂的计算往往需要涉及多处理器和并发处理机制，如进程、线程、协程等并发方式的选择，以及同步和异步、阻塞和非阻塞等资源访问方式。尽管并发处理本身是属于操作系统的职能，但对于并发的建立与设置一般需要在程序中加以指定，即并发编程。

12.1 进程

进程是操作系统中正在执行程序的实例，具有独立的地址空间，保存了执行指令、变量、动态分配的内存以及堆栈数据空间等。

12.1.1 进程的执行

传统的批处理系统采用串行的方式执行程序，一个任务执行完了再启动下一个任务。并发执行的操作系统允许多个任务同时执行，如果涉及 CPU 占用等受限资源的使用，会使用调度算法实现多任务之间的共享。

在 Python 程序启动后，会默认产生一个进程作为主进程，而在程序中启动一个进程，实际上是启动了当前进程的子进程。子进程采用 start()方法启动执行，而其执行是否结束可以由 join()方法来确定。子进程 join()方法一旦被执行，会确保在该进程一定执行完成后才能执行后续的指令。例 12-1 演示了子进程的启动与执行过程。

【例 12-1】 子进程的启动与执行。程序如下：

```
import multiprocessing as mp
import os
import time
x=100
def task(msg):
    print('in task, 子进程 runing')
    print('in task, module name:',_name_)
    print('in task', msg)
    global x
    x = 10
    time.sleep(2)
```

```
        print('in task, parent process:',os.getppid())      #查看父进程 ID
        print('in task, process id:',os.getpid())           #查看当前进程 ID
        print('in task, x=', x)
if _name_ == '_main_':
        p = mp.Process(target=task, args=('MySubProcess',))
        p.start()
        p.join()                                            #等待子进程执行完毕
        print('x=', x)
        print('parent process:',os.getppid())               #查看父进程 ID
        print('process id:',os.getpid())                    #查看当前进程 ID
```

进程的执行不能在 IDLE 环境中进行，否则无法准确观察结果。以上的程序需要在命令行中执行，如图 12-1 所示。可以看出，当前进程的 id 为 5328，而子进程中所观察的父进程 id 正是 5328，另外子进程中修改了全局变量的值，而在子进程执行完成后可观测到这一修改并未反馈到父进程之中，这个修改完全是在子进程自身的地址空间之中进行的。

```
C:\Temp>python e12_1.py
in task, 子进程runing
in task, module name: __mp_main__
in task MySubProcess
in task, parent process: 5328
in task, process id: 5076
in task, x= 10
x= 100
parent process: 5588
process id: 5328
```

图 12-1　子进程的启动与运行

在一个程序中，若同时存在多个任务，可以利用进程池并发执行各个任务。例 12-2 给出了一个计算列表元素乘积的进程池计算示例，其中采用了 functools 模块所提供的 reduce 方法，该方法可以对一个序列中的元素顺序执行某个操作，且前面两个元素的执行结果会作为后续运算的输入，与后面的元素一起继续执行该操作，直至序列中的所有元素执行完毕。

【例 12-2】 利用进程池执行多个序列元素的乘积任务。程序如下：

```
import multiprocessing as mp
import os
from functools import reduce
def f(lst):
        print('name={} ppid={} pid={}'.format(mp.current_process().name,
                os.getppid(), os.getpid()))
        return(reduce(lambda x,y:x*y, lst))
if _name_ == '_main_':
        x = [list(range(x,x+9)) for x in range(1,100,10)]
                                            #list(range(1,9)),list(range(10,19)) …
        with mp.Pool(os.cpu_count()) as p:
```

```
print(p.map(f, x))
```

程序执行结果中的计算结果唯一，但结果中参与计算的进程信息每次运行会出现不同的信息，由于 x 中总共有 10 个元素，因此其打印的数量为 10 个记录，根据进程号可以看出，当前有三个子进程 4152、4896、6600，一个父进程 9496，最后 10 组列表各自元素的累积则放在一个列表中打印出来：

```
name=SpawnPoolWorker-1 ppid=9496 pid=4152
name=SpawnPoolWorker-1 ppid=9496 pid=4152
name=SpawnPoolWorker-1 ppid=9496 pid=4152
name=SpawnPoolWorker-1 ppid=9496 pid=4152
name=SpawnPoolWorker-1 ppid=9496 pid=4152
name=SpawnPoolWorker-1 ppid=9496 pid=4152
name=SpawnPoolWorker-1 ppid=9496 pid=4152
name=SpawnPoolWorker-2 ppid=9496 pid=4896
name=SpawnPoolWorker-1 ppid=9496 pid=4152
name=SpawnPoolWorker-3 ppid=9496 pid=6600
[362880, 33522128640, 3634245014400, 76899763100160, 745520860465920, 4559830787191680,
20565162535357440, 74684882115043200, 230656425830328960, 628156509555294720]
```

12.1.2 进程同步

尽管多个进程可以并发式执行，但对于 IO 设备等一些共享资源，经常会有某个进程需要独占式访问的要求，这时就需要进程同步机制。

互斥锁是一种常见的共享资源保护措施，能够确保只有单一进程访问资源，其他进程访问已经加锁的资源则必须等待互斥锁释放以后才能访问该资源。

【例 12-3】 利用互斥锁进行文件读写。程序如下：

```
import multiprocessing as mp
import sys
import time
def worker1(lock, f):
    with lock:
        fs = open(f, 'a+')
        for i in range(3):
            fs.write("worker1 lockd\n")
            time.sleep(0.5)
        fs.close()
def worker2(lock, f):
    lock.acquire()
    try:
        fs = open(f, 'a+')
        for i in range(3):
```

```
            fs.write("worker2 acquired\n")
            time.sleep(0.5)
        fs.close()
    finally:
        lock.release()
if _name_ == "_main_":
    lock = mp.Lock()
    f = "locked.txt"
    p1 = mp.Process(target = worker1, args=(lock, f))
    p2 = mp.Process(target = worker2, args=(lock, f))
    p1.start()
    p2.start()
    print("end")
```

在命令行中执行以上程序以后，可查看 locked.txt 中具有以下内容：

```
worker1 lockd
worker1 lockd
worker1 lockd
worker2 acquired
worker2 acquired
worker2 acquired
```

事件(Event)机制可以用于进程或线程之间的通信。事件(Event)通信的相关方法如表 12-1 所示，Event 内部维护一个标志，可以通过 set()方法将其设置为 True，也可以通过 clear()方法设置为 False。程序可以调用 wait()方法阻塞进程或线程的执行，直到 Event 内部标志被设置为 True。

表 12-1 事件(Event)通信的相关方法

方 法	说 明
is_set()	返回 Event 的内部标志是否为 True
set()	把内部标志设置为 True，并唤醒所有处于等待状态的进程或线程
clear()	将 Event 的内部标志设置为 False，通常接下来会调用 wait()阻塞
wait(timeout=None)	阻塞当前的进程或线程，直到内部标志为 True

【例 12-4】 采用事件机制通信的进程。程序如下：

```
import multiprocessing as mp
import time
def task1(e):
    print("task1 starting, flag=", str(e.is_set()))
    e.wait()
    print("task1, flag=", str(e.is_set()))
def task2(e, t):
```

```
        print("task2 starting, flag=", str(e.is_set()))
        e.wait(t)
        print("task2, flag=", str(e.is_set()))
if _name_ == "_main_":
        e = mp.Event()
        mp.Process(name="block", target=task1, args=(e,)).start()
        mp.Process(name = "non-block", target=task2, args=(e, 2)).start()
        time.sleep(3)
        e.set()
        print("main: event is set")
```

在命令行中调用 python 语句执行以上程序可以得到以下结果：

```
task1 starting, flag= False
task2 starting, flag= False
task2, flag= False
main: event is set
task1, flag= True
```

可以看出，例 12-4 中 task2 由于设置了 wait(2)而发生等待超时的效应，因此会提前结束，而 task1 则一直等待至主进程通过 set()方法设置了 event 的内部标志为 True 才停止等待过程，完成自身的执行。

12.1.3 进程间的数据交换

进程拥有独立的地址空间，意味着两个子进程之间要想进行数据交换，需要一些特殊的设计。队列、管道、共享内存和进程管理器是一些常见的进程间数据交换的方式。

1. 队列

Queue 是多进程安全的队列，可以使用 Queue 实现多进程之间的数据传递。put 方法用于插入数据到队列中，get 方法可以从队列读取并且删除一个元素。

【例 12-5】 采用队列方式建立的生产者与消费者进程。程序如下：

```
import random
import multiprocessing as mp
import time
def produter(q,name,food):
    for i in range(1,4):
        res = '%s%s'%(food,i)
        time.sleep(random.randint(1,3))
        q.put(res)
        print('%s 生产 %s' %(name,res))
    q.put(None)                          #结束时放置一个 None 到队列
def consumer(q,name):
```

```
    while True:
        res = q.get()
        if res == None: break          #若接收为 None 则终止循环
        time.sleep(random.randint(1,3))
        print('%s 消费 %s' %(name,res))
if _name_ == '_main_':
    q = mp.Queue()
    mp.Process(target=produter,args=(q,'农民','大米')).start()
    mp.Process(target=consumer,args=(q,'居民')).start()
```

在命令行中调用 python 语句执行以上程序可以得到以下结果：

```
农民 生产 大米 1
居民 消费 大米 1
农民 生产 大米 2
居民 消费 大米 2
农民 生产 大米 3
居民 消费 大米 3
```

2. 管道

管道(Pipe)是常用的数据传递方法，一般包括两个连接端(conn1, conn2)。默认情况下，管道会建立在全双工模式(duplex=True)下，两个连接端均可收发数据，即均能够调用 send()和 recv()方法进行消息的发送和接收。如果没有消息可接收，recv()方法会一直阻塞。如果管道已经被关闭，那么 recv()方法会抛出 EOF Error 异常。

管道的两端也可以自定义内部协议，双方以消息的方式相互通知关闭管道通信，如例 12-6 中以'end'消息作为通信的结束语。

【例 12-6】 采用管道进行数据的收发。程序如下：

```
import multiprocessing as mp
def f(conn):
    conn.send('hello')                     #向管道中发送数据
    print(conn.recv())
    conn.send(100)
    print(conn.recv())
    conn.send('end')
    conn.close()
if _name_ == '_main_':
    conn1, conn2 = mp.Pipe()               #创建管道对象
    p = mp.Process(target=f,args=(conn2,)) #将管道的一方作为参数传递给子进程
    p.start()
    while True:
        m = conn1.recv()
```

```
        print(type(m), m)                          #通过管道的另一方获取数据
        if m=='end': break
        conn1.send('received')
    p.join()
```

在命令行中调用 python 语句执行以上程序可以得到以下结果：

```
<class 'str'> hello
received
<class 'int'> 100
received
<class 'str'> end
```

3. 共享内存

共享内存是一种高效的进程间通信方式，进程可以直接共享并读写一段内存，而不需要任何数据拷贝，因此可以快速在进程间传递数据。multiprocessing 模块中的 Value 和 Array 提供了共享内存通信的能力，其中 Value 提供单值的存放，而 Array 提供同类型的多个数据的存放。Value 与 Array 的用法如下：

```
Value(typecode_or_type, *args, lock=True)
Array(typecode_or_type, size_or_initializer, *, lock=True)
```

其中的 typecode_or_type 表示类型代码或 C 语言的类型，数据类型对应关系如表 12-2 所示。

表 12-2　数据类型对应关系

类型代码	C 语言类型	Python 类型	字节数
'b'	signed char	int	1
'B'	unsigned char	int	1
'u'	Py_UNICODE	Unicode	>1
'h'	signed short	int	2
'H'	unsigned short	int	2
'i'	signed int	int	2
'I'	unsigned int	long	2
'l'	signed long	int	4
'L'	unsigned long	long	4
'q'	signed long long	int	8
'Q'	unsigned long long	int	8
'f'	float	float	4
'd'	double	float	8

【例 12-7】 共享内存通信示例。代码如下：

```
import multiprocessing as mp
def task(n, a):
    n.value = 10
    for i in range(len(a)):
```

```
            a[i] = a[i]*int(n.value)
        print('task complete')
if _name_=='_main_':
        num = mp.Value('d',0.0)                    #实型
        arr = mp.Array('i',range(10))              #整型数组
        print(num.value)
        print(arr[:])
        p = mp.Process(target=task, args=(num, arr))
        p.start()
        p.join()
        print(num.value)
        print(arr[:])
```

在命令行中调用 python 语句执行以上程序可以得到以下结果：

```
0.0
[0, 1, 2, 3, 4, 5, 6, 7, 8, 9]
task complete
10.0
[0, 10, 20, 30, 40, 50, 60, 70, 80, 90]
```

4. 进程管理器

进程管理器(Manager)控制一个拥有 list、dict、Lock、RLock、Semaphore、BoundedSemaphore、Condition、Event、Barrier、Queue、Value、Array、Namespace 等对象的服务端进程，并且允许其他进程访问这些对象，可以提供更为强大的数据共享功能。Manager 类数据是不安全的，因此在使用过程中若需要确保多进程的数据共享可以采取互斥锁的方式确保数据访问的唯一性。

【例 12-8】 进程管理器的应用示例。代码如下：

```
import multiprocessing as mp
def worker(d,l,v,lock):
        with lock:
                for i in range(1, 6):
                        key = "key{0}".format(i)
                        val = "val{0}".format(i)
                        d[key] = val
                l += range(11, 16)
                v.value = 10
if _name_ == "_main_":
        lock = mp.Lock()
        with mp.Manager() as m:
                d, l, v = m.dict(), m.list(), m.Value('i',0)
```

```
        p = mp.Process(target=worker, args=(d,l,v,lock))
        p.start()
        p.join()
        print('{}\n{}\n{}'.format(d,l,v.value))
```

在命令行中执行以上程序可以得到以下结果：

```
{'key1': 'val1', 'key2': 'val2', 'key3': 'val3', 'key4': 'val4', 'key5': 'val5'}
[11, 12, 13, 14, 15]
10
```

12.2 线程

线程是进程中的实体，是可被操作系统独立调度和分派处理器运行的基本单位。进程中可以并发多个线程，每条线程并行执行不同的任务。

12.2.1 创建线程

threading 模块提供了 Thread、Lock、RLock、Condition、Event、Timer 和 Semaphore 等大量类来支持多线程编程，可以通过 Thread 类创建线程并控制线程的运行。Thread 对象成员如表 12-3 所示。

表 12-3 Thread 对象成员

成 员	说 明
start()	自动调用 run()方法，启动线程
run()	用来实现线程的功能和业务逻辑，可以在子类中重写该方法来自定义线程的行为
inti(self,group=None,target=None,name=None,kwargs=None,verbose=None)	构造函数
name	用来读取或设置线程的名字
ident	线程标识，非 0 数字或 None(线程未被启动)
is_alive(), isAlive()	测试线程是否处于活跃状态
daemon	布尔值，标识线程是否为守护线程
join(timeout=None)	等待线程结束或超时返回

线程是进程中的执行单位，因此在进程中如果没有特殊的设定，线程的存在会打乱原有进程的执行。比如在例 12-9 中，可以看到即便是以往一直很稳定的 print()操作，在线程的干扰下也出现了不同的输出效果。

【例 12-9】 线程的执行。程序代码如下：

```
import threading
def func1(x,y):
    for i in range(x,y):
        print(i)
t1 = threading.Thread(target=func1, args=(1,3))
t1.start()
print('t1-',t1.isAlive())
t1.join(5)
```

```
t2 = threading.Thread(target=func1,
        args=(13,15))
t2.start()
print('t2-',t2.isAlive())
t2.join()
print('t1:',t1.isAlive())
print('t2:',t2.isAlive())
```

以上程序可以在命令行窗口观察到以下结果，从中可以看到线程的运行使得程序 print() 语句的输出顺序发生了变化：

```
1
t1- True
2
13
14
t2- True
t1: False
t2: False
```

不同于子进程的执行无法在 IDLE 中观测，线程的执行可以在 IDLE 中观察到 print() 的结果，但是其输出的顺序会与命令行执行方式有所区别，可扫二维码进一步查看。

一般来说，线程 start()以后会首先启动 run()方法中的内容，然后再启动后续的语句，但由于线程的执行是不受限的，因此后续的代码事实是并发进行的。例 12-10 是一个用类的方式实现的线程，可以进一步观察其并发执行情况。

【例 12-10】 线程的执行。程序如下：

```
from threading import Thread
import time
x = 1
class MyThread(Thread):
    def _init_(self, name):
        Thread._init_(self)
        self.name = name
    def run(self):
        global x
        print(f'in run {self.name} x={x}')
        time.sleep(1)
        x = 100
        print('run end, x=', x)
    def test(self):
        print('in test', self.name)
t = MyThread('Thread-1')
t.start()
t.test()
time.sleep(2)
print('complete, x=', x)
```

在命令行窗口可观察到以下结果：

```
in run Thread-1 x=1
in test Thread-1
run end, x= 1
complete, x= 100
```

12.2.2 线程同步

为充分利用 CPU 等各类硬件资源来提高任务处理的速度和效率，可以将任务拆分成互相协作的多个线程同时运行，多个线程之间往往会有一定交互和同步以协作完成任务。

1. 互斥锁

线程也可以通过互斥锁方法来实现多线程的同步运行。threading 模块的 Lock 和 RLock 对象都是用于线程同步的互斥锁，可被同一个线程 acquire()多次。线程可以通过 Lock 或 RLock 对象的 acquire()/release()调用实现对共享资源的访问，能够确保共享资源在同一时间能被线程进行独占式访问。

【例 12-11】 线程中通过互斥锁访问共享资源。程序如下：

```
from threading import Thread, RLock
import time
class MyThread(Thread):
    def run(self):
        global x
        lock.acquire()
        for i in range(3):
            x=x+i
        time.sleep(1)
        print(x, end='   ')
        lock.release()
lock = RLock()
tl = []
for i in range(5):
    t = MyThread()
    tl.append(t)
x = 0
for i in tl:
    i.start()
```

在命令行窗口可观察到输出的结果都是 3 的倍数，说明线程的互斥锁确保了多线程对于全局变量访问的唯一性：

```
3   6   9   12   15
```

2. 信号量

互斥锁同时只允许一个线程访问共享数据，而信号量是同时允许一定数量的线程访问共享数据，比如银行柜台有 5 个窗口，则允许同时有 5 个人办理业务，后面的人只能等待前面有人办完业务后才可以进入柜台办理。

【例 12-12】 银行业务办理过程。程序如下：

```
import threading
import time
def bankTask(name):                                    #银行业务办理
    semaphore.acquire()
    time.sleep(3)
    print(f'{name}办理业务')
    semaphore.release()
semaphore = threading.BoundedSemaphore(5)              #5 个银行窗口同时工作
thread_list = []
for i in range(10):                                    #10 个顾客
    t = threading.Thread(target=bankTask, args=(i,))
    thread_list.append(t)
```

```
    for thread in thread_list:
        thread.start()
    for thread in thread_list:
        thread.join()
```

因采用了线程同步机制，采用 IDLE 和命令行窗口方式执行可得到相同的结果：

```
4 办理业务  0 办理业务  3 办理业务  1 办理业务  2 办理业务
5 办理业务  6 办理业务  7 办理业务  8 办理业务
9 办理业务
```

3. 条件变量

有时候线程的同步需要满足一定条件才能继续，此时单纯的互斥锁难以满足需要，而条件变量(Condition)除了能提供互斥锁的功能外，还提供了 wait()、notify()、notifyAll()等方法。wait([timeout])方法可以将线程挂起，直到收到 notify 通知或者超时。

【例 12-13】 采用线程方式实现一个生产者-消费者过程。代码如下：

```
from threading import Thread, Condition
class Producer(Thread):
    def run(self):
        global x
        con.acquire()
        if x==20:
            con.wait()
        else:
            print('Producer: ',end='')
            for i in range(20):
                print(x, end=' ')
                x = x+1
            print(x)
            con.notify()
        con.release()
class Consumer(Thread):
    def run(self):
        global x
        con.acquire()
        if x==0:
            con.wait()
        else:
            print('Consumer: ',end='')
            for i in range(20):
                print(x, end=' ')
                x = x-1
            print(x)
            con.notify()
        con.release()
con = Condition()
x = 0
p = Producer()
c = Consumer()
p.start()
c.start()
p.join()
c.join()
print('complete',x)
```

以上程序执行结果如下：

```
Producer: 0 1 2 3 4 5 6 7 8 9 10 11 12 13 14 15 16 17 18 19 20
Consumer: 20 19 18 17 16 15 14 13 12 11 10 9 8 7 6 5 4 3 2 1 0
complete 0
```

4. 队列

线程使用队列需要引入 queue 模块，队列一般用于生产者-消费者类型的业务模型。

【例 12-14】 队列实现的线程级生产者-消费者过程。代码如下：

```
from threading import Thread
from queue import Queue
import time
class Worker(Thread):
    def _init_(self, queue):
        Thread._init_(self)
        self.queue = queue
        self.thread_stop = False
    def run(self):
        while True:
            try:
                task = q.get(block=True, timeout=20)
                time.sleep(3)
                q.task_done()            #完成一个任务
                res = q.qsize()          #消息队列大小
                print("task recv:%s ,task No:%d, rest tasks:%d" % (task[0],task[1],res))
            except Exception as e:
                break
if _name_ == "_main_":
    q = Queue(3)
    worker = Worker(q)
    worker.start()
    q.put(["make a cup!",1], block=True, timeout=None)
    q.put(["make a desk!",2], block=True, timeout=None)
    q.put(["make an apple!",3], block=True, timeout=None)
    q.put(["make a banana!",4], block=True, timeout=None)
    q.put(["make a bag!",5], block=True, timeout=None)
    q.join()
    print("complete")
```

以上程序执行结果如下：

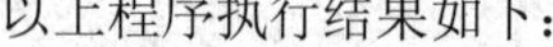

```
task recv:make a cup! ,task No:1, rest tasks:3
task recv:make a desk! ,task No:2, rest tasks:3
task recv:make an apple! ,task No:3, rest tasks:2
task recv:make a banana! ,task No:4, rest tasks:1
task recv:make a bag! ,task No:5, rest tasks:0
complete
```

5. 事件

threading 模块提供了事件(Event)的实现。set()方法可以设置 Event 对象内部的信号标志为真，clear()方法则将其设置为假，isSet()方法用来判断其内部信号标志的状态，wait()方法在其内部信号状态为真时返回，否则将一直等待至超时或内部信号状态为真。

【例 12-15】 多线程的事件机制。代码如下：

```
from threading import Thread,Event
class MyThread(Thread):
    def _init_(self, thname):
        Thread._init_(self,name=thname)
    def run(self):
        global evt
        if evt.isSet():
            evt.clear()
            evt.wait()
            print(self.getName(), end='  ')
        else:
print(self.getName(), end='  ')
evt.set()
evt = Event()
evt.set()
tl = []
for i in range(4):
    t = MyThread(str(i))
    tl.append(t)
for i in tl:
    i.start()
```

以上程序执行结果如下：

```
1  0  3  2
```

12.3 协　程

在前面的介绍中，线程的管理和调度是由内核来完成的，对于程序设计人员无法准确控制多个线程的执行顺序。另外一种线程，其调度是由程序员编写的程序来自行管理的，而无需内核控制和线程切换，这样的线程叫做用户空间线程，又称为协程。

12.3.1 概念的引入

多进程的执行中数据共享复杂，往往需要进程间通信(Inter-Process Communication，IPC)。但进程的创建、销毁以及切换复杂，效率很低。相比而言，多线程的执行可以共享进程数据，数据共享容易，但线程同步复杂，而线程的切换与进程相比具有更高的效率，且占用内存少。

在实际使用中，多线程机制通过线程的并发执行，有望以更高的效率实现系统服务，非常适用于 IO 密集型的任务。然而对于计算密集型的任务，由于线程并发时需要进行执行现场的切换和状态保存(如开关线程、保存寄存器和堆栈等)，会耗费大量系统的资源，因此多线程的使用有时在性能方面可能会低于单线程。

【例 12-16】 利用多线程与多进程执行 IO 密集型任务与计算密集型任务的性能对比。程序如下：

```
from multiprocessing import Process
from threading import Thread
```

```
import time
def ioIntenseWork():
    time.sleep(0.5)
def computeIntenseWork():
    res = 0
    for i in range(10000000):
        res *= 1
def getRunTime(entity, work):
    l = []
    start = time.time()
    for i in range(100):
        p = entity(target=work)
        l.append(p)
        p.start()
    for p in l:
        p.join()
    return time.time()-start
if  _name_ == '_main_':
    print('IO 密集型任务')
    print('run time for threads is :', getRunTime(Thread,ioIntenseWork ))
    print('run time for processes is :', getRunTime(Process,ioIntenseWork))
    print('计算密集型任务')
    print('run time for threads is :', getRunTime(Thread,computeIntenseWork))
    print('run time for processes is :', getRunTime(Process,computeIntenseWork))
```

在命令行窗口执行以上程序，得到结果如下，可以看出与之前的分析相吻合：

```
IO 密集型任务
run time for threads is : 0.5621793270111084
run time for processes is : 28.937815189361572
计算密集型任务
run time for threads is : 78.20331883430481
run time for processes is : 45.749881744384766
```

Python 代码的执行由 Python 虚拟机控制，这种 Python 解释器的主循环之中要求同时只有一个线程在运行。因此 Python 虚拟机引入了一种全局解释锁(Global Interpreter Lock，GIL)的线程同步机制，使得即便在多核处理器上，同一进程下尽管可以开启多个线程，但同一时刻只能有一个线程执行，使得多线程的性能甚至可能会低于单线程。

协程(Coroutine)又称为微线程，属于一种用户空间的线程，只有一个线程执行，但是却能够实现以往多线程才能够实现的协同式函数调用的能力，即在执行一个函数 A 时，可以随时中断其执行而转为执行函数 B，且这种函数执行的切换可以自由进行。因此，相比于多线程，协程可以实现由程序控制的主动式切换，可以减少线程切换的开销，执行效率很高。对于计算密集型的任务，适用于多进程与协程相结合的方式。

12.3.2　生成器协程

Python 的生成器是一种特殊的迭代器，它通过生成器函数来保存用于创建每个元素的算法，并通过 yield 或 yield from 语句来迭代返回序列的元素，可以保存该生成器当前的执行状态，并等待下一次调用。

1. yield 表达式的运用

生成器中不需要保存序列中的元素，而是通过生成器函数来实现用于产生每个元素的算法，再经过迭代逐一生成序列中的所有元素。这种元素的计算发生在生成器函数之中，与普通函数相区别的是，生成器函数不是通过 return 语句来返回数值，而是通过 yield 语句来迭代返回序列的元素。yield 语句每次返回一个值，然后由生成器函数来保存当前函数的执行状态，等待下一次调用。

生成器函数需要采用 yield 语句为标志进行结果的返回，同时一般需要在调用生成器时采用 next()语句。然而，如果在调用时直接使用迭代器，则相当于隐含调用了 next()语句，即使没有 next()语句也能正常工作，如例 12-17 所示。

【例 12-17】 一个简单的生成器协程。程序如下：

```
def gen_range(start, end):
    print("starting...")
    while start<end:
        start=start+1
        yield start                    #标志所在函数为生成器函数
if    _name_ == '_main_':
    for n in gen_range(0,10):          #迭代器
        print(n, end=' ')
    print()
```

执行以上程序，得到结果如下：

```
starting...
1 2 3 4 5 6 7 8 9 10
```

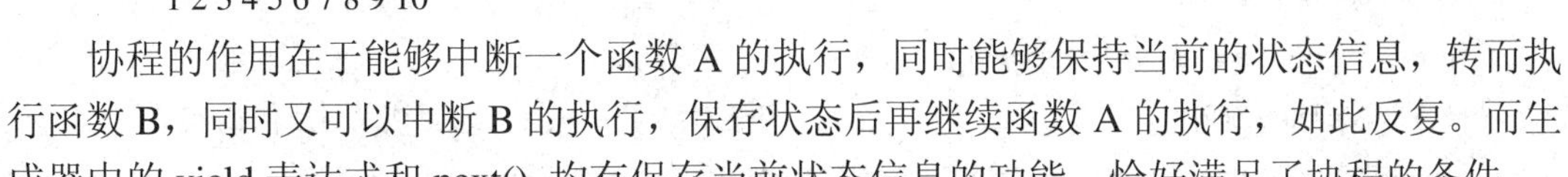

协程的作用在于能够中断一个函数 A 的执行，同时能够保持当前的状态信息，转而执行函数 B，同时又可以中断 B 的执行，保存状态后再继续函数 A 的执行，如此反复。而生成器中的 yield 表达式和 next() 均有保存当前状态信息的功能，恰好满足了协程的条件。

【例 12-18】 构成协程的两个生成器函数。程序如下：

```
import time
def A():
    for i in range(5):
        print('A', end=' ')
        yield
        time.sleep(0.5)
def B(c):
    while True:
        print('B', end=' ')
        next(c)
        time.sleep(0.5)
if _name_ == '_main_':
```

```
a = A()                                          B(a)
```

得到结果如下，其中出现了 6 个 B，执行到调用 A 函数时引发了 StopIteration 异常：

```
B A B A B A B A B A B Traceback (most recent call last):
    B(a)
    next(c)
StopIteration
```

如果在执行期间同一程序的两段子程序之间形成了协作式互动，则这种子程序间的互动就构成了协程，类似于通过线程而实现的两段子程序的并发执行。利用生成器实现协程时，往往会利用 send()方法实现子程序之间的数据传递。对于生成器函数而言，其执行方式如下，这也是协程的工作方式：

(1) 为生成器函数 A 建立一个实例 a 以后，并不能引发 A 的执行，而是处于一种等待执行的 GEN_CREATED 状态，此时生成器函数 A 也就成为协程 A；

(2) 调用了 next(A)或 a.send(None)时会激活协程 A，使其执行完成第一个 yield 表达式并暂停，此时执行状态为 GEN_SUSPENED；

(3) 再次调用 next()或 send()才能够执行第一个 yield 表达式，并执行完成下一个 yield 表达式并暂停，此后不断重复此过程；

(4) 关闭生成器以后协程执行结束，进入 GEN_CLOSED 状态，而协程工作时的状态为 GEN_RUNNING。

综合而言，协程可以处于 GEN_CREATED、GEN_RUNNING、GEN_SUSPENED、GEN_CLOSED 四个状态中的一个，当前状态可以使用 inspect.getgeneratorstate()函数确定。例 12-19 展示了一个简单协程的工作状态。

【例 12-19】 一个简单协程的工作状态。程序如下：

```
import inspect
def coroutine(a):
    print('start')                          #(1)
    b = yield                               #(2)
    print(f'a={a}, b={b}')                  #(3)
    c = yield a + b                         #(4)
    print(f'a={a}, b={b}, c={c}')           #(5)
c = coroutine(5)                            #(6)   #输出结果:              #结果对应的语句
print(inspect.getgeneratorstate(c))         #(7)   #GEN_CREATED           #(7)
print('next(c) yield ', next(c))            #(8)   #start                 #(8)-next (1) (2)-yield
                                                   #next(c) yield None    #(8)-print
print(inspect.getgeneratorstate(c))         #(9)   #GEN_SUSPENDED         #(9)
print('c.send(6) yield ', c.send(6))        #(10)  #a=5, b=6              #(10)-send (2)-b (3) (4)-yield
                                                   #c.send(6) yield   11  #(10)-print
print(inspect.getgeneratorstate(c))         #(11)  #GEN_SUSPENDED         #(11)
c.send(7)                                   #(12)  #a=5, b=6, c=7         #(12)   (4)-c
```

```
                                          #StopIteration              #(5)
print(inspect.getgeneratorstate(c))    #(13)    #GEN_CLOSED              #(13)
```

以上程序已将执行结果标注在注释部分，可以直接查阅到语句执行的对应情况。其中需要特别注意的是，第(2)、(4)语句事实上是被划分成等号两边形成两个部分来执行，在结果对应的语句一侧可以清楚地看出这两个部分具体在哪个语句中加以执行。从本例的执行情况可以看出，协程中各语句的执行顺序与之前的分析一致。

【例 12-20】 利用协程求已输入数据的当前累计均值。程序如下：

```
def avg_coroutine():                    #求均值的生成器协程
    total = 0.0
    count = 0
    avg = None
    while True:
        num = yield avg
        total += num
        count += 1
        avg = total/count
if _name_ == '_main_':
    avg = avg_coroutine()
    next(avg)                           #激活协程
    lst = [10,20,45,65]
    for i in lst:
        print(avg.send(i), end=' ')     #输出当前已发送数据的均值
    print()
```

以上程序执行结果如下：

```
10.0 15.0 25.0 35.0
```

2. yield from 表达式的运用

yield from 表达式可用于返回可迭代对象中的数据，也可以返回来自迭代器甚至生成器中的数据。如果数据来源于生成器，则 yield from 所在的函数相当于委托生成器协程，它以简洁的方式委托多个子生成器协程，这样就可以实现相当复杂的逻辑体系。

当 yield from 的数据来源于子生成器而形成委托生成器协程时，其逻辑状态变化就要考虑委托生成器和子生成器等各个部分。例 12-21 给出了一个这种生成器状态变化的演示。

【例 12-21】 含有 yield from 委托生成器协程的状态变化演示程序。程序代码如下：

```
import inspect
def subgen_coroutine():                          #子生成器协程
    print('subgen start')
    a = yield
    print('a=',100)
    b = yield a+1000
```

```
    print('b=', b)
    yield b+1000
def proxygen_coroutine(x):                      #委托生成器协程
    print('proxygen start')
    yield from subgen_coroutine()
    print('proceed 1')
    yield from range(x-1, 0, -1)                #利用 yield from 拼接可迭代对象
    print('proceed 2')
    yield from range(x)
    print('end')
if _name_ == '_main_':
    g = proxygen_coroutine(5)
    print(inspect.getgeneratorstate(g))
    print(next(g))                              #激活协程，yield 无内容则返回 None
    print(inspect.getgeneratorstate(g))
    print('g.send(100) yield', g.send(100)) #将 100 发送给 a，yield a+1000
    print('g.send(200) yield', g.send(200)) #将 200 发送给 b, yield b+1000
    print(list(g))
    print(inspect.getgeneratorstate(g))
```

以上程序执行结果如下：

```
GEN_CREATED
proxygen start
subgen start
None
GEN_SUSPENDED
a= 100
g.send(100) yield 1100
b= 200
g.send(200) yield 1200
proceed 1
proceed 2
end
[4, 3, 2, 1, 0, 1, 2, 3, 4]
GEN_CLOSED
```

由此可见，委托生成器协程中，子生成器协程仍然发挥了主要的数据传递和运行切换的作用，与直接使用生成器协程的效果和状态变换情况相同。

由于 yield from 表达式的运行会针对一个子生成器协程，如果委托生成器协程中涉及多个子生成器协程，也可以将委托生成器协程设计成一个委派器，将各个 yield from 所获得的返回值序列进行分组保存。在例 12-22 中，yield from 所在的例程负责将获得的结果插入列表实现其分组存放。

【例 12-22】 利用委派生成器协程实现一个累加器。程序代码如下：

```
def subgen_coroutine():          #子生成器协程
    total = 0.0
    while True:
        num = yield
```

```
        if num is None:
            return total
        total += num
def grouper_coroutine(lst):        #委派生成器协程
    while True:
        res = yield from subgen_coroutine()
        lst.append(res)
if _name_ == '_main_':
    lst = []
    g = grouper_coroutine(lst)
    print(g)
    next(g)                        #使累加生成器准备好接收传入值
    for i in range(4):             #计算 0、1、2、3 的累加和
        g.send(i)
    g.send(None)                   #结束第一次累加
    for i in range(5):             #计算 0、1、2、3、4 的累加和
        g.send(i)
    g.send(None)
    print(lst)
```

以上程序执行结果如下：

```
<generator object grouper_coroutine at 0x000001F90DF9BEB8>
[6.0, 10.0]
```

12.3.3　异步处理协程

协程是 Python 中发展很快的热门领域，从 Python 3.5 开始引入了新的语法 async 和 await，可以简便地实现异步 IO，通过异步处理函数完成协程的并发操作。

1. 阻塞与调度

异步 IO 模块提供了异步处理协程的定义方式，适用于磁盘读写和网络操作等 IO 操作。异步处理方式的好处是可以暂停一个函数的执行控制，却不影响其异步的 IO 执行，而原有的执行控制可以被切换到其他任务，等其他任务执行完毕或者也进入暂停执行状态，原有被暂停的任务可以再次被调度而继续执行。

将 async 关键字加在函数定义前面，则该函数就成为一个异步协程函数。与生成器协程不同的是，这样所定义的协程是一个真正的协程对象，而不是一个生成器对象。与生成器协程类似，创建一个异步处理协程的实例并会让异步处理协程进入执行状态，要激活协程的运行需要采用 send(None)方法。由于异步处理协程不属于可迭代对象，不能像生成器协程一样采用 next()函数激活其运行。异步处理协程执行完毕后会触发 StopIteration 异常，若协程有返回值，会以异常消息的形式存在并可在异常捕获中获取返回值，如例 12-23 所示。

【例 12-23】 异步处理协程的创建与运行。程序代码如下：

```
import asyncio

async def fun1():
    print("fun1: Start")
    print("fun1: Stop")

async def fun2():
    print("fun2: Start")
    print("fun2: Stop")
    return 100

if _name_ == '_main_':
    f1 = fun1()
    print(f1)
    f2 = fun2()
    print(f2)
    try:
        f1.send(None)
    except StopIteration:
        pass
    try:
        f2.send(None)
    except StopIteration as e:
        print(e)
```

程序的执行结果如下：

```
<coroutine object fun1 at 0x000001EB0494AFC0>
<coroutine object fun2 at 0x000001EB04A1E6D0>
fun1: Start
fun1: Stop
fun2: Start
fun2: Stop
100
```

异步处理协程非常适用于具有 IO 操作的环境，在模拟运行时往往通过 sleep()睡眠操作模拟 IO 的执行。异步处理协程的执行需要一个事件循环，在事件循环中，主线程不断地重复“读取消息和处理消息”的过程。

将 await 关键字加在需要等待的操作前面，可以在异步处理消息循环中加以调用，用于耗时的 IO 操作并挂起协程，让出其执行的控制权。

【例 12-24】 异步处理协程的创建与运行。程序代码如下：

```
import asyncio
async def func(x):
    print('输出%d'% x, end=' ')
    await asyncio.sleep(2)              #模拟这里产生了一个异步操作{异步 IO}
    print('ended', end=' ')
if _name_ == '_main_':
    a = func(10)
    print(a)
    print('prepare event loop')
    loop = asyncio.get_event_loop()    #获取一个事件轮询对象
    print('start to run')
    loop.run_until_complete(a)          #运行事件环，处理异步事件
```

```
    print('\ncomplete')
    loop.close()                        #关闭事件环
```

程序的执行结果如下：

```
<coroutine object func at 0x0000219072B6048>
prepare event loop
start to run
输出 10 ended
complete
```

异步处理协程需要使用 await 表达式返回协程，并等待将来的事件循环调度。这种由 await 表达式返回并让出执行控制权的情景下，其返回的对象又称可等待对象(awaitable)，可以是协程或具有_await_()方法的对象。

对于异步执行的协程，可以将其实例直接加入事件循环，如例 12-24 中的 loop.run_until_complete(a)，就直接注册了协程的实例 a。更多的做法是采用 gather()或 wait()函数，可以实现多个协程的同时注册，具体用法如下：

```
awaitable asyncio.gather(*aws, loop=None, return_exceptions=False)
await asyncio.wait(aws, *, loop=None, timeout=None, return_when=ALL_COMPLETED)
```

二者的功能类似，只是 wait()函数只能接收单一数据，因此多个协程必须组合为一个列表进行输入，而 gather()函数允许多个独立协程直接输入。

一旦将协程通过 run_until_complete()方法注册到事件循环，其 await 所发起的耗时 IO 操作之后的执行就可以在事件循环中等待被调度以恢复其执行。事件循环会在挂起协程的执行之后恢复其他协程的执行，直到当前处于执行状态的协程也挂起或执行完毕才有机会再次得到调度。例 12-25 展示了事件循环的使用及其控制的异步协程调用，其中事件循环进行了两次调度：

```
loop.run_until_complete(asyncio.wait([io1(),io2()]))
loop.run_until_complete(asyncio.gather(io3(),io4()))
```

这两次调度属于顺序执行，而每次调度之中的各个协程直接采用了异步执行的方式。

【例 12-25】 异步 IO 处理协程运行模拟。程序如下：

```
import asyncio,time
async def io1():                        #模拟磁盘异步 IO
    for i in range(2):
        print('磁盘 IO', end=' ')
        await asyncio.sleep(2)          #模拟这里产生了一个异步操作{异步 IO}
        print('io1 ended', end=' ')
async def io2():                        #模拟网络异步读写
    for i in range(2):
        print('网络读写', end=' ')
        await asyncio.sleep(1)
        print('io2 ended', end=' ')
async def io3():                        #模拟磁盘异步 IO
```

```
        for i in range(2):
            print('数据库 IO', end=' ')
            await asyncio.sleep(2)          #    模拟这里产生了一个异步操作{异步 IO}
            print('io3 ended', end=' ')
async def io4():                            #模拟网络异步读写
        for i in range(2):
            print('打印机输出', end=' ')
            await asyncio.sleep(1)
            print('io4 ended', end=' ')
if _name_ == '_main_':
        start = time.time()
        loop = asyncio.get_event_loop()      #获取一个事件轮询对象
        loop.run_until_complete(asyncio.wait([io1(),io2()]))
        print('\n','-'*30)
        loop.run_until_complete(asyncio.gather(io3(),io4()))
        print('\ntime cost : %.5f sec' %(time.time()-start))
        loop.close()                          #关闭事件环
```

以上程序执行结果如下：

```
磁盘 IO 网络读写 io2 ended 网络读写 io1 ended 磁盘 IO io2 ended io1 ended
 ------------------------------
数据库 IO 打印机输出 io4 ended 打印机输出 io3 ended 数据库 IO io4 ended io3 ended
time cost : 8.03174 sec
```

2. 期物与任务

可等待对象(awaitable)的设置是进行异步 IO 和调度的关键。期物对象(Future)就是一个可等待对象，用于表示异步操作的结果。协程可以等待期物对象直到其得到结果或抛出异常，或者是被取消。Future 的实例可以采用 result()方法返回结果，也可以用 set_result()函数设定结果。

如果将协程对象与某期物对象对应，可以采用 asyncio.ensure_future(coro_or_future, *, loop=None)函数进行组合成一个整体就构成了任务(Task)，这样所形成的任务可以跟踪执行状态，还可以查看执行的结果，经常用于在事件循环中执行协程。ensure_future()函数的返回结果就是协程与期物所组合的任务。

在执行过程中，协程函数具有 pending、running、done、cancelled 四种状态。创建 Future 的时候，Task 为 pending，事件循环调用执行的时候转为 running，调用完毕即为 done。如果需要停止事件循环，中途需要取消 Task，则进入 cancelled 状态。

进行事件循环的注册时，其注册的对象可以是协程，也可以是任务或期物。进行协程对象的注册在例 12-24 中进行了演示，在以下的例 12-26 中，将演示出注册任务与期物的方法及其各自的协程在返回执行结果方面的区别。

【例 12-26】 任务注册与期物注册。程序如下：

```
import asyncio
async def coroutine1(future, x):
    print('c1 start', end='   ')
    await asyncio.sleep(1)
    future.set_result(x*2)                          #结果利用 Future 设置
    print('c1 end', end='   ')
async def coroutine2(x):
    print('c2 start', end='   ')
    await asyncio.sleep(1)
    print('c2 end', end='   ')
    return x*4                                      #无 Future，return 结果
if _name_ == '_main_':
    future = asyncio.Future()
    asyncio.ensure_future(coroutine1(future, 100))
    loop = asyncio.get_event_loop()
    loop.run_until_complete(future)                 #注册 Future 对象
    print('c1 future %d '% future.result())
    task = asyncio.ensure_future(coroutine2(100))
    loop.run_until_complete(task)                   #注册任务对象
    print('c2 task %d '% task.result())
    loop.close()
```

以上程序执行结果如下：

```
c1 start   c1 end   c1 future 200
c2 start   c2 end   c2 task 400
```

gather()函数的返回值是注册的所有任务的执行结果，顺序依据注册时的顺序，即返回的 result 的顺序和绑定的顺序是保持一致的。wait()函数返回为(done, pending)，其中 done 是已经完成的任务，而 pending 是未完成的任务。例 12-27 演示了二者在使用方面的区别。

【例 12-27】 gather()函数与 wait()函数的使用。程序如下：

```
import asyncio
async def coro1(a,b):
    print("coro1 begin")
    await asyncio.sleep(3)
    print("coro1 end")
    return a+b
async def coro2(a,b):
    print("coro2 begin")
    await asyncio.sleep(2)
    print("coro2 end")
    return a-b
async def coro3(a,b):
    print("coro3 begin")
    await asyncio.sleep(4)
    print("coro3 end")
    return a*b
async def gather_tasks():
    task1 = asyncio.ensure_future(
            coro1(10,5))
    task2 = asyncio.ensure_future(
            coro2(10,5))
    task3 = asyncio.ensure_future(
```

```
            coro3(10,5))
        results = await asyncio.gather(
            task1,task2,task3)
        for result in results:
            print(result)
async def wait_tasks():
        task1 = asyncio.ensure_future(
            coro1(10,5))
        task2 = asyncio.ensure_future(
            coro2(10,5))
        task3 = asyncio.ensure_future(
            coro3(10,5))
        done,pending = await asyncio.wait(
            [task1,task2,task3])
        for done_task in done:
            print(done_task.result())
if _name_ == '_main_':
        loop = asyncio.get_event_loop()
        loop.run_until_complete(gather_tasks())
        print('-'*30)
        loop.run_until_complete(wait_tasks())
        loop.close()
```

以上程序执行结果如下：

```
coro1 begin
coro2 begin
coro3 begin
coro2 end
coro1 end
coro3 end
15
5
50
------------------------------
coro1 begin
coro2 begin
coro3 begin
coro2 end
coro1 end
coro3 end
15
50
5
```

本章小结

并发编程是进行大数据处理的重要方面，也是进行 Python 应用开发必不可少的内容。进程、线程和协程是进行并发的几种不同方式，应充分了解其各自的特点和运行方法，结合应用的需要加以使用。

进程具有独立的地址空间和运行环境，进程的切换更加耗费系统资源，适合于单独运行的长期任务。子进程之间可以通过互斥锁、信号量和事件等机制进行同步，确保共享数据的安全性，而子进程之间可以通过队列、管道、共享内存和进程管理器等多种形式交换数据。

线程是比进程更加灵活的基本运行单位，单一进程可以并发执行多个线程，每条线程并行执行不同的任务。进程的同步方法也适用于线程之间的同步，可以利用互斥锁、信号量、条件变量、队列和事件等实现线程之间的同步。

协程属于用户空间的线程，没有进程和线程切换和状态保存等大量消耗系统资源的操作，因此协程的执行效率相比于进程和线程更高，在一个线程之中就可以实现多个子程序间的并发执行，对于很多应用问题求解的协程模型的研究也是 Python 编程语言发展的一个重要方面。本章介绍了生成器协程、异步处理协程等的原理和使用方法。

习题

一、单选题

1. 已知生成器协程的实例为 a，以下哪种方法可以实现协程的激活(　　)。

A. send(a)　　B. a.next()　　C. a.send(None)　　D. a.send(0)

2. 对于进程间的事件通信，可利用(　　)方法唤醒所有处于等待状态的进程或线程。

A. is_set()　　B. set()　　C. clear()　　D. wait()

3. 以下哪个不属于协程的工作状态？(　　)

A. GEN_CREATED　　B. GEN_RUNNING

C. GEN_SUSPENED　　D. GEN_YIELDED

4. 以下哪种类型的数据不能作为 yield from 表达式的数据来源？(　　)

A. 整数　　B. 字典　　C. 字符串　　D. 集合

5. 以下对于协程的描述不正确的说法是(　　)。

A. 协程可以实现由程序控制的主动式切换

B. 协程是程序执行期间的两段子程序之间形成的协作式互动

C. 协程的使用能够中断一个函数的执行，同时又能够保持其中断时的状态

D. 协程的执行需要有多核处理器的支持

6. 以下哪种锁机制不能由程序设置并应用在程序中用于多线程的同步运行？(　　)

A. 互斥锁　　B. 全局解释锁　　C. Lock 对象　　D. RLock 对象

7. 以下哪个不能在异步 IO 事件循环中进行注册？(　　)

A. 生成器　　B. 异步函数协程　　C. 期物　　D. 任务

二、填空题

1. Python 可通过声明 Thread 的派生类，并重写对象的____方法，然后创建实例，创建线程。通过对象的____方法，可启动线程，并自动执行对象的 run 方法。

2. 阅读程序后填空。

```
import threading
def func(x,y):
    for i in range(x,y):
        print(i, end=' ')
t1 = threading.Thread(target=func, args=(3,6))
t1.start()
```

以上程序的执行结果是__________。

3. 阅读程序并求值。

```
def fun(x):
    y = yield
    z = yield x-y
```

```
f = fun(7)
next(f)
a = f.send(4)
b = f.send(9)
```

执行以上程序后 a 的值为_____，y 的值为_____，z 的值为_____。

4. 阅读程序后填空。

```
def fun():
    yield from range(5, 1, -1)
    yield from 'red'
print(list(fun()))
```

该程序的输入为 ________________。

三、程序题

1. 编写一个线程安全的文件写入程序，共 5 个线程，第 i 个线程负责写入“线程 i 写入”并暂停 1 秒，写入的文件名为 thread.txt。

2. 为例 12-17 的生成器协程增加一个步长参数，如 gen_range(start, end, step)，实现这个新的生成器协程。

3. 利用协程求已输入数据 n 次方的累计均值，其中 n 为任意大于 0 的整数，输入数据为[5, 8, 12, 7]，首先求 $5^n/1$，再求$(5^n+8^n)/2$，依此类推。

第 13 章　数据库编程

数据库技术是信息系统与各类应用领域的核心技术，发挥着不可替代的作用。在大数据时代数据库技术获得了长足的发展，各类数据库系统和数据库方法不断涌现。本章并不尝试对每种数据库均加以介绍，而是选取其中代表性的数据库作为案例，着重介绍数据库领域的基本性原理与方法，以利于今后对更多数据库的使用。

13.1　关系数据库访问

关系数据库是建立在实体关系模型之上的数据库。经过几十年的发展，关系模型及其访问方法已经成为数据库领域最重要的标准之一，得到了诸多主流数据库系统的支持。不同关系数据库尽管在设计和实现方法方面有很大差异，但其数据库访问的原理和接口形式有很多相似之处，如均遵循 DB-API 数据库访问标准。

本节以一种小型关系数据库 SQLite 为例对关系数据库的访问方法加以介绍。SQLite 是一种流行的文件型关系数据库，经常被集成到各种应用程序，应用场合涉及桌面系统和移动平台等各类嵌入式系统。

13.1.1　数据库连接

SQLite 文件型数据库本身就是磁盘文件，不需要服务器进程，具有灵活方便、易于使用的特点。SQLite 支持 2TB 大小的单个数据库，每个数据库完全存储在单个磁盘文件中，以 B^+ 树数据结构存储，一个数据库就是一个文件，通过简单复制即可实现数据库的备份。

作为一种关系型数据库，SQLite 遵循 ACID Atomicity(原子性)、Consistency(一致性)、Isolation(隔离性)、Durability(持久性)等特性。访问和操作 SQLite 数据时，需要导入 sqlite3 模块，它提供了与 DB-API 2.0 规范相兼容的 SQL 接口。

使用 sqlite3 模块时，应首先创建一个与数据库关联的连接(Connection)，作为进一步数据库操作的基础，Connection 对象的具体方法如表 13-1 所示。

表 13-1　Connection 对象

方　法	说　明
sqlite3.connect(database [,timeout ,other optional arguments])	打开或创建数据库，建立连接，返回连接 Connection 的实例
Connection.execute(sql [, optional parameters])	执行一个 SQL 语句
Connection.executemany(sql[, parameters])	执行多条 SQL 命令

续表

方　法	说　明
Connection.cursor([cursorClass])	创建一个游标(cursor)
Connection.commit()	提交当前的事务
Connection.rollback()	回滚自上一次调用 commit() 以来对数据库所做的更改
Connection.close()	关闭数据库连接

在调用 connect 函数的时候指定 SQLite 数据库文件的磁盘路径，如果指定的数据库文件存在就直接打开这个数据库，否则就新创建一个数据库文件再打开。此外，SQLite 也可以在内存中创建数据库，只要指定数据库文件为":memory:"即可，如以下所示：

```
conn1 = sqlite3.connect("D:/test.db")        #打开或创建 E 盘根目录下的文件 test.db
conn2 = sqlite3.connect(":memory:")          #创建一个内存数据库
```

13.1.2　游标的使用

要实现对数据库的访问操作，需要从数据库连接上引入一个游标对象(Cursor)。游标对象可以支持对 SQL 语句的处理，其具体方法如表 13-2 所示。

表 13-2　Cursor 对象

方　法	说　明
Cursor.execute(sql[, optional parameters])	执行 sql 语句
Cursor.executemany(sql, seq_of_parameters)	执行多条 sql 语句
Cursor.executescript(sql_script)	执行多条 SQL 命令
Cursor.fetchone()	从查询结果中取一条记录，并将游标指向下一条记录
Cursor.fetchmany([size=cursor.arraysize])	从查询结果中取多条记录
Cursor.fetchall()	从查询结果中取出所有记录

一旦完成数据库的连接，就可以建立一个游标对象的实例，并通过游标调用 execute() 方法来执行 SQL 语句。例 13-1 为数据库建立了一个 company 表，并为该表插入了 3 条数据，然后通过数据库连接 commit()方法。

【例 13-1】 创建数据库表 employee 并插入员工的数据。程序如下：

```
import sqlite3
conn = sqlite3.connect('employee.db')
c = conn.cursor()
c.execute('''CREATE TABLE employee
        (id INT PRIMARY KEY      NOT NULL,
        name          TEXT      NOT NULL,
        age           INT       NOT NULL,
        address       CHAR(50),
        salary        REAL);''')
c.execute("INSERT INTO employee (id,name,age,address,salary) VALUES (1, '张三', 25, '北京',
```

```
5000.00 )")
    c.execute("INSERT INTO employee (id,name,age,address,salary) VALUES (2, '李四', 30, '上海', 6000.00 )")
    c.execute("INSERT INTO employee (id,name,age,address,salary) VALUES (3, '王五', 23, '广州', 3000.00 )")
    conn.commit()
    conn.close()
    print("done")
```

完成数据库文件的创建后，即可更新、删除和查询数据，如例 13-2 所示。

【例 13-2】 更新和删除数据库表 employee，并进行表数据的查询。程序如下：

```
import sqlite3
conn = sqlite3.connect('employee.db')
c = conn.cursor()
print(c)
c.execute('UPDATE employee SET salary=4000.00 WHERE id=1')
conn.commit()
cursor = c.execute('SELECT id,name,address,salary FROM employee')
print(cursor)
print('-'*50)
for row in cursor:
    print('id =', row[0], end=', ')
    print('name =', row[1], end=', ')
    print('address =', row[2], end=', ')
    print('salary =', row[3])
c.execute('DELETE FROM employee WHERE ID=2;')
conn.commit()
cursor = c.execute('SELECT id,name,address,salary FROM employee')
print('-'*50)
print(c.fetchall())
conn.close()
```

执行以上程序会删除记录 2，并修改记录 1 的 salary 为 4000，查询数据库记录发现结果与操作相一致，如下：

```
<sqlite3.Cursor object at 0x0000013D9C36EEA0>
<sqlite3.Cursor object at 0x0000013D9C36EEA0>
--------------------------------------------------
id = 1, name = 张三, address = 北京, salary = 4000.0
id = 3, name = 王五, address = 广州, salary = 3000.0
--------------------------------------------------
[(1, '张三', '北京', 4000.0), (3, '王五', '广州', 3000.0)]
```

13.1.3 行对象

行对象 Row 提供了更加细致的数据映射方法，可以通过索引或键值访问列数据，实现了数据的方便访问和使用。要使用行对象，只要为数据库连接实例设置其成员 row_factory 为 sqlite3.Row 即可，如例 13-3 所示。

【例 13-3】 建立一个内存数据库表，观察其行对象。程序如下：

```
import sqlite3
conn = sqlite3.connect(':memory:')
persons = [
    ('Alice', 'manager'),
    ('Bob', 'engineer') ,
    ('Mike', 'scientist')
    ]
conn.execute('CREATE TABLE \
        person(name, title)')
conn.executemany('INSERT INTO \
        person(name, title) VALUES (?, ?)',
        persons)
for row in conn.execute('SELECT \
        name,title FROM person'):
    print(row)
conn.commit()
conn.row_factory = sqlite3.Row
c = conn.cursor()
cursor = c.execute('SELECT \
        name,title FROM person')
print('-'*50)
r = cursor.fetchone()
print(r)
print('-'*50)
print(r.keys())
print(len(r))
print('-'*50)
for i in r:
    print(i, end='\t')
print('\n'+'-'*50)
for j in r.keys():
    print(j, r[j], end='\t')
conn.close()
```

执行以上程序，得到结果如下：

```
('Alice', 'manager')
('Bob', 'engineer')
('Mike', 'scientist')
--------------------------------------------------
<sqlite3.Row object
    at 0x00000244B0E00C10>
--------------------------------------------------
['name', 'title']
2
--------------------------------------------------
Alice manager
--------------------------------------------------
name Alice title manager
```

13.2 对象关系映射

对象关系映射(Object Ralational Mapping，ORM)是一种用于将对象模型表示的对象映射到基于 SQL 的关系数据库结构的方法。一旦完成了对象与数据库表的映射，就可以单纯依赖于简单的对象属性和方法来实现数据库操作。ORM 技术起到了在对象与数据库表之间建立起连接桥梁的作用。

本节以最为常用的关系型数据库 MySQL 为例进行 ORM 用法的介绍。若需要安装 MySQL 数据库可直接从官方网站下载(*https://dev.mysql.com/downloads/mysql/*)Community Server 5.6.x 或更高的版本。

13.2.1　数据库引擎

SQLAlchemy 是进行 ORM 对象关系映射的常用工具，实现了完整的企业级持久模型以及高效的数据库访问设计。Python 在编程处理时采取了一切皆对象的原则，而数据库采取了实体关系的逻辑方法加以设计，一旦进行了对象模型与数据库关系模型的关系映射，就可以直接利用对象进行数据库操作，不必直接使用 SQL 数据库查询语言。

具体使用时首先要连接到数据库上，并创建数据库引擎。表 13-3 列出了一些常见数据库进行 SQLAlchemy 连接时所采用的字符串编写方法。要采用 SQLAlchemy 进行数据库连接，需要进行以下安装：

```
pip3 install sqlalchemy
pip install mysql-connector
```

表 13-3　常见数据库的连接方式

数 据 库	连接字符串
Microsoft SQLServer	'mssql+pymssql://[user]:[pass]@[domain]:[port]/[dbname]'
MySQL	'mysql+mysqlconnector://[user]:[pass]@[domain]:[port]/[dbname]' 或'mysql+pymysql://[user]:[pass]@[domain]:[port]/[dbname]'
Oracle	'oracle+cx_oracle://[user]:[pass]@[domain]:[port/[dbname]]'
PostgreSQL	'postgresql+psycopg2://[user]:[pass]@[domain]:[port]/[dbname]'
SQLite	'sqlite://[file_pathname]'

此处采用了安装 sqlalchemy 模块和 mysql-connector 数据库驱动模块的方法。要进行数据库连接，还需要指出数据库用户名、口令、所在机器的 IP 地址以及数据库服务引擎的端口号、数据库名称等，如'mysql+mysqlconnector://root:123456@localhost:3306/test?charset=utf8'，指出了要连接本机 3306 端口号的 test 数据库。

可以通过 sqlalchemy 模块中的 create_engine()函数创建数据库引擎。拥有数据库引擎后，可以通过继承 ORM 基类的方式开始 ORM 类的定义，在类中利用预设置的_tablename_成员变量指定表名。通过设置成员名的值为一个 Column()实例的方式即可生成表中字段的对象。具体用法如例 13-4 所示。

【例 13-4】 建立数据库引擎并生成数据库表。程序如下：

```
from sqlalchemy import create_engine
from sqlalchemy.ext.declarative import declarative_base
from sqlalchemy import Column, Integer, String
#创建实例，并连接 test 库
engine=create_engine(
    'mysql+mysqlconnector://root:123456@localhost:3306/test?charset=utf8', encoding='utf-8')
```

```
Base = declarative_base()                #生成 ORM 基类
class User(Base):
    _tablename_ = 'user'          #表名
    id = Column(Integer, primary_key=True)
    name = Column(String(32))
    password = Column(String(16))
Base.metadata.create_all(engine)         #创建表结构
```

执行完毕后，可以在 MySQL 的 Workbench 中查看所创建的 user 表，如图 13-1 所示。

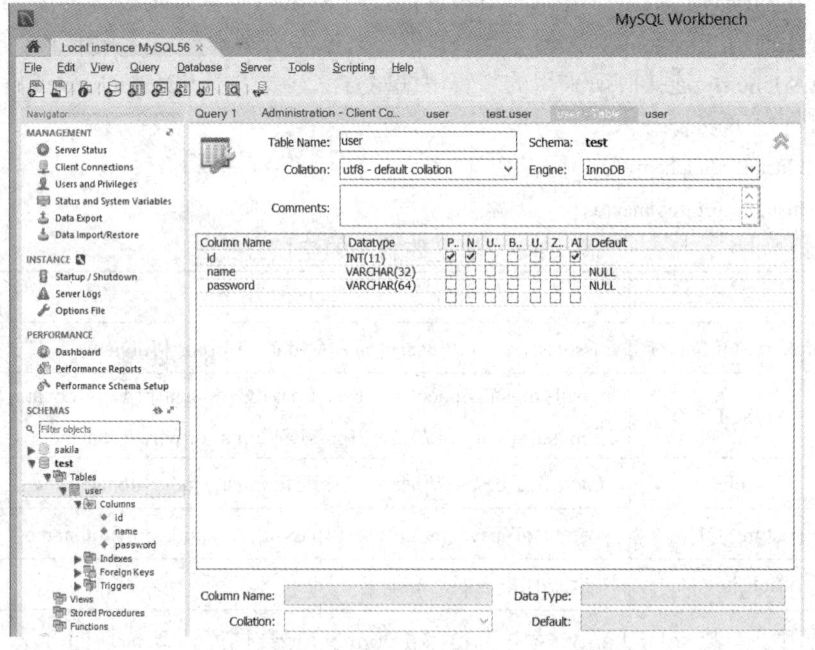

图 13-1　在 MySQL Workbench 中查看数据库表

在例 13-4 中采用了 Base.metadata.create_all(engine)语句创建数据库表，若要删除数据库表可以采用 BaseModel.metadata.drop_all(engine)语句。

13.2.2　数据库的映射与绑定

对于数据库的更多操作，需要采用数据库会话对象。具体操作时，需要建立数据库表的元数据与表结构之间的映射，同时实现会话类与数据库引擎的绑定，如 Session_class = sessionmaker(bind=engine)，其中返回的数据 Session_class 为会话类。

使用会话时，首先为会话类创建一个实例，然后就可以以会话实例为基础，再结合表结构类的实例，进行更多的表操作。在例 13-5 中，首先建立了一个 User()类的实例，相当于一个行数据，并通过 session.add()方法进行行数据的添加。

【例 13-5】 添加数据库数据。程序如下：

```
from sqlalchemy import create_engine
from sqlalchemy import Table, MetaData, Column, Integer, String
```

```
from sqlalchemy.orm import mapper, sessionmaker
engine = create_engine(
    "mysql+mysqlconnector://root:123456@localhost/test", encoding='utf-8', echo=True)
metadata = MetaData()
user = Table('user', metadata,                    #创建表的元数据
    Column('id', Integer, primary_key=True),
    Column('name', String(32)),
    Column('password', String(32))
    )
class User(object):                               #创建表结构
    def _init_(self, name, id, password):
        self.id = id
        self.name = name
        self.password = password
mapper(User, user)                                #将表的元数据与表结构建立映射关系
Session_class = sessionmaker(bind=engine)         #创建会话类并绑定 engine
session = Session_class()                         #生成 session 实例，相当于游标
user_obj = User(id=1,name="mary",password="123456")
session.add(user_obj)
user_obj = User(id=2,name="kate",password="123456")
session.add(user_obj)
session.commit()                                  #提交
session.close()                                   #关闭会话
```

在本例中数据库引擎实例创建时设置了 echo=True 的参数，因此在提交数据后会显示对象映射成 SQL 的结果，如下所示：

```
INFO sqlalchemy.engine.base.Engine SHOW VARIABLES LIKE 'sql_mode'
INFO sqlalchemy.engine.base.Engine {}
INFO sqlalchemy.engine.base.Engine SHOW VARIABLES LIKE 'lower_case_table_names'
INFO sqlalchemy.engine.base.Engine {}
INFO sqlalchemy.engine.base.Engine SELECT DATABASE()
INFO sqlalchemy.engine.base.Engine {}
INFO sqlalchemy.engine.base.Engine SELECT CAST('test plain returns' AS CHAR(60)) AS anon_1
INFO sqlalchemy.engine.base.Engine {}
INFO sqlalchemy.engine.base.Engine SELECT CAST('test unicode returns' AS CHAR(60)) AS
anon_1
INFO sqlalchemy.engine.base.Engine {}
INFO sqlalchemy.engine.base.Engine BEGIN (implicit)
INFO sqlalchemy.engine.base.Engine INSERT INTO user (id, name, password) VALUES (%(id)s,
%(name)s, %(password)s)
```

INFO sqlalchemy.engine.base.Engine ({'id': 1, 'name': 'mary', 'password': '123456'}, {'id': 2, 'name': 'kate', 'password': '123456'})

INFO sqlalchemy.engine.base.Engine COMMIT

要通过会话实现数据的查询，需要利用 query()方法，具体条件为 filter_by()方法，如以下语句：

```
user = session.query(User).filter_by(id=2).first()
```

将会在 User 类所对应的 user 表中以 id=2 为条件进行查询，并取其结果中的第一个行数据赋值给 user。

要实现行数据的修改，只需要直接设置如 user.password= 'abcdef'，进行会话的提交(session.commit())以后即实现了数据的修改。也可以对 filter 结果运用 update()和 delete()方法进行更新和删除，如：

```
session.query(User).filter(User.id == 1).update({'name': 'admin'})
session.query(User).filter(User.id == 2).delete()
```

具体过程如例 13-6 所示。

【例 13-6】 查询和修改数据库数据。程序如下：

```
from sqlalchemy import create_engine
from sqlalchemy import Table, MetaData, Column, Integer, String
from sqlalchemy.orm import mapper, sessionmaker
engine = create_engine("mysql+mysqlconnector://root:123456@localhost/test", encoding='utf-8')
metadata = MetaData()
user = Table('user', metadata,
            Column('id', Integer, primary_key=True),
            Column('name', String(32)),
            Column('password', String(32))
        )
class User(object):
    def _init_(self, name, id, password):
        self.id = id
        self.name = name
        self.password = password
    def _repr_(self):
        return "<User(name='%s',    password='%s')>" % (self.name, self.password)
mapper(User, user)
Session_class = sessionmaker(bind=engine)
session = Session_class()                                   #生成 session 实例
user = session.query(User).filter_by(id=2).first()    #查询第一个
print(user)
print(user.id, user.name, user.password)
print('-'*40)
```

```
user.password = 'abcdef'
session.commit()
user = session.query(User).filter_by().all()          #查询所有
print(user)
print('-'*40)
session.query(User).filter(User.id == 1).update({'name': 'admin'})
session.query(User).filter(User.id == 2).delete()
session.commit()
user = session.query(User).filter_by().all()          #查询所有
print(user)
session.close()                                       #关闭会话
```

以上程序执行结果如下：

```
<User(name='kate',  password='123456')>
2 kate 123456
----------------------------------------
[<User(name='mary',  password='123456')>, <User(name='kate',  password='abcdef')>]
----------------------------------------
[<User(name='admin',  password='123456')>]
```

本章小结

本章介绍了两种访问数据库的方法，一种是采用 DB-API 数据库接口规范的形式实现对数据库的连接，并运用 SQL 语句进行数据库操作。SQLite 是一种常用的文件型关系数据库，不需要建立服务器进程即可直接利用文件进行数据的存储和使用。对于 SQLite 数据的访问主要依赖于游标的建立和使用，对于表数据的查询也是保存在游标的结构之中，可以通过循环语句从表数据查询结果的游标之中直接读取行数据。

DB-API 的方法可以方便对 SQL 语句的运用，获取的数据需要编写程序进行处理，而如果采用 ORM 对象关系映射方法访问数据库，就可以直接建立起类与数据库表之间的映射关系，更加适合 Python 的对象处理。可以无需单独进行 SQL 语句的编写即可利用映射的对象直接对数据库的数据进行更新、删除和查询。

习题

1．简要介绍 SQLite 数据库。

2．说明什么是数据库的对象关系映射方法。

3. 将例 13-1 的数据修改为内存数据库，编程完成表创建、数据插入和查询。

4. 在 SQLite 数据库上采用 ORM 对象关系模型建立一个学生表，包括记录的序号、学号、姓名和分数，模拟 3 个学生信息插入数据库表，并查询出插入的数据。

第 14 章　网络程序设计

随着互联网和移动网络的诞生和发展，各类应用程序的设计和大数据的处理都离不开网络的支持。无论是计算机网络还是移动网络，其基本的网络原理和底层体系结构是相同的，这也体现在其具体的网络编程方法上。Python 为网络编程提供了完善的支持，可以支持 TCP、UDP 等基础网络协议以及 Socket 网络通信程序接口，对实际的网页处理和数据分析提供了 urllib 等大量模块，对于网页设计则提供了 web2py、Flask、Django 等多种框架。

14.1　网络架构与协议

网络架构是指计算机网络的各层及其协议的集合。计算机之间要交换数据，就必须遵守一些事先约定好的规则，用于规定信息的格式及如何发送和接收信息的一套规则，就称为网络协议。为了减少网络协议设计的复杂性，往往需要将庞大而复杂的通信问题转化为若干个小问题，然后为每个小问题设计一个单独的协议。

14.1.1　网络互联模型

1977 年，国际标准化组织为适应网络标准化发展的需求，制定了开放系统互联参考模型(Open System Interconnection/Reference Model，OSI/RM)，构造了由下到上的七层模型，分别是物理层、数据链路层、网络层、传输层、会话层、表示层和应用层。

然而，由于 OSI/RM 的结构过于复杂，所以实际使用中采纳最广泛的网络架构是 TCP/IP (Transmission Control Protocol/ Internet Protocol，传输控制协议/网际协议)结构模型。TCP/IP 结构模型大致分为网络接口层、网络互联层、传输层和应用层四个层次。

1．网络接口层

网络接口层对应于 OSI/RM 的数据链路层和物理层，处在 TCP/IP 结构模型的最底层，负责管理为物理网络准备数据所需的服务。

网络接口层是 TCP/IP 与各种 LAN 或 WAN 的接口。网络接口层在发送端将上层的 IP 数据报封装成帧后发送到网络上；数据帧通过网络到达接收端时，该结点的网络接口层对数据帧拆封，并检查帧中包含的 MAC 地址。MAC 地址也称为网卡地址或物理地址，是一个 48 位的二进制数，用来标识不同的网卡物理地址。本机的 IP 地址和 MAC 地址可以在命令提示符窗口中使用 ipconfig /all 命令查看。

2．网络互联层

网络互联层负责将数据报独立地从信源传送到信宿，主要解决路由选择、阻塞控制和网络互联等问题，类似于 OSI/RM 中的网络层。

IP 运行于网络体系结构的网络层，是网络互连的重要基础。IP 地址(32 位或 128 位二进制数)用来标识网络上的主机，在公开网络上或同一个局域网内部，每台主机都必须使用不同的 IP 地址：而由于网络地址转换(Network Address Translation，NAT)和代理服务器等技术的广泛应用，不同内网之间的主机 IP 地址可以相同并且可以互不影响地正常工作。IP 地址与端口号共同来标识网络上特定主机上的特定应用进程，俗称 Socket。

3．网络传输层

网络传输层负责在信源和信宿之间提供端到端的数据传输服务，相当于 OSI/RM 中的传输层。

传输层主要运行 TCP 和 UDP 两个协议，其中 TCP 是面向连接的、具有质量保证的可靠传输协议，但开销较大；UDP 是一种无连接的协议，开销小，常用于视频在线点播(Video On Demand，VOD)之类的应用。

4．网络应用层

网络应用层直接面向用户应用，为用户方便提供对各种网络资源的访问服务，包含了 OSI/RM 会话层和表示层中的部分功能。

应用层协议直接与最终用户进行交互，定义了运行在不同终端系统上的应用程序进程如何相互传递报文。以下是一些常见的应用层协议：

① DNS：域名服务，用来实现域名与 IP 地址的转换。

② FTP：文件传输协议，可以通过网络在不同平台之间实现文件的传输。

③ HTTP：超文本传输协议。

④ SMTP：简单邮件传输协议。

⑤ ARP：地址解析协议，实现 IP 地址与 MAC 地址的转换。

⑥ TELNET：远程登录协议。

14.1.2 UDP 编程

UDP 是一种无连接的数据报协议，从 OSI 开放系统互联模型来看属于传输层。在 UDP 编程时不需要首先建立连接，而是直接向接收方发送信息。UDP 编程经常用到的 socket 模块方法有 3 个。

(1) socket([family[, type[, proto]]])：用于创建一个 Socket 对象，其中 family 为 socket, AF_INET 表示 IPV4，socket.AF_INET6 表示 IPV6，type 为 SOCK_STREAM 表示 TCP，若为 SOCK_DGRAM 表示 UDP。

(2) sendto(string, address)：把 string 指定的内容发送给 address 地址，其中 address 是一个包含接收方主机 IP 地址和应用进程端口号的元组，格式为(IP 地址，端口号)。

(3) recvfrom(bufsize[, flags])：用于接收数据。

例 14-1 给出了一个 UDP 客户端与服务器端通信的示例，其中数据接收端起到了服务器端的作用，数据发送端起到了客户端的作用，发送端命令行执行时输入 end 则会关闭接收端的运行，否则就作为消息在接收端显示。

【例 14-1】 UDP 客户端与服务器端通信。程序如下：

数据接收端：

```
import socket
s = socket.socket(socket.AF_INET, socket.SOCK_DGRAM)    #使用 UDP 协议传输数据
s.bind(('', 5000))                                  #绑定端口 5000，空字符串表示本机地址
while True:
    data, addr = s.recvfrom(1024)
    print('received message: {0} from PORT {1} on {2}'.format(data.decode(), addr[1], addr[0]))
    if data.decode().lower()=='end':                #客户端发送'end'则关闭服务器端
        break
s.close()
```

数据发送端：

```
import socket
import sys
s = socket.socket(socket.AF_INET, socket.SOCK_DGRAM)
s.sendto(sys.argv[1].encode(), ("localhost", 5000))  #"localhost"表示本机 IP 地址
s.close()
```

程序运行结果如图 14-1 所示，图(a)为 UDP 数据接收端，图(b)为 UDP 数据发送端。

```
C:\Temp>python udpreceiver.py
received message: hello from PORT 51905 on 127.0.0.1
received message: world from PORT 51906 on 127.0.0.1
received message: end from PORT 51907 on 127.0.0.1

C:\Temp>
```

(a) UDP 数据接收端

```
C:\Temp>python udpsender.py hello

C:\Temp>python udpsender.py world

C:\Temp>python udpsender.py end
```

(b) UDP 数据发送端

图 14-1　例 14-1 程序运行结果

14.1.3　TCP 编程

TCP 协议即传输控制协议(Transmission Control Protocol)，是一种面向连接的、可靠的、基于字节流的传输层通信协议，由 IETF 的 RFC 793 定义。TCP 通信需要经过创建连接、数据传送、终止连接三个步骤，必须先建立通信双方的连接以后才能发送数据。

TCP 采用发送应答机制传送数据，发送方传递的每个报文必须得到接收方的应答才能认为该报文传输成功。

例 14-2 展示了一个利用 TCP 协议实现的自动聊天应答系统，其中无论发送方还是接收方，均调用了 send()和 recv()方法以实现报文的接收和应答。

【例 14-2】 采用 TCP 实现的自动聊天应答系统。程序如下。

数据接收端：

```
import socket
dialogues = {'How are you?':'Fine, thank you.', 'How old are you?':'28',
         'What is your name?':'Jack', 'Where do you live?':'Shanghai', 'end':'End'}
s = socket.socket(socket.AF_INET, socket.SOCK_STREAM)
```

```
    s.bind(('', 5001))
    s.listen(1)                                    #允许最大连接数为 1
    print('Listening at port: ', 5001)
    conn, addr = s.accept()
    print('Connected by', addr)
    while True:
        data = conn.recv(1024).decode()
        if not data:
            break
        print('Received message: ', data)
        conn.send(dialogues.get(data, 'Nothing').encode())
    conn.close()                                   #关闭连接
    s.close()                                      #关闭 socket
```

数据发送端：

```
    import socket, sys
    s = socket.socket(socket.AF_INET, socket.SOCK_STREAM)
    try:
        s.connect(('127.0.0.1', 5001))      #连接
    except Exception as e :
        print('Server not found or not open')
        sys.exit()
    while True:
        c = input('Input: ')
        s.send(c.encode())                   #发送数据
        data = s.recv(1024)                  #从服务端接收数据
        data = data.decode()
        print('Received: ', data)
        if c.lower() == 'end':
            break
    s.close()                                #关闭连接
```

程序运行结果如图 14-2 所示，图(a)为 TCP 数据接收端，图(b)为 TCP 数据发送端。

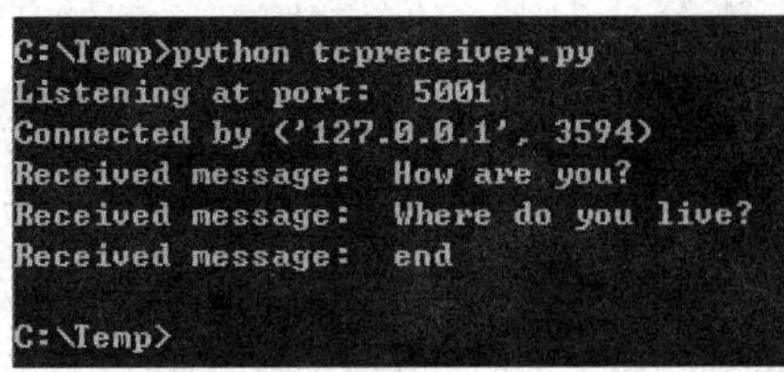

(a) TCP 数据接收端

```
C:\Temp>python tcpsender.py
Input: How are you?
Received:  Fine, thank you.
Input: Where do you live?
Received:  Shanghai
Input: end
Received:  End

C:\Temp>
```

(b) TCP 数据发送端

图 14-2　程序运行结果

14.2 网页内容读取

要进行大规模的数据处理，数据的来源若仅仅依靠自由数据则其来源比较单一，只有充分利用庞大的互联网资源，才能够更好地满足业务的需要。以程序的方法自动访问和分析网页内容，可以实现自动化的网络数据采集，即网络爬虫，符合如市场预测、情报分析等诸多领域的需要。

14.2.1 HTTP 与 HTML

网络爬虫就是根据网页的地址来寻找网页的，其全称为统一资源定位符(Uniform Resource Locator，URL)。我们在浏览器的地址栏中输入的字符串就是 URL，例如 https://www.baidu.com/，其一般格式如下：

protocol://hostname[:port]/path/[parameters][?query]#fragment

其中的 protocol 为 http 或 https，hostname 可以为服务器的 IP 地址或域名，port 端口号对于 http 默认为 80，对于 https 默认为 443，其他参数则包括如资源路径 path 等一些网页信息。

通过 URL 所访问的网页属于超文本(Hypertext)，其中的网页源代码包含一系列 HTML 标签，如 img 表示图片、p 表示段落等。更多的 HTML 标签如表 14-1 所示。

表 14-1 HTML 常见标签

标　签	描　　述	标　签	描　　述
<link>	定义资源引用	<!–…–>	定义注释
<meta>	定义元信息	<a>	定义超链接
<ol>	定义有序列表	<b>	定义粗体文本
<p>	定义段落	<body>	定义 body 元素
<script>	定义脚本	 	插入换行符
<section>	定义 section	<button>	定义按钮
<select>	定义可选列表	<canvas>	定义图形
<span>	定义文档中的 section	<col>	定义表格列的属性
<style>	定义样式定义	<div>	定义文档中的一个部分
<table>	定义表格	<footer>	定义 section 或 page 的页脚
<tbody>	定义表格的主体	<form>	定义表单
<td>	定义表格单元	<h1> .. <h6>	定义标题 1 到标题 6
<textarea>	定义 textarea	<head>	定义关于文档的信息
<tfoot>	定义表格的脚注	<header>	定义 section 或 page 的页眉
<th>	定义表头	<hr>	定义水平线
<thead>	定义表头	<html>	定义 HTML 文档
<title>	定义文档的标题	<img>	定义图像
<tr>	定义表格行	<label>	定义表单控件的标注
<ul>	定义无序列表	<li>	定义列表的项目

对于 HTML 的传输和远程访问就需要超文本传输协议 HTTP，它是互联网上应用最为广泛的一种网络协议，是构建在 TCP 协议之上的应用层协议，用于从 WWW 服务器传输超文本到本地浏览器的传输协议，它可以使浏览器更加高效地访问超文本资源。HTTPS 在 HTTP 的基础上增加了安全套接层(Secure Sockets Layer，SSL)层，可提供加密传输、身份认证等安全性措施。从网络数据获取的角度看，二者所传递的网页数据本身并无差别。

HTTP 定义的主要方法如表 14-2 所示，其中 GET 和 POST 为网络数据获取的主要方式。

表 14-2 HTTP 协议常见方法

方 法	说 明
GET	请求指定的页面信息，并返回实体主体
HEAD	类似于 GET，但返回数据仅有报头
POST	向指定资源提交数据进行处理请求
PUT	从客户端向服务器传送的数据取代指定的文档内容
DELETE	请求服务器删除指定的页面

GET 是最常见的一种请求方式，在浏览器的地址栏输入网址来浏览网页时所采用的都是 GET 方式。使用 GET 方法时，请求参数和对应的值附加在 URL 后面的参数部分，传递参数长度限制在 1024 个字符以内。以下为一个访问本机网页的 GET 请求示例：

```
GET /path HTTP/1.1
Host: localhost:8080
Connection: keep-alive
Pragma: no-cache
Cache-Control: no-cache
User-Agent: Mozilla/5.0 (Windows NT 6.3; WOW64) AppleWebKit/537.36 (KHTML, like Gecko)
Chrome/69.0.3497.23 Safari/537.36
Accept: */*
```

如果需要传送大量数据，可以考虑使用 POST 方式。POST 方法将请求参数封装在 HTTP 请求数据中，以键值对的形式出现，可以传输大量数据。POST 方式请求行中不包含数据字符串，这些数据保存在请求内容部分，各数据之间也是使用“&”符号隔开。POST 方式大多用于页面的表单中。以下为 POST 请求的示例：

```
POST   HTTP/1.1
Host: www.python.com
Cache-Control: no-cache
Postman-Token: 81d7b315-d4be-8ee8-1237-04f3976de032
Content-Type: application/x-www-form-urlencoded
key=value&testKey=testValue
```

在接收和解释请求消息后，服务器会返回一个 HTTP 响应消息，响应消息与 HTTP 请求相似，也包括状态行、响应头和响应正文三个部分。HTTP 协议通过返回码表示处理结果，具体含义如表 14-3 所示。

表 14-3　HTTP 返回码

状态码	说　明
1xx(临时响应)	例如 100(继续)表示请求者应当继续提出请求，101(切换协议)表示请求者已要求服务器切换协议，服务器已确认并准备切换
2xx(成功)	例如 200(成功)表示服务器已成功处理了请求，201(已创建)表示请求成功并且服务器创建了新的资源
3xx(重定向)	例如 300(多种选择)表示针对请求，服务器可执行多种操作
4xx(请求错误)	例如 400(错误请求)表示服务器不理解请求的语法
5xx(服务器错误)	例如 500(服务器内部错误)服务器遇到错误，无法完成请求

14.2.2　采用 urllib 获取网络数据

urllib 是 Python 中操作 URL 进行网络数据获取的标准库，允许通过简单的函数调用访问 URL 指向资源中的数据。它包含 urllib.request、urllib.error、urllib.parse、urllib.robotparser 等几个模块。

urllib.request 是进行网络数据请求的模块，其中的函数 urlopen()用于打开远程连接：

```
urllib.request.urlopen(url, data=None, [timeout, ]*, cafile=None, capath=None, context=None)
```

其中 url 为访问的地址，data 为可选字段，如果选择则请求变为 POST 传递方式，并要求传递的参数转为 bytes，timeout 用于设置网站的访问超时时间，context 参数为 ssl.SSLContext 类型，用来指定 SSL 的设置。cafile 和 capath 两个参数用于指定 CA 证书和它的路径，在请求 HTTPS 链接时使用。

urlopen()返回对象提供了 read()、readline()、readlines()、fileno()、close()、info()、getcode()、geturl()等多个方法，如例 14-3 所示。

【例 14-3】 查看网络数据 GET 请求的响应信息。程序如下：

```
from urllib import request
response = request.urlopen(r'http://python.org/')
print('response 的返回类型：', type(response))
print('响应地址信息：', response)
print('响应数据头部信息：', response.info())
print('响应数据头：', response.getheaders())
print('响应头部属性信息：', response.getheader('Server'))
print('查看响应状态信息：', response.status)
print('查看响应状态码：', response.getcode())
print('查看响应 url 地址：', response.geturl())
page = response.read()
print('输出网页源码：', page.decode('utf-8'))
```

程序运行结果如下所示：

```
response 的返回类型： <class 'http.client.HTTPResponse'>
响应地址信息：<http.client.HTTPResponse object at 0x000001848A0FA320>
```

响应数据头部信息： Server: nginx

Content-Type: text/html; charset=utf-8

X-Frame-Options: DENY

Via: 1.1 vegur

Via: 1.1 varnish

Content-Length: 49135

Accept-Ranges: bytes

Date: Tue, 03 Sep 2019 14:53:13 GMT

Via: 1.1 varnish

Age: 1552

Connection: close

X-Served-By: cache-iad2127-IAD, cache-hkg17930-HKG

X-Cache: HIT, HIT

X-Cache-Hits: 3, 360

X-Timer: S1567522394.597123,VS0,VE0

Vary: Cookie

Strict-Transport-Security: max-age=63072000; includeSubDomains

响应数据头： [('Server', 'nginx'), ('Content-Type', 'text/html; charset=utf-8'), ('X-Frame-Options', 'DENY'), ('Via', '1.1 vegur'), ('Via', '1.1 varnish'), ('Content-Length', '49135'), ('Accept-Ranges', 'bytes'), ('Date', 'Tue, 03 Sep 2019 14:53:13 GMT'), ('Via', '1.1 varnish'), ('Age', '1552'), ('Connection', 'close'), ('X-Served-By', 'cache-iad2127-IAD, cache-hkg17930-HKG'), ('X-Cache', 'HIT, HIT'), ('X-Cache-Hits', '3, 360'), ('X-Timer', 'S1567522394.597123,VS0,VE0'), ('Vary', 'Cookie'), ('Strict-Transport-Security', 'max-age=63072000; includeSubDomains')]

响应头部属性信息： nginx

查看响应状态信息： 200

查看响应状态码： 200

查看响应 url 地址： https://www.python.org/

输出网页源码： …<以下省略>

对于 url 中的键值对，如'http://httpbin.org/get?key1=value1&key2=value2&key3=None'，可以直接使用其 url，也可以通过 urllib.parse.urlencode()方法对 url 进行编码的方式构造出 url，如例 14-4 所示。

【例 14-4】 获取网络数据 GET 请求的响应数据。程序如下：

```
from urllib import request
from urllib import parse
params = parse.urlencode({'key1':'value1', 'key2':'value2', 'key3':None})
url = 'http://httpbin.org/get?%s' %params
with request.urlopen(url) as r:
    print(r.url)
    print(r.read())
```

响应对象通过 read()方法可查看网页内容，在本例中响应的数据不是一般的网页，而是 JSON 类型数据所构成的字符串，如下所示：

```
http://httpbin.org/get?key1=value1&key2=value2&key3=None
b'{\n  "args": {\n    "key1": "value1", \n    "key2": "value2", \n    "key3": "None"\n  }, \n  "headers": {\n    "Accept-Encoding": "identity", \n    "Host": "httpbin.org", \n    "User-Agent": "Python-urllib/3.6"\n  }, \n  "origin": "39.188.121.16, 39.188.121.16", \n  "url": "https://httpbin.org/get?key1=value1&key2=value2&key3=None"\n}\n'
```

也可以利用 Request()函数将请求独立成一个对象，可以更加灵活方便地配置访问参数。例如：

```
Request(url, data=None, headers={}, origin_req_host=None, unverifiable=False, method=None)
```

其中的 origin_req_host 指请求方的域名或 IP 地址，unverifiable 用来表明这个请求是否是无法验证的，默认为 False。method 用来指示请求使用的方法，如 GET、POST、PUT 等。当输入参数 data=None 时，请求默认为 GET，当 data 不为 None 时，就表示是 POST 请求，如例 14-5 所示。

【例 14-5】 获取网络数据 POST 请求的响应数据。程序如下：

```
import urllib.request,urllib.parse
import ssl
url = 'https://httpbin.org/post'
headers = {
    'User-Agent':'Mozilla/5.0 (Windows NT 10.0; Win64; x64) AppleWebKit/537.36 (KHTML, like Gecko) Chrome/63.0.3239.108 Safari/537.36',
    'Referer': 'https://httpbin.org/post',
    'Connection': 'keep-alive'
}
dict = {
    'name':'Mike',
    'old:':18
}
data = urllib.parse.urlencode(dict).encode('utf-8') #POST 中 data 要求为 bytes，因此用 urlencode()编码
context = ssl._create_unverified_context()
req = urllib.request.Request(url = url, data = data, headers = headers)
response = urllib.request.urlopen(req)
page = response.read().decode('utf-8')
print(page)
```

程序执行结果如下：

```
{
  "args": {},
  "data": "",
```

```
    "files": {},
    "form": {
      "name": "Mike",
      "old:": "18"
    },
    "headers": {
      "Accept-Encoding": "identity",
      "Content-Length": "19",
      "Content-Type": "application/x-www-form-urlencoded",
      "Host": "httpbin.org",
      "Referer": "https://httpbin.org/post",
      "User-Agent": "Mozilla/5.0 (Windows NT 10.0; Win64; x64) AppleWebKit/537.36 (KHTML,
like Gecko) Chrome/63.0.3239.108 Safari/537.36"
    },
  "json": null,
    "url": "https://httpbin.org/post"
  }
```

要进行网络数据处理，还需要具备一些网络地址处理工具，如 urlparse()可以将 url 拆分为一个 6 个元素的具名元组，而 urljoin()复制取得根域名，并将其根路径与一个相对路径的 url 连接起来。此外，webbrowser 模块可提供调用默认浏览器打开指定网页的功能，具体用法如下所示：

```
>>> from urllib.parse import urlparse,urlunparse
>>> url = 'http://httpbin.org/get?key1=value1&key2=value2&key3=None'
>>> result = urlparse(url)                    #将 url 拆分成一个含有 6 个元素的具名元组
>>> print(result)
ParseResult(scheme='http', netloc='httpbin.org', path='/get', params='', query='key1=value1&key2=
value2&key3=None', fragment='')
>>> result.scheme
'http'
>>> result.netloc
'httpbin.org'
>>> url1 = urlunparse(result)                 #将具名元组重新合并成 url
>>> print(url1)
http://httpbin.org/get?key1=value1&key2=value2&key3=None
>>> import webbrowser                #调用默认浏览器打开网页
>>> webbrowser.open(' http://www.python.org/doc/FAQ.html ')
True
>>> from urllib.parse import urljoin
>>> urljoin('http://www.python.org/doc/FAQ.html','current/lib/lib.html')
```

```
'http://www.python.org/doc/current/lib/lib.html'
>>> urljoin('http://www.python.org/doc/FAQ.html','/current/lib/lib.html')
'http://www.python.org/current/lib/lib.html'
```

例 14-6 给出了一个较为完整的网络爬虫程序，该程序爬取了网络数据并将网页进行保存，同时对于其中的图片还进行了单独处理并保存到子目录之中。

【例 14-6】 爬取网络数据并保存到文件。程序如下：

```
from urllib import request
import os, re
def crawler(url, keys):
    for i in range(len(keys)):
        count=1
        file_name = keys[i]+".html"
        print("正在下载"+keys[i]+"页面，并保存为"+file_name)
        r = request.urlopen(url+keys[i]).read()
        dirpath = ""
        dirname = keys[i]
        new_path = os.path.join(dirpath,dirname)
        if not os.path.isdir(new_path):
            os.makedirs(new_path)                          #创建目录保存每个网页上的图片
        page_data = r.decode()
        page_image = re.compile('<img src=\"(.+?)\"')          #匹配图片的 pattern
        for image in page_image.findall(page_data):          #用正则表达式匹配所有的图片
            pattern = re.compile(r'http://.*.jpg$')          #匹配 jpg 格式的文件
            if pattern.match(image):                         #如果匹配，则获取图片信息
                try:
                    image_data = request.urlopen(image).read()
                    image_path = dirpath+dirname+"/"+str(count)+".jpg"
                    count+=1
                    print(image_path)
                    with open(image_path,"wb") as image_file:
                        image_file.write(image_data)
                except urllib.error.URLError as e:
                    print("Download failed")
            with open(file_name,"wb") as file:               #将页面写入文件
                file.write(r)
if _name_=="_main_":
    url = "http://tieba.baidu.com/f?kw="
    keys = ["python","c"]
    crawler(url, keys)
```

程序运行后会自动读取百度贴吧的网页，以 python 和 c 语言为关键字下载网页，在程序所在目录下保存为 python.html 和 c.html 两个文件，并创建 python 和 c 两个子目录，用于存放下载的图片文件。

14.3　Web 应用开发

随着互联网以及移动互联网的发展，基于网站的应用得到了空前的发展，以往 Client/Server 模式下运行的软件，都要转化为 Browser/Server 模式，允许用户通过浏览器进行应用处理。Python 提供了上百种 Web 网页开发框架，适合于开发 Web 应用。本节的介绍将侧重于 Web 应用的实现原理和基本设计方法等基础性问题。

14.3.1　Web 服务器网关接口

建立网站应用一般需要能够承载 HTTP/HTTPS 等协议和资源的 Web 服务器，如 Apache、IIS 等，然后用户在浏览器中可以通过 URL 进行网站内容的访问。为了支持多种 Web 服务器的使用，必须在 Web 应用和 Web 服务器之间设立统一的规范(协议)，这种规范就是 Web 服务器网关接口(Python Web Server Gateway Interface，WSGI)，它是 Python 应用程序与 Web 服务器之间的一种接口，已经被广泛接受。2003 年 PEP333(*https://www.python.org/dev/peps/pep-3333/*)协议定义了 WSGI 的细节和原理。

WSGI 应用接收由 Web 服务器转发的请求，对请求进行处理并将结果返回给 Web 服务器，它在这一过程中起到了中间件的作用，采用 WSGI 后的 Web 系统框架如图 14-3 所示。

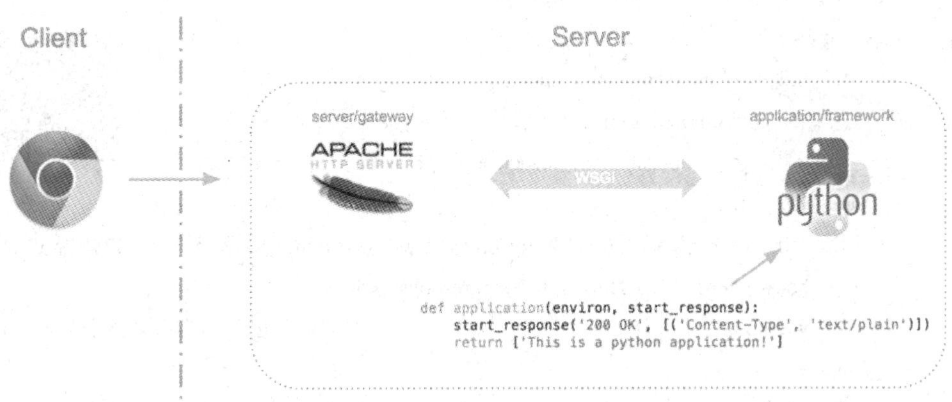

图 14-3　采用 WSGI 后的 Web 系统框架

WSGI 在 Python 应用则可以采用函数、可迭代类、可调用实例来加以实现，以下分别加以介绍。

1．函数

Python 中的 wsgiref 库可以提供 WSGI 的实现，如例 14-7 所示，其中的参数 environ 为一个输入参数的字典，参数 start_response 为一个回调函数，如 start_response('200 OK',

[('Content-Type', 'text/plain')])，其中第一个参数'200 OK'为状态码，第二个参数为一个含有元组的列表，可用于指定网页内容的类型。

【例 14-7】 利用函数方法实现的一个简单的 Web 网站。程序如下：

```
from wsgiref.simple_server import make_server
def application(environ, start_response):
    print(environ)
    start_response('200 OK', [('Content-Type', 'text/plain')])    #返回值为普通文本
    body = b'This is a python application!'                        #返回的内容必须为字节码 bytes
    return [body]
if _name_=="_main_":
    httpd = make_server('127.0.0.1', 8000, application)            #IP 地址为空表示本机,端口是 8000
    print('Serving HTTP on port 8000...')
    httpd.serve_forever()                                          #启动服务器
```

在命令行运行程序后，可以在浏览器上通过 http://localhost:8000/或 http://127.0.0.01:8000/的地址来观察返回结果。若要终止程序的运行，可以采用 Ctrl+C 组合键停止服务器。

2．可迭代类

可以为 WSGI 应用创建一个可迭代类,其中采用构造方法接受 environ 和 start_response 等参数，并在迭代方法中利用 yield 生成响应内容，如例 14-8 所示。

【例 14-8】 利用可迭代类实现的一个简单的 Web 网站。程序如下：

```
from wsgiref.simple_server import make_server
class Application:
    def _init_(self, environ, start_response):
        self.environ = environ
        self.start_response = start_response
    def _iter_(self):
        self.start_response('200 OK', [('Content-type', 'text/html')]) #返回值为 HTML 格式的网页
        body = "<h1>Hello, this is the wsgi response!</h1>"
        yield body.encode("utf-8")                                   #返回的内容必须为字节码 bytes
if _name_=="_main_":
    httpd = make_server('', 8000, Application)                       #0.0.0.0 表示本机 IP 地址
    print('Serving HTTP on port 8000...')
    httpd.serve_forever()
```

程序运行后，可以在浏览器上通过 http://localhost:8000/或 http://127.0.0.01:8000/的地址来观察返回结果，也可以在浏览器中将 localhost 替换为本机实际的 IPv4 地址来实现访问。

利用可迭代类可以实现一个简单的网站 URL 路由选择功能。如例 14-9 所示，其中采用 self.environ.get('PATH_INFO')来获取输入 URL 路径。

【例 14-9】 利用可迭代类实现网站 URL 路由的选择。程序如下：

```
from wsgiref.simple_server import make_server
class Application:
    def _init_(self, environ, start_response):
        self.environ = environ
        self.start_response = start_response
    def _iter_(self):
        path_info = self.environ.get('PATH_INFO')
        if path_info=='/coffee':                                    #处理'/coffee'的 URL 路径
            self.start_response('200 OK', [('Content-type', 'text/html')]) #响应内容为 HTML 网页
            body = '<h1>Have a cup of coffee.</h1>'
            yield body.encode("utf-8")
            return
        self.start_response('200 OK', [('Content-type', 'text/plain')])      #响应内容为普通文本
        body = 'Welcome, what do you like?'
        yield body.encode("utf-8")
if _name_=="_main_":
    httpd = make_server('', 8000, Application)
    print('Serving HTTP on port 8000...')
    httpd.serve_forever()
```

3. 可调用实例

对可迭代类加以改造，可以通过设置可调用函数_call_将可迭代类转化为可调用类，并通过可调用方法取代构造方法输入 environ 和 start_response 等参数，以此建立的可调用实例实现 WSGI 应用，如例 14-10 所示。

【例 14-10】 利用可调用实例实现的一个简单的 Web 网站。程序如下：

```
from wsgiref.simple_server import make_server
class Application:
    def _call_(self, environ, start_response):
        start_response('200 OK', [('Content-type', 'text/html')])     #返回值为 HTML 格式的网页
        body = '''
            <html>
            <head>
              <title>Hello</title>
              <style>
                h1 {
                  color: #333333;
                  font-size: 48px;
                  text-shadow: 3px 3px 3px #666666;
                }
```

```
            </style>
            <script>
                function change() {
                    document.getElementById('h1')[0].style.color = '#ff0000';
                }
            </script>
        </head>
        <body>
            <h1 onclick="change()">Please click me</h1>
        </body>
        </html>
        '''
        yield body.encode("utf-8")                    #编码为 bytes 字节类型
if _name_=="_main_":
    app = Application()
    httpd = make_server('0.0.0.0', 8000, app)
    print('Serving HTTP on port 8000...')
    httpd.serve_forever()
```

以上程序中采用了 0.0.0.0 表示本机 IP 地址，其主要好处是，当本机有多个 IP 地址(多网卡)时 0.0.0.0 可以实现对任何一个 IP 的监听，也就是无论采用哪个 IP 地址访问本网站都可以工作，若仍然采用 localhost 或 127.0.01 来指代本机地址也可以实现在浏览器中访问本网站。

通过 WSGI 接口所设计的服务器解决了接收浏览器请求、解析请求并将服务端处理结果返回给客户端。实际应用的 Web 服务器往往需要解决很多问题，如路径分发和安全性等。其中多路径分发问题的实现是 Web 网站服务器设计所必不可少的方面。以下的例 14-11 给出了一个基本的路径分发实现方式，可以实现在根路径之下挂接子路径，从而形成对如 http://127.0.0.1:8080/python 和 http://127.0.0.1:8080/c 等带有子路径的访问地址的支持。

【例 14-11】 实现一个具有路径分发功能的 Web 网站。程序代码如下：

```
from wsgiref.simple_server import make_server
class Application:
    def _init_(self, app):
        self.app = app
    def _call_(self, environ, start_response):
        ip_addr = environ.get('HTTP_HOST').split(':')[0]
        print(ip_addr)
        if ip_addr not in ('127.0.0.1'):          #设置安全策略，仅允许通过 127.0.0.1 访问
            return forbidden(start_response)
        return self.app(environ, start_response)
def python(start_response):
```

```
        start_response('200 OK', [('Content-Type', 'text/plain')])
        return [b'This is python programming language']
    def c(start_response):
        start_response('200 OK', [('Content-Type', 'text/html')])
        return ['<h1>This is c programming language</h1>'.encode('utf-8')]
    def not_found(start_response):
        start_response('404 NOT FOUND', [('Content-Type', 'text/plain')])
        return [b'Not Found']
    def forbidden(start_response):
        start_response('403 Forbidden', [('Content-Type', 'text/html')])
        return [b'<h1>Forbidden</h1>']
    def setup(environ, start_response):
        path = environ.get('PATH_INFO', '').lstrip('/')
        mapping = {'python': python, 'c': c}          #设置访问 url 的子路径
        call_back = mapping[path] if path in mapping else not_found
        return call_back(start_response)
    if _name_ == '_main_':
        app = Application(setup)
        server = make_server('0.0.0.0', 8080, app)
        print('Serving HTTP on port 8080...')
        server.serve_forever()
```

运行本程序后，在浏览器中输入 http://127.0.0.1:8080/python 和 http://127.0.0.1:8080/c 可以观测到不同结果，若输入其他地址会得到'Not Found'的错误；若采用其他 IP，如'localhost'，由于程序内部设置了地址屏蔽措施，会得到'Forbidden'错误。

若再考虑了不同的请求协议，如'GET'和'POST'，程序结构会变得更加复杂。例如：

```
def application(environ, start_response):
    method = environ['REQUEST_METHOD']
    path = environ['PATH_INFO']
    if method=='GET' and path=='/':
        return handle_home(environ, start_response)
    if method=='POST' and path='/signin':
        return handle_signin(environ, start_response)
    ...
```

14.3.2　Flask 应用框架

要降低程序设计的复杂性，可以选取已有的 Web 框架，如 Flask。Flask 是一个使用 Python 编写的轻量级 Web 应用程序框架，对很多 Web 应用设计要素进行了封装，可以简化 Web 程序的设计。具体使用之前可以利用“pip install flask”进行安装。

1. 路由机制

由于 WSGI 已经成为 Web 服务器和 Web 应用程序之间的通用接口规范，Flask 的底层实现通过 Werkzeug 工具包实现了 WSGI 的请求和响应等功能，并以此为基础构建 Web 框架。Flask 应用中一个显著的特点是通过路由机制实现了 URL 中子路径的功能，并通过 route()装饰器将 URL 的路由绑定到函数，如例 14-12 所示。其中的 run()方法在本地开发服务器上运行应用程序，具体用法如下：

```
app.run(host, port, debug, options)
```

其中 host 为要监听的主机名，默认为 127.0.0.1(localhost)，也可以设置为'0.0.0.0'；port 默认值为 5000；debug 默认为 false；options 为要转发到底层的 Werkzeug 服务器的数据。

【例 14-12】 一个利用 Flask 设计的简单 Web 网站。程序代码如下：

```
from flask import Flask
app = Flask(_name_)
@app.route('/')
def hello():
    return 'Flask 网站欢迎您'
if _name_ == '_main_':
    app.run()
```

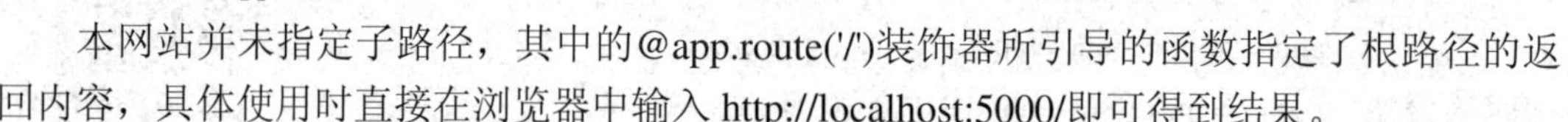

本网站并未指定子路径，其中的@app.route('/')装饰器所引导的函数指定了根路径的返回内容，具体使用时直接在浏览器中输入 http://localhost:5000/即可得到结果。

Flask 允许在 route()装饰器中添加变量，标记为<variable-name>或<type:variable-name>来实现动态构建 URL，其中 type 为 int、float 或 path，若没有指定 type 则变量默认为 string。这里的变量可以作为关键字参数传递给与规则相关联的函数。

【例 14-13】 Flask 变量规则在网站中的应用演示。程序代码如下：

```
from flask import Flask
app = Flask(_name_)
@app.route('/blog/<int:postID>')
def show_blog(postID):
    return 'Blog Number %d' % postID
@app.route('/page/<pageName>')
def show_page(pageName):
    return 'Page name is %s' % pageName
if _name_ == '_main_':
    app.run('', 8080)
```

程序运行后，在浏览器地址栏输入 http://localhost:8080/blog/20，得到结果为：

```
Blog Number 20
```

在浏览器地址栏输入 http://localhost:8080/page/news，得到结果为：

```
Page name is news
```

2. URL 重定向

在进行网站访问的时候，有些 URL 是动态构建的，往往输入的时候采用了一个 URL，网站最终程序运行的可能是另外一个 URL。这一过程中就会涉及 URL 重定向 redirect()方法，将当前的访问重定向到另外一个路由上。要进行网站内部的重定向，可以直接采用相对网址的方式。另外，由于每个路由均对应一个函数，因此也可以用函数的方式来反向匹配出对应的 URL，使用的函数为 url_for(func_name, **args)，其中第一个参数为字符串形式的函数名，第二个参数为函数的可选参数。

【例 14-14】 采用重定向方式建立的 URL 地址。程序如下：

```
from flask import Flask,redirect,url_for
app = Flask(_name_)
@app.route('/admin')
def hello_admin():
    return 'Hello Admin'
@app.route('/guest/<guest>')
def hello_guest(guest):
    return 'Hello %s as Guest' % guest
@app.route('/user/<name>')
def hello_user(name):
    if name =='admin':
        return redirect(url_for('hello_admin'))                #等价于 redirect('/admin')
    else:
        return redirect(url_for('hello_guest',guest=name))     #等价于 redirect('/guest/'+name)
if _name_=='_main_':
    app.run('', 8080)
```

运行程序后，若在地址栏输入 http://localhost:8080/user/admin，得到以下结果：

```
Hello Admin
```

在浏览器地址栏输入 http://localhost:8080/user/alice，得到以下结果：

```
Hello alice as Guest
```

3. HTTP 请求方法

进行 URL 路由的设置时，默认采用的 HTTP 请求为 GET，也可以在路由装饰符的参数中通过列表指定该路由可接受的请求方法，例如@app.route('/login',methods= ['POST', 'GET'])，其接受的方法为 POST 和 GET。在例 14-15 中，通过外置的 HTML 网页实现了对网站服务器的 POST 请求，并得到响应结果。

【例 14-15】 通过外置网页对服务器发出 POST 请求的示例。

外置网页的内容如下，将其保存为文件 login.html：

```
<html>
    <body>
        <form action = "http://localhost:5000/login" method = "post">
            <p>用户名:</p>
            <p><input type = "text" name = "username" /></p>
            <p><input type = "submit" value = "提交" /></p>
        </form>
```

```
    </body>
</html>
```

网站服务器的内容如下：

```
from flask import Flask,redirect,url_for,request
app = Flask(_name_)
@app.route('/success/<name>')
def success(name):
    return '欢迎 %s'% name
@app.route('/login',methods=['POST','GET'])
def login():
    if request.method == 'POST':
        user = request.form['username']
        return redirect(url_for('success',name=user))
    else:
        user = request.args.get('username')
        return redirect(url_for('success',name=user))
if _name_ == '_main_':
    app.run(debug = True)
```

运行程序后，在浏览器中直接打开硬盘上存储的 login.html 文件，得到如图 14-4(a)所示用户登录页面，点击提交按钮后，得到图 14-4(b)所示结果页面。

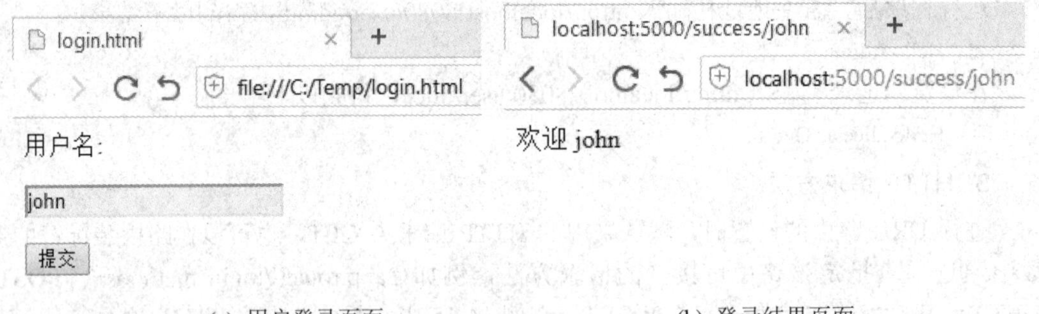

(a) 用户登录页面　　(b) 登录结果页面

图 14-4　例 14-15 程序运行结果

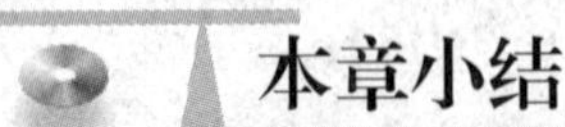

本章小结

各类应用程序的设计和大数据的处理都离不开网络的支持，而 Python 也提供了强有力的网络编程支持能力。本章介绍了网络互联模型等网络基础知识，给出了 UDP、TCP 等编程基本方法及其客户端和服务器的实现示例。

互联网提供了庞大的数据资源，以网络爬虫的方式实现对各类网页内容的读取和分析，可以极大地提高数据来源的多样性。网络爬虫通过 HTTP 协议进行网络数据的采集，urllib

是 Python 中操作 URL 进行网络数据获取的标准库，可以简化网络获取的操作。本章给出了利用 urllib 实现网络数据 GET 和 POST 请求的示例。

对于 Web 应用开发，Python 也提供了强有力的支持手段。WSGI 是 Python 应用程序与 Web 服务器之间的一种接口，在 Python 应用则可以采用函数、可迭代类、可调用实例来加以实现，可用于 Web 网站的建立。Flask 是建立在 WSGI 基础之上的应用框架，可以提供更加方便灵活的网站服务器设计方法。Flask 通过路由机制实现对 URL 中子路径的选择和请求响应的处理，路由装饰器可以指定子路径，可添加变量来实现 URL 的动态构建，并可支持 URL 重定向和 GET、POST 等各类 HTTP 请求方法。

习题

1. 简单解释 TCP 和 UDP 的区别。

2. 在局域网内两台计算机之间建立一个 UDP 通信程序，一台计算机上建立一个发送端程序，发送'hello world'消息。接收端在计算机的 5000 端口进行接收并显示接收内容。

3. 简单介绍 socket 模块中用于 TCP 编程的常用方法。

4. 利用程序自动读取百度首页并将其保存为 baidu.html(提示：采用 open('baidu.html','w', encoding="utf-8")打开文件并写入数据)。

5. 利用 WSGI 函数方法设计一个能够返回 HTML 网页的 Web 服务器，网页的内容要求显示访问主机的地址。

6. 利用 WSGI 的可迭代类方法设计一个能够根据访问 URL 的请求主机地址进行网页内容选取的程序，若 URL 中的主机地址为 localhost，则在响应的网页中显示 Hello World，若为其他地址，如 127.0.0.1，则在响应的网页中显示 Welcome。

7. 例 14-14 的响应网页是文本，将其改为 HTML 网页的形式，并在网页中观察二者的区别。

第 15 章 大数据处理

大数据技术着眼于解决多源、海量数据的处理、分析和查询等操作，可用于用户偏好、商情分析，为商业决策和优化提供支持。大数据具有数据量大、数据类型多、价值密度低和要求处理效率高等特点。对于商业大数据来说，往往需要借助 Hadoop、Spark、Storm 等一些集群计算平台，利用多硬件设备的并行实现对海量数据的处理。

MapReduce 是由谷歌推出的能够处理和生成超大数据集的算法模型，已经成为大数据处理的一种标准范式。函数式编程技术的出现时间虽然与面向对象编程差不多，然而随着大数据和人工智能技术的流行与发展，函数式编程的重要性才逐步被人们认识并得以在科学研究和工程应用中加以推广。

15.1 函数式编程

编写程序的目的是解决业务问题，而不是单纯地解决计算机的问题。要达到这种目的，一般应考虑如何设计和实现更为贴近业务的抽象泛型。函数式编程(Functional Programming)就是其中的一种实现方式，它将电脑运算视为函数的运算。函数式编程最早应用于 Lisp 语言，如今的新兴编程语言如 Erlang、clojure、Scala、F#，以及流行的编程语言如 Python、Ruby、Javascript 都提供了强力的函数式编程支持，而原有的 Java、PHP 等语言也都开始考虑增加函数式编程特征，以便更好地适应大数据处理的需要。

15.1.1 函数式编程思想

如果把程序的处理任务进行拆分，将负责相似逻辑的代码组合在一起形成一个有意义的组合体，这样就构成一个基本的代码单元——函数(Function)。这样的程序分解方法属于面向过程的程序设计，而函数就是面向过程程序设计的基本单元。尽管各类高级程序设计语言都能够实现对函数使用的支持，但并非是每种高级程序设计语言都能充分应用函数式编程的思想进行程序设计。

函数式编程的基础模型最早来源于 20 世纪 30 年代的 λ 演算，其编程过程虽然也采取了面向过程的程序设计方式，但主要思想更接近于数学计算，属于一种抽象程度很高的编程范式。一般的计算机编程经常会考虑如何将程序元素与硬件指令相关联等问题，而函数编程更多会关心输入数据和输出数据之间的关联，强调函数的计算比指令的执行更重要。具体而言，函数式编程有以下特点：

(1) 无状态性。不需要函数维护任何状态信息；对于递归一类的函数，事实是通过参数的调整来达到状态的保存，而不是函数本身实现的状态保存。

(2) 确定性。如果输入的数据相同，那么函数总是返回同样的结果。

(3) 无副作用。调用函数只会计算出结果，不会出现其他效果，这样的函数又称纯函数；反之，如果调用函数改变了函数以外的全局变量，就相当于产生了副作用，因此就不是纯函数。

比较而言，指令式编程更加强调与计算机硬件的配合，一条一条执行操作指令，其各类变量的设置和使用也往往指明了对硬件资源的使用方式，比如 C、C++和 Java 语言等。程序的作用是以一定的形式确定如何分配和使用 CPU、寄存器、内存、硬盘和现实终端等类硬件资源。而函数式编程则更加偏重于对数学模型的抽象和解释，属于一种更高层次的逻辑抽象。

各类编程语言对函数式编程思想的实现和支持不尽相同。尽管在 C 等编程语言中也存在函数，但其对函数式编程思想的支持较弱，而 Python 语言则实现了较强的函数式编程方法，能够实现高阶函数、匿名函数、闭包等多种不同的功能，从而增强了程序设计的灵活性和开发效率，可以在程序中运用函数式编程思想解决工程应用和大数据的实际问题。

15.1.2　高阶函数

函数式编程是一种高度抽象的编程范式，具体使用过程中允许将变量指向函数，也允许以变量的方式使用函数，将一个函数作为另外一个函数的输入参数，从而形成一种高阶的函数(Higher-Order Function)。简言之，能接收函数作为参数的函数就称为高阶函数。

在 Python 程序中，函数名是一种符号标识，如果将一个变量赋值为函数名，则该变量也就指向了函数，可用于直接引用函数。程序如下：

```
>>> abs(-5)
5
>>> abs     #abs指向了内置的绝对值函数
<built-in function abs>
>>> x = abs
>>> x              #x 指向了内置的绝对值函数
<built-in function abs>
>>> x(-5)
5
```

事实上，函数名本身也是一个变量，其特征就是指向了函数的一种变量，与在程序中自行设定的指向函数的变量并无两样。例如在以下操作中，令 abs=9 以后，无法再次进行 abs(-5)的运算，但是这并未影响 x(-5)作为绝对值函数的使用。例如：

```
>>> abs = 9
>>> abs(-5)              #由于 abs 已经赋值为 9，不再指向真正的绝对值函数
Traceback (most recent call last):
  File "<pyshell#8>", line 1, in <module>
    abs(-5)
TypeError: 'int' object is not callable
>>> x(-5)                #x 仍然指向了绝对值函数
5
```

由此可以看出，函数名与变量并无两样，也很容易理解，将一个函数作为参数输入到另一个函数就构成了高阶函数。

【例 15-1】 利用高阶函数构成的加法运算。程序如下：

```
import math
def add(x, y, f):
    return f(x) + f(y)
if _name_ == '_main_':
    print(add(-5, 6, abs))
    print(add(9, 16, math.sqrt))
```

程序的输出结果为：

```
11
7.0
```

Python 内置的 map()和 reduce()函数是典型的高阶函数。map(function, iterable, ...)函数起到了函数映射的作用，其中第一个输入参数为一个函数，之后的输入参数为可迭代对象 Iterable，map 将传入的函数依次作用到序列的每个元素，并把结果作为新的迭代器 Iterator 返回。迭代器可以采用 next()函数获取后继元素，因此与列表、元组等一般的可迭代对象相比，迭代器所表示的序列属于惰性序列(Lazy Sequences)，其中的元素并不是在生成的时候直接计算出结果元素，而是在使用的时候才根据需要计算出所需的结果元素，而这种计算就是依赖于 map 对象所绑定的输入函数。程序如下：

```
>>> from collections import Iterable,Iterator,Generator
>>> x = map(str, (1,2,3,4,5))              #将元组元素运用 str()函数转换为字符串
>>> x
<map object at 0x0000016E2FB57780>
>>> isinstance(x, Iterable)                #map 结果为可迭代对象
True
>>> isinstance(x, Iterator)                #map 结果为迭代器
True
>>> isinstance(x, Generator)               #map 结果不是生成器
False
>>> while True:                            #持续调用 next()函数获得 StopIteration 异常
    print(next(x), end=' ')
1 2 3 4 5
Traceback (most recent call last):
  File "<pyshell#35>", line 2, in <module>
    print(next(x), end=' ')
StopIteration
```

map()函数输入参数的可迭代对象个数与函数参数个数相同。如在上例中 str(x)的输入参数为 1 个，因此 map 函数入口参数中可迭代对象只有 1 个。相应的，如在以下例子中，add(x,y,z)的输入参数为 3 个，因此 map 函数的入口参数中可迭代对象需要有 3 个。如下所示：

```
>>> def add(x,y,z):
        return x+y+z
>>> p = map(add, [1,2,3], (4,5,6), [7,8,9])
>>> list(p)
[12, 15, 18]
```

区别于 map()函数，reduce()函数仅接受一个函数和一个可迭代对象作为输入参数，reduce 的作用为归并，负责将可迭代对象一个接一个归并在一起。例如，对 reduce(f, [x1, x2, x3, x4])，由函数可以表现为以下形式：

reduce(f, [a1, a2 ,a3, ..., an]) = f(f(f(x1, x2), x3) , ..., an)

归并操作 reduce 为问题的解决提供了一种新型的思路，比如求一个数列中各个元素之间累加和与累乘积的过程往往需要进行循环操作，一旦采用了高阶函数中的 reduce 方法，就可以将这一实现过程变成一种归并的过程。对于加法和乘法，由于归并操作需要使用函数作为输入，而不能采用+号和*号等操作符，可以采用 operator 模块所对应的内部操作符函数来表示函数。例如：

```
>>> from functools import reduce
>>> import operator
>>> reduce(operator.add, [1,2,3,4])
10
>>> reduce(operator.mul, [1,2,3,4])
24
```

以下的例 15-2 实现了将字符串表示的数字转化为整数的方法，例如将 '1234' 转化为 1234。对于普通字符串所表示的数字，如'1234'，首先通过 map 方法转化为一个可迭代序列，然后再对该序列应用计算函数 compute()进行计算，并运用 reduce 方法归并运算结果。

【例 15-2】 设计一个函数将字符串表示的数字转化为整数，例如将 '1234' 转化为 1234。程序如下：

```
from functools import reduce
def str2int(s):
    DIGITS = {'0': 0, '1': 1, '2': 2, '3': 3, '4': 4, '5': 5, '6': 6, '7': 7, '8': 8, '9': 9}
    def compute(x, y):
        return x * 10 + y
    def getDigit(s):
        return DIGITS[s]
    return reduce(compute, map(getDigit, s))
if  _name_ == '_main_':
    print(str2int('12345'))
    print(str2int('00305'))
```

程序的输出结果为：

```
12345
305
```

过滤函数 filter()与排序函数 sorted()也是典型的高阶函数。filter()函数也接收一个函数和一个序列，把传入的函数依次作用于每个元素，然后根据返回值是 True 还是 False 决定保留还是丢弃该元素。例如：

```
>>> def is_odd(n):                                  #判断是否为奇数
        return n % 2 == 1
>>> list(filter(is_odd, [1, 2, 4, 5, 6, 9, 10, 15]))         #过滤出奇数
[1, 5, 9, 15]
```

Python 中的 lambda 表达式指代的是匿名函数，在一些简单函数的使用中可以省略函数的定义，如以下为实现过滤出列表中正数的过滤表达式：

```
>>> list(filter(lambda x:x>0, [1, -2, 4, -5, 6, -9, 10, -15]))
[1, 4, 6, 10]
```

排序函数 sorted()可以对列表进行排序，还可以指定一个 key 函数来实现自定义的排序，例如按绝对值大小排序。示例代码如下：

```
>>> sorted([6, 5, -10, 9, -2, 1, 3])
[-10, -2, 1, 3, 5, 6, 9]
>>> sorted([6, 5, -10, 9, -2, 1, 3], key=abs)
[1, -2, 3, 5, 6, 9, -10]
>>> sorted([6, 5, -10, 9, -2, 1, 3], key=abs, reverse=True)
[-10, 9, 6, 5, 3, -2, 1]
```

15.1.3 返回函数

函数式编程除了允许函数作为参数之外，还允许将函数作为结果返回。

1. 函数的惰性计算

一般函数的返回是一个确定的数值，这是大多数编程语言所采用的计算方式，称为严格计算。如果要实现一种延迟性的计算，使得函数的计算并非是在函数返回的时候执行，而是可以通过一定控制来人为决定函数的执行时间，这种方法一般称为惰性计算(Lazy Evaluation)，或惰性求值。之前所介绍的迭代器和生成器也是在执行 next()方法时才产生计算结果，因此也是惰性计算的一种形式，代表了惰性序列数据。

除了迭代器和生成器之外，如果要将任意一个函数转化为采用惰性计算的方式，可以采用函数式编程中的返回函数方法。其做法是不再为函数返回计算结果，而是返回函数本身，这样当调用函数的时候也就实现了函数的计算，从而可以人为控制函数的执行时间，实现了惰性计算的效果。

【例 15-3】 对一组数据进行常规求和与惰性求和。程序如下：

```
def get_sum(*args):
    s = 0
    for n in args:
        s = s + n
    print('result:',s)
    return s
def lazy_sum(*args):
```

```
        def get_sum():
            s = 0
            for n in args:
                s = s + n
            print('result:',s)
            return s
        return get_sum
    if    _name_ == '_main_':
```

程序输出如下：

```
    x = get_sum(1,2,3,4)
    print(x)                #result: 10
                            #10
    y = lazy_sum(1,2,3,4)
    print(y)                #<function getSumLazy.<locals>.getSum at 0x0000020E41738D90>
    print(y())              #result: 10
                            #10
```

通过以上程序的执行过程可以看出，要让惰性函数进行实际运算，需要调用其返回函数，此处为 y()，即可实现惰性函数的执行。

2. 函数的闭包

在例 15-3 中，一个函数的内部又定义了另一个函数，这样外部的函数叫外函数，内部的函数叫内函数。对整体而言，这种由一个函数包含另外一个函数的结构就是函数的闭包(Closure)。具体来讲，函数的闭包需要具备以下条件：

(1) 在外函数中定义一个内函数。

(2) 内函数中运用了外函数的临时变量。

(3) 外函数的返回值是内函数的引用。

(4) 无论是外函数还是内函数，均不包含对全局变量的引用。

Python 将程序中定义的各种实体都作为对象进行处理，除了数值变量，程序中的函数也是一个对象。通过返回函数的方法，外函数返回了内函数的名字，此时相当于返回了函数对象的引用。此时让一个变量等于函数时，变量就保存了函数的引用。只有当调用了变量加括号的时候，才真正执行了函数。当函数执行完毕，内函数完成了其生命期，并进行内部临时变量的释放。

在例 15-3 中，如果再次调用 y()，仍然会返回 10，因为内函数重新执行时又完成了一轮生命期。正常情况下，这些结果符合人们的理解，这是由于在例 15-3 内函数的执行过程中，并没有改变不属于内函数的变量。如果在内函数中改变了外函数的变量，闭包的返回结果就会出现差异。一般而言，如果没有特殊说明，内函数中只能引用本地的变量。如果一个变量不属于内函数本身，则内函数无法查找到此变量，只有通过 nonlocal 关键字声明变量以后，内函数才能够向上一层变量空间查找这个变量。由于要保证闭包的特性，内函数中不应引用全局变量，因此在闭包中一般是运用 nonlocal 关键字声明变量，而不是采用 global 关键字来声明全局变量。

【例 15-4】 采用闭包实现的累加函数(无后续添加值)。程序如下：

```
def outer(a):
    b = 10
    def inner():
        nonlocal b          #在上一层空间查找本变量
        b = a+b
        return b
    return inner
if _name_ == '_main_':
    f1 = outer(1)           #执行结果
    print(f1())             #11
    print(f1())             #12
    f2 = outer(5)
    print(f2())             #15
    print(f2())             #20
    print(f1())             #13
```

在例 15-4 所实现的闭包的内函数 inner()中修改了外函数中的变量 b，当设置了闭包的引用 f1 后，由于闭包生命期一直没有结束，因此其中的变量 b 始终处于活跃状态，因此连续调用 f()函数会让 b 的值每次增加 1。当设置了闭包的引用 f2 后，由于新建了一个闭包的实例，因此外函数中的变量 b 也重新初始化为 10，调用两次 f2()后分别得到 15 和 20。

在例 15-4 中，变量 a 也处于外函数的参数中，然而由于内函数的参数为空，因此不必将其指定为 nonlocal 变量，仍然可以正常引用变量 a。而在下面的例 15-5 中，内置函数的参数不为空，因此如果要引用外置函数的参数 x，则必须通过 nonlocal 来指定从上一层变量空间查找变量 x。

【例 15-5】 采用闭包实现的累加函数(有后续添加值)。程序如下：

```
def outer(x):
    def inner(y):
        nonlocal x          #由于内置函数有自己的参数 y，此处必须指定 x 为 nonlocal 变量
        x+=y
        return x
    return inner
if _name_ == '_main_':
    f1 = outer(10)          #执行结果
    print(f1(1))            #11
    print(f1(3))            #14
    print(f1(5))            #19
    f2 = outer(11)
```

```
print(f2(1))              #12
```

15.1.4 装饰器

在之前的学习过程中已经接触到一些装饰器的使用，第六章类的封装部分介绍了@staticmethod、@classmethod 和@property 三种装饰器，分别表示类的静态方法、类方法和类的属性。在第 14 章的 Flask 应用框架中，采用了@app.route()装饰器，用于指示函数返回的内容是指定路由要返回的页面内容。这些装饰器是由系统或引用模块所定义的装饰器，各自代表特定的功能，可以直接在程序中加以使用。

装饰器(decorator)是在程序开发中经常使用到的功能，合理使用装饰器，可以有效提高程序设计的简洁性和灵活性。然而对于以上各不相同的装饰器，究竟其本质是什么，为何要在程序中引入或设计装饰器，如何在程序中根据需要自行设计某种装饰器，以下将针对这些问题加以详细分析。

1. 装饰器的原理

假定业务系统中有两个主要的核心计算函数 f1()、f2()，内容如下：

```
def f1():
    print('f1 worked')
def f2():
    print('f2 worked')
```

现因需要，要为所有函数调用增加其执行日志 log，常见做法是为每个函数增加 log 代码，然而，这一过程却需要修改原有的核心函数 f1()和 f2()。是否存在一种可能，使得我们可以不去修改原有的函数，同时又能够方便地添加所需要的功能？在这里，装饰器就成为一种可行的选择。如例 15-6 所示，只需要为 f1()和 f2()都增加一个@log 装饰器，就可以具备日志的功能。

【例 15-6】 利用装饰器实现的日志功能。程序如下：

```
def log(func):
    def inner():
        print('function logged')        #模拟添加了日志
        func()
    return inner
@log
def f1():
    print('f1 worked')                  #模拟函数 f1()进行了计算
@log
def f2():
    print('f2 worked')                  #模拟函数 f2()进行了计算
if _name_ == '_main_':
    f1()
    f2()
```

程序运行结果如下：

```
function logged
f1 worked
function logged
f2 worked
```

可以看出，要实现函数的装饰器，事实上就是建立一个以装饰器名称命名的函数闭包，在闭包内添加该装饰器所需要的程序逻辑。当 Python 解释器执行到@log 装饰器的时候，会自动去调用装饰器名所对应的函数，也就是调用了 log 函数的闭包，同时 Python 解释器会将被装饰的函数名作为参数传入闭包，由于闭包返回了其内函数，相当于将内函数又赋值给了 f1，即 f1=log(f1)。此后，当调用函数的时候，事实上就是在调用闭包内的内函数，也就是添加了装饰器所调整功能以后的原函数。

对于函数装饰器执行的时机，事实上，当声明了装饰器的时候，装饰器就已经开始了执行。如果有多个装饰器，如@decorator1、@decorator2，对于函数 f 的赋值相当于 f=decorator1(decorator2(f))。因此，会首先执行 decorator2 闭包的外函数，再执行 decorator1 闭包的外函数，然而对于内函数仍然是 decorator1 的内函数首先执行，再执行 decorator2 的内函数，如例 15-7 所示。

【例 15-7】 装饰器执行时机的演示。程序如下：

```
def decorator1(func):
    print('decorator1 start')
    def inner():
        print('decorator1.inner worked')  #模拟装饰器函数添加了功能
        func()
    return inner
def decorator2(func):
    print('decorator2 start')
    def inner():
        print('decorator2.inner worked')  #模拟装饰器函数添加了功能
        func()
    return inner
print('before @decorator')
@decorator1
@decorator2
def f():
    print('f worked')                     #模拟函数进行了计算
print('after @decorator')
if _name_ == '_main_':
    print('main start')
    f()
```

程序运行结果如下：

```
before @decorator
decorator2 start
decorator1 start
after @decorator
main start
decorator1.inner worked
decorator2.inner worked
f worked
```

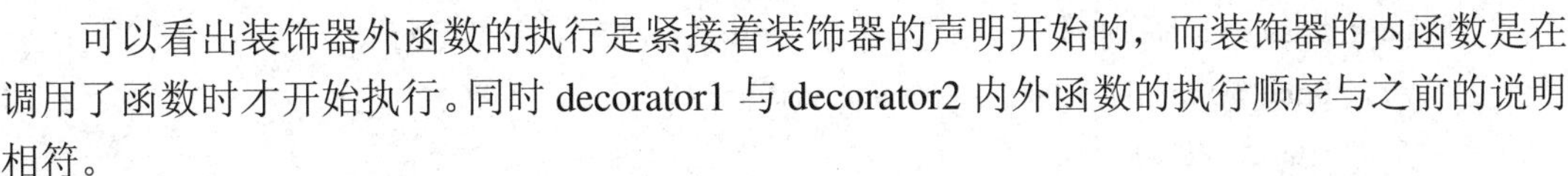

可以看出装饰器外函数的执行是紧接着装饰器的声明开始的，而装饰器的内函数是在调用了函数时才开始执行。同时 decorator1 与 decorator2 内外函数的执行顺序与之前的说明相符。

2. 对函数进行装饰

进行函数装饰器的使用时，被装饰的函数大多会带有自身的参数。此时，需要注意的是被装饰函数的参数在装饰器闭包中所处的位置应该是内函数的输入参数，而不是外函数的参数。如在例 15-8 中函数 fly(name)与闭包 wing 中的 inner(name)函数具有相同的参数 name。

【例 15-8】 为带参数的函数进行装饰。程序如下：

```
def wing(func):                          #羽翼闭包
    def inner(name):
        print(name+' has wings')
        func(name)
    return inner
@wing                                    #羽翼装饰器
def fly(name):                           #飞行函数
    print(name+' can fly')
if _name_ == '_main_':
    fly('Dragonfly')
    fly('Bird')
```

程序运行结果如下：

```
Dragonfly has wings
Dragonfly can fly
Bird has wings
Bird can fly
```

如果函数带有返回参数，在闭包的设置方面要进行一个小的调整，即内函数需要返回函数执行的结果。如例 15-9 所示，其在例 15-8 的基础上添加了飞行距离参数，并给出了函数的返回值。

【例 15-9】 为带有返回值的函数进行装饰。程序如下：

```
def wing(func):                          #闭包，(该动物)拥有羽翼
```

```
    def inner(name, distance):
        if distance<10:                   #飞行距离小于 10 的动物拥有较弱的羽翼
            print(name+' has weak wings')
        else:                             #飞行距离大于 10 的动物拥有更强的羽翼
            print(name+' has powerful wings')
        return func(name, distance)
    return inner
@wing                                     #装饰器，(该动物)拥有羽翼
def fly(name, distance):                  #函数，(该动物)可以飞行
    print('%s can fly %d miles' %(name, distance))
    return distance
if _name_ == '_main_':
    print(fly('Dragonfly', 1))            #蜻蜓可以飞，飞行距离为 1 英里
    print(fly('Bird', 20))                #鸟可以飞，飞行距离为 20 英里
```

程序运行结果如下：

```
Dragonfly has weak wings
Dragonfly can fly 1 miles
1
Bird has powerful wings
Bird can fly 20 miles
20
```

3. 带参数的装饰器

以上介绍了为可带参数的函数和有返回值的函数进行装饰的方法，那么是否也可以为装饰器设置参数呢？事实上，在 Flask 的路由装饰器中已经采取了路径作为参数输入，在网站路由响应的设计中发挥了重要的作用，这也说明了装饰器参数的重要价值和意义。

要实现带参数的装饰器，需要在原有闭包的基础上再增加一层闭包，负责参数的输入，如例 15-10 的日志装饰器所示。

【例 15-10】 带参数的日志装饰器。程序如下：

```
def log(arg='sys'):                       #日志闭包的参数，对应于日志装饰器的输入参数
    def outer(func):                      #外函数
        def inner():                      #内函数
            print('function logged for %s' %arg)      #模拟添加了日志
            func()
        return inner                      #外函数的返回值为内函数名称
    return outer                          #日志闭包的返回值为外函数名称
@log()                                    #未设置装饰器参数会默认采用其缺省值'sys'
def f1():                                 #测试函数
    print('f1 worked')
```

```
@log('app')                         #设置了装饰器的参数
def f2():                           #测试函数
    print('f2 worked')
if _name_ == '_main_':              #以下为执行结果
    f1()                            #function logged for sys
                                    #f1 worked
    f2()                            #function logged for app
                                    #f2 worked
```

由以上程序可见，若要设置带参数的装饰器，闭包函数除了外函数、内函数以外，又增加了一层参数处理函数，从而形成了具有三个层次的函数闭包。

4. 通用装饰器

在实际应用中，如果针对不同输入参数或返回值的函数都分别编写各自不同装饰器，则程序的编写并不简单，更好的做法是为不同输入参数选择一种较为通用的装饰器，从而为同类型问题进行统一处理。具体做法是将内函数的参数部分设置为*args 和**kwargs，其中*args 可看成是容纳多个变量组成的列表，**kwargs 可看成是能够容纳多个键值对的字典，如例 15-11 所示。

【例 15-11】 通用装饰器的使用。程序如下：

```
def my_decorator(func):                 #闭包
    def inner(*args, **kwargs):         #带有通用参数的内函数
        ret = func(*args, **kwargs)     #强制返回值，如果没有返回值则 ret 为 None
        print('args: ', args)
        print('kwargs: ', kwargs)
        return ret                      #强制内函数提供返回值
    return inner                        #返回内函数
@my_decorator
def test1():                            #测试函数 1
    print('test1 called')
@my_decorator
def test2(a):                           #测试函数 2
    print('test2 called and value is %d ' % a)
    return 'python'
@my_decorator
def test3(a, b):                        #测试函数 3
    print('test3 called and value is: ', end=' ')
    print(a)
if _name_ == '_main_':                  #以下为执行结果
    test1()                             #test1 called
                                        #args:  ()
```

```
                                        #kwargs:   {}
        print('- '*15)                  #- - - - - - - - - - - - - - -
        x = test2(4)                    #test2 called and value is 4
                                        #args:   (4,)
                                        #kwargs:   {}
        print('- '*15)                  #- - - - - - - - - - - - - - -
        test3(2, b=8)                   #test3 called and value is:   2
                                        #args:   (2,)
                                        #kwargs:   {'b': 8}
```

程序运行结果如注释中所示，可见无论函数是否有返回值，以及其输入参数如何变化，都可以适应于通用装饰器的处理。

15.1.5 偏函数

函数在执行时，要带上所有必要的参数进行调用。但是，有时部分参数的取值可以在函数被调用之前提前获知。如果能够利用上这一特性，就可以通过一种特殊的方式实现以更少的参数调用函数，从而使得函数调用更加简便。

例如，int()函数可以把字符串转换为整数，当传入字符串时，int()函数默认按十进制转换，若指定了 base 参数，则可按指定的进制进行字符串的解释和转换。代码如下：

```
>>> int('101')                          #按 10 进制进行字符串数据的求整
101
>>> int('101', base=8)                  #按 8 进制进行字符串数据的求整
65
>>> int('101', base=16)                 #按 16 进制进行字符串数据的求整
257
>>> int( '101', base=2)                 #按 2 进制进行字符串数据的求整
5
```

由于这一类数制转换在一些应用中可能经常被使用，如果要避免程序设计的复杂性，可以设置一个专门的 int2()函数来专门指定进行二进制的转换。例如：

```
>>> def int2(x, base=2):                #定义一个专门的函数来实现以 2 进制为默认的进制转换
        return int(x, base)
>>> int2('101')
5
```

以上程序的实现方式是为原函数重新定义了一个新的函数 int2()，通过调用新函数来实现数据的默认值输入。functools 模块中提供的偏函数(Partial function)可以直接实现这种为函数设定默认值的方式，从而降低函数调用的难度，也不需要重新定义新的函数。偏函数将所要承载的函数作为 partial()函数的第一个参数，原函数的各个参数依次作为 partial()函数后续的参数，除非使用关键字参数。如以上的 int2()函数可以用以下办法通过偏函数来实现。如下所示：

```
>>> import functools
```

```
>>> int2 = functools.partial(int, base=2) #采用偏函数的实现以 2 为基数进行字符串数据求整的函数
>>> int2('1000')
8
>>> int2('101')                    #采用偏函数时的执行结果与单独定义 int2(x, base=2)函数相同
5
```

采用这种偏函数的方式可以随时定义需要的函数，并直接加以使用。

```
>>> int8 = functools.partial(int, base=8) #采用偏函数的实现以 8 为基数进行字符串数据求整的函数
>>> int8('101')
65
>>> int8('1000')
512
>>> int16 = functools.partial(int, base=16) #采用偏函数的实现以 16 为基数进行字符串数据求整的函数
>>> int16('101')
257
>>> int16('100')
256
```

在实际应用中，部分输入参数固定，函数的使用主要是针对一部分输入参数的情况是普遍存在的现象，如果能够有效利用偏函数可以为很多应用情景提供一种简单方便的解决方式，如以下所示的求质量的函数 gram(x, k)中，x 为数量，k 为单位，如千克则 k=1000，函数可返回以克为单位的质量。例如：

```
>>> def gram(x, k):                              #求质量(克)，x 为数量，k 为单位
        return int(x*k)                          #取整到整数克
>>> gram(2, 1000)                                #公斤(千克)
2000
>>> gram(2, 1000000)                             #吨
2000000
>>> kilogram = functools.partial(gram, k=1000)  #为公斤级别的物体，求以克为单位的质量的偏函数
>>> kilogram(2)                                  #2 公斤
2000
>>> ton = functools.partial(gram, k=1000000)     #为吨级别的物体，求以克为单位的质量的偏函数
>>> ton(2)                                       #2 吨
2000000
>>> ton(1.23)                                    #1.23 吨
1230000
>>> kilogram(1.23)                               #1.23 公斤
1230
```

15.2 Hadoop 的 MapReduce 模型

在大数据的处理中，MapReduce 是一种应用编程模型，也是 Hadoop 大数据框架的核心基础，可用于大规模数据集的分布式运算。

15.2.1 Hadoop 的流式数据处理

在 MapReduce 程序设计模型中，MapReduce 作业(job)通常会把输入的数据集切分为若干独立的数据块，由 map 任务(task)以完全并行的方式处理它们。Hadoop 框架会对 map 的输出先进行排序，然后把结果输入给 reduce 任务。这一方式与 Python 自带的 map()与 reduce()函数具有类似的解题思路，但 MapReduce 在 Hadoop 中的实现形式也有自身的一些特点。从数据计算的角度看，Hadoop 具有以下特征：

(1) 数据量大。一般真正线上用 Hadoop 的应用系统集群，其规模都在上百台到几千台机器。这种情况下，数据量可达到 TB(1 TB = 1024 GB)甚至 PB(1 PB = 1024 TB)。

(2) 离线数据分析。MapReduce 框架下，很难处理实时计算，作业都以日志分析这样的线下作业为主。另外，集群中一般都会有大量作业等待被调度，保证资源充分利用。

(3) 数据块大。由于 HDFS 设计的特点，Hadoop 适合处理文件块大的文件。大量的小文件如果使用 Hadoop 来处理则效率会很低。例如，百度每天都会有用户对侧边栏广告进行点击，这些点击会被记入日志。在离线的工作情景下，系统会将大量的日志使用 Hadoop 进行处理，分析用户习惯等信息。

对于大量数据的处理，如果要接收到全部数据以后再做处理，在数据量很大的情况下，可能会造成系统计算量过高、计算延迟过大等问题，也会因数据的处理而消耗掉大量内存。流式数据处理的特点是可以像流水一样处理数据，分析系统中的数据不是一次性传递过来，而是一批一批地“流转”过来，对于数据的处理也可以分批次顺序处理。

Hadoop 的流式数据处理与 MapReduce 的编程模型是相辅相成，结合在一起发挥作用的。具体方式是建立一个 Hadoop Streaming 框架，其特征是允许任何语言编写的 Map 和 Reduce 程序能够在 Hadoop 集群上运行。MapReduce 程序只要遵循从标准输入 stdin 读取，并将处理结果写出到标准输出 stdout 即可。

Hadoop 对 MapReduce 编程的定义主要是编程思想以及与处理框架的兼容性等方面，对于具体的实现，Hadoop 并没有规定其编程语言和编程方法的限定性，它可以采用任何编程语言来自定义 Map 和 Reduce 函数。具体执行时，首先将输入的海量数据切片分给不同的机器，然后执行用户自定义的 Map 函数用于处理一个输入的基于键值对(key/value)的集合，将其转化为中间形式的键值对。由 Hadoop Streaming 框架将所有具有相同键(key)的值(value)组合在一起后传递给用户自定义的 Reduce 函数，由其合并所有具有相同键(key)的值(value)，形成归并后的较小集合并输出 Reduce 结果。

MapReduce 方法使程序可以并行工作在多个机器上，短时间内完成大量作业。Hadoop 的流式数据处理方式仅定义了程序处理的框架，并未定义其具体实现方式，使得程序的实现更加灵活，但也正因为如此需要特别设计其具体的 Map 和 Reduce 实现过程。

15.2.2　MapReduce 编程案例

在大数据系统中应用 MapReduce 时，首先要对大数据进行分割，将这一块数据划分为具有一定大小的数据，再将分割后的数据交给各个 Map 函数进行处理，使之产生一组规模较小的数据，再将这组规模较小的数据交给 Reduce 函数进行处理，得到相对来说更小规模的数据或者是直接得到结果。

1. MapReduce 的基本流程

下面通过一个单词统计案例来看 MapReduce 是如何工作的。有一个文本文件，被分成了 4 份，分别放到了 4 台服务器中存储，现在需要统计出每个单词出现的次数。文件如下：

文本 1：the weather is good

文本 2：today is good

文本 3：good weather is good

文本 4：today has good weather

对于单词的统计主要是完整地提取出单词并确定其数量，因此在每台机器上需要进行单词的分割、提取并赋予数量的操作。例如在第一台机器上存储的文本为"the weather is good"，经过提取得到各个单词数量为(the, 1)、(weather, 1)、(is, 1)、(good, 1)；第二台机器上存储的文本为"today is good"，经过提取得到各个单词数量为(today, 1)、(is, 1)、(good, 1)。

每个 Map 节点都完成以后，就要进入 Reduce 阶段了。例如使用了 3 个 Reduce 节点，需要对上面 4 个 Map 节点的结果进行重新组合，比如按照 26 个字母分成 3 段，分配给 3 个 Reduce 节点。各个 Reduce 节点分别进行统计，计算出最终结果，如图 15-1 所示。

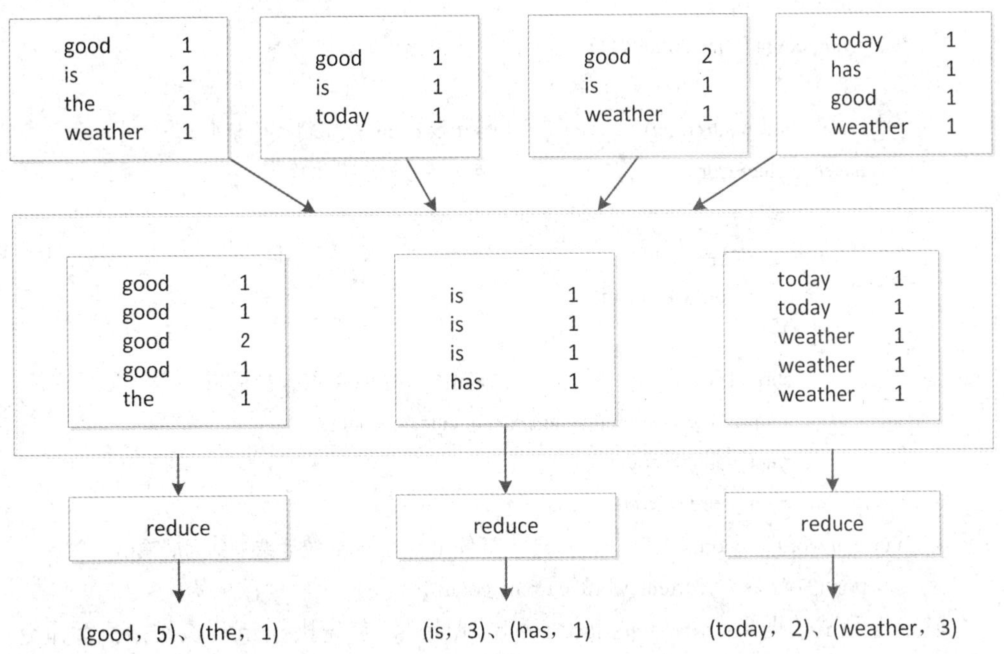

图 15-1　MapReduce 程序执行流程图

由此可见，在大数据集群处理系统中进行 MapReduce 的运算，主要就是遵循一种数据分割、Map 映射、排序和再分割、Reduce 归并，最后再聚合出最终结果的处理流程。对于程序设计，只要编写出 Map 和 Reduce 程序，就可以利用 Hadoop 数据流的框架进行处理。

在 Map 函数和 Reduce 函数之间，主要是通过 stdin (标准输入)和 stdout(标准输出)进行数据传递。例 15-12 给出了一个简化的 MapReduce 单词统计程序示例，可以从标准输入中获取数据，经过 Map 映射、排序之后，最后将结果送入 Reduce 归并程序，从而得到统计结果。

【例 15-12】 简化的 MapReduce 单词统计程序。

首先需要编写 Map 程序 map.py，内容如下：

```
import sys
for line in sys.stdin:                          #按行读取标准输入数据
    line = line.strip()
    words = line.split()                        #分离出单词
    for word in words:
        print ('%s\t%s' %(word.lower(), 1)) #输出单词及其数量，在 Map 中的数量为固定的 1
```

然后编写 Reduce 程序 reduce.py，内容如下：

```
import sys
current_word = None
current_count = 0
word = None
for line in sys.stdin:                          #按行获取标准输入
    line = line.strip()
    word, count = line.split('\t', 1)           #分离出单词及其数量
    try:
        count = int(count)                      #转换 count 从字符型成整型
    except ValueError:                          #非字符时忽略此行
        continue
    if current_word == word:
        current_count += count
    else:
        if current_word:                        #输出当前 word 统计结果到标准输出
            print('%s\t%s' %(current_word, current_count))
        current_count = count
        current_word = word
if current_word == word:                        #输出当前 word 统计结果到标准输出
    print('%s\t%s' %(current_word, current_count))
```

选取一组测试数据"foo foo quux labs foo bar quux"，首先执行 map 操作，执行命令：

```
echo foo foo quux labs foo bar quux | python map.py                未排序
echo foo foo quux labs foo bar quux | python map.py | sort         排序
```

以上命令中，echo foo foo quux labs foo bar quux 的结果为 foo foo quux labs foo bar quux，通过操作系统中的管道技术送入 map 模块，再将其处理结果通过管道送入 sort 命令，未经排序的结果为以下左侧的结果，经过排序的程序执行结果为以下右侧的结果：

```
未排序:              排序:
foo     1            bar     1
foo     1            foo     1
quux    1            foo     1
labs    1            foo     1
foo     1            labs    1
bar     1            quux    1
quux    1            quux    1
```

其输出以单词为关键字，数量为值，若对此直接进行 Reduce 归并操作，无法得到理想的聚合结果，而进行了排序操作后再进行 Reduce 归并操作，则可得到期望的结果。完整命令如下：

```
echo foo foo quux labs foo bar quux | python map.py | sort | python reduce.py
```

程序执行后可以得到以下归并结果：

```
bar     1
foo     3
labs    1
quux    2
```

以上采取了模拟 Hadoop 执行方式的命令进行 Map 和 Reduce 程序的执行，常用于 Map 和 Reduce 程序的测试。在 Hadoop 环境中实际进行 MapReduce 操作时，需要在 HDFS 分布式文件系统中利用 Hadoop 流式框架直接调用 Map 和 Reduce 程序。

2. 优化 MapReduce

例 15-12 要求在所有数据全部输入以后再进行程序处理，这种方式在数据量很大时需要开辟较大的内存空间。这时可以采用迭代器和生成器等技术进行数据的即时处理，减少处理过程中的内存空间占用。

要实现对数据的更有效处理，首先应对原有的普通序列数据结果加以扩展，使其具有对数据的更大承载能力。对于序列中的元素，可以通过索引获取其中的值，如 x = [1, 2, 3]，则 x[1] = 2。如果是一个多个序列元素所构成的序列，也就是一个以序列所定义的特殊矩阵，如果能够方便地实现对其中多个元素的提取，就可以更好地实现对数据的处理。在此，可以使用 operator 模块中更为通用的索引获取函数 itemgetter。itemgetter 本身也是一个函数，它可以定义出具有特定索引的函数，如下所示：

```
>>> from operator import itemgetter
>>> 'ABCDEFG'[1]                    #对于字符串取其索引为 1 的元素值
'B'
>>> itemgetter(1)('ABCDEFG')        #采用索引获取函数取得索引为 1 的元素值
```

```
'B'
```

对于索引获取函数，除了像序列对象一样可以采用索引获取元素值的方式以外，更重要的是，可以利用它进行多个元素或者是切片的截取。代码如下：

```
>>> itemgetter(1,3,5)('ABCDEFG')            #获取多个元素
('B', 'D', 'F')
>>> itemgetter(slice(2,None))('ABCDEFG')    #获取切片
'CDEFG'
>>> a = [10, 20, 30]
>>> b = itemgetter(1)                       #对于列表获取索引为 1 的元素值
>>> b(a)
20
>>> c = itemgetter(1, 0)                    #获取多个元素
>>> c(a)
(20, 10)
```

采用索引函数的方法，也可以利用键值作为索引从字典对象中获取元素值。代码如下：

```
>>> x = {'red':10, 'green':20, 'blue':30}
>>> itemgetter('green')(x)
20
>>> itemgetter('green', 'blue')(x)
(20, 30)
```

由于索引函数仅适用于序列元素的取值，通过索引函数获取等长嵌套序列所构成矩阵元素，可以利用 map(function, *iterable)函数来实现，也可以将索引函数作为排序函数 sorted(iterable, cmp=None, key=None, reverse=False)中关键字 key 函数，用于指定选取哪个索引元素来进行排序，如例 15-13 所示。

【例 15-13】 对采用等长嵌套序列构成的矩阵获取指定索引的元素，并对嵌套序列按指定的索引进行排序。程序如下：

```
from operator import itemgetter
fruits = [('apple', 3), ('banana', 2), ('pear', 5), ('orange', 1)]
getname = itemgetter(0)
getcount = itemgetter(1)
print(list(map(getname, fruits)))
print(list(map(getcount, fruits)))
print(sorted(fruits, key=getcount))
```

程序执行结果如下：

```
['apple', 'banana', 'pear', 'orange']
[3, 2, 5, 1]
[('orange', 1), ('banana', 2), ('apple', 3), ('pear', 5)]
```

索引函数可用于排序具有公共键的字典列表，如例 15-14 所示。

【例 15-14】 对具有公共键的学生字典列表，按要求进行排序。程序如下：

```
from operator import itemgetter #itemgetter 用来取 dict 中的 key，省去了使用 lambda 函数
students = [
    {'name':'Brian', 'hometown':'NewYork', 'gpa':4.0},
    {'name':'David', 'hometown':'Houston', 'gpa':3.6},
    {'name':'John', 'hometown':'Dalas', 'gpa':2.9},
    {'name':'Alice', 'hometown':'Los Angeles', 'gpa':3.3}
]
#通过公共键对字典序列进行排序
sorted_by_name = sorted(students, key=itemgetter('name'))                    #按'name'列进行排序
sorted_by_gpa = sorted(students, key=itemgetter('gpa') , reverse=True)     #按'gpa'列进行排序
print(sorted_by_name)
print('-'*100)
print(sorted_by_gpa)
print('-'*100)
sorted_by_name = sorted(students, key=lambda x:x['hometown'])
                                                         #等价于 key=itemgetter('hometown')
print(sorted_by_name)
```

程序执行结果如下：

```
[{'name': 'Alice', 'hometown': 'Los Angeles', 'gpa': 3.3}, {'name': 'Brian', 'hometown': 'NewYork', 'gpa': 4.0}, {'name': 'David', 'hometown': 'Houston', 'gpa': 3.6}, {'name': 'John', 'hometown': 'Dalas', 'gpa': 2.9}]
----------------------------------------------------------------------------------------------------
[{'name': 'Brian', 'hometown': 'NewYork', 'gpa': 4.0}, {'name': 'David', 'hometown': 'Houston', 'gpa': 3.6}, {'name': 'Alice', 'hometown': 'Los Angeles', 'gpa': 3.3}, {'name': 'John', 'hometown': 'Dalas', 'gpa': 2.9}]
----------------------------------------------------------------------------------------------------
[{'name': 'John', 'hometown': 'Dalas', 'gpa': 2.9}, {'name': 'David', 'hometown': 'Houston', 'gpa': 3.6}, {'name': 'Alice', 'hometown': 'Los Angeles', 'gpa': 3.3}, {'name': 'Brian', 'hometown': 'NewYork', 'gpa': 4.0}]
```

groupby 函数可以把迭代器中相邻的、按一定特征重复的元素组合成各自的分组，比如指定一列元素值为依据，可以将具有公共键的字典序列进行分组。对于具有公共键的字典序列，其公共键所对应的值相当于矩阵的列，如例 15-15 所示。

【例 15-15】 对具有公共键的字典列表，按'country'一列的异同进行分组。程序如下：

```
from operator import itemgetter
from itertools import groupby
d1={'name':'zhangsan','age':20,'country':'China'}
d2={'name':'wangwu','age':19,'country':'USA'}
d3={'name':'lisi','age':22,'country':'JP'}
d4={'name':'zhaoliu','age':22,'country':'USA'}
d5={'name':'pengqi','age':22,'country':'USA'}
d6={'name':'lijiu','age':22,'country':'China'}
lst=[d1,d2,d3,d4,d5,d6]
```

```
lst.sort(key=itemgetter('country'))            #分组前需要先排序
lstg = groupby(lst, itemgetter('country'))     #按'country'列元素值进行分组
for key,group in lstg:
    print(key, group)
    print(list(group))
```

程序执行结果如下：

```
China <itertools._grouper object at 0x0000025324C5B3C8>
[{'name': 'zhangsan', 'age': 20, 'country': 'China'}, {'name': 'lijiu', 'age': 22, 'country': 'China'}]
JP <itertools._grouper object at 0x0000025324C5B400>
[{'name': 'lisi', 'age': 22, 'country': 'JP'}]
USA <itertools._grouper object at 0x0000025324C5B3C8>
[{'name': 'wangwu', 'age': 19, 'country': 'USA'}, {'name': 'zhaoliu', 'age': 22, 'country': 'USA'}, {'name':
'pengqi', 'age': 22, 'country': 'USA'}]
```

分组功能也同样可以应用于由等长列表作为元素的列表所构成的数据矩阵，如例 15-16 中给出了两个部门 2017—2019 年的收入情况，要对其按年份进行分组，由于年份处于第 0 列，首先按第 0 列进行排序，再按第 0 列进行分组。

【例 15-16】 对各组营收数据按年度进行分组。程序如下：

```
from itertools import groupby
from operator import itemgetter
income = [['2017', 20],
        ['2018', 51],
        ['2019', 80],
        ['2017', 40],
        ['2018', 22],
        ['2019', 33]]
income.sort(key=itemgetter(0))                 #分组前首先要排序
print(income)
incomeg = groupby(income, itemgetter(0))       #按年度分组
for key, items in incomeg:
    print(key)
    for subitem in items:
        print(subitem, end='\t')
    print()
```

程序执行结果如下：

```
[['2017', 20], ['2017', 40], ['2018', 51], ['2018', 22], ['2019', 80], ['2019', 33]]
2017
['2017', 20]    ['2017', 40]
2018
['2018', 51]    ['2018', 22]
```

```
2019
['2019', 80]        ['2019', 33]
```

利用索引函数和分组函数，就可以实现对 MapReduce 单词统计时的分组，并针对每组分别汇总其单词的数量。

【例 15-17】 利用分组汇总的方式实现的 MapReduce 单词统计程序。

首先实现 Map 程序 mapper.py，内容如下：

```
import sys
def read_input(file):                                    #利用生成器返回对输入行进行分割的结果
    for line in file:
        yield line.split()
def main(separator='\t'):
    data = read_input(sys.stdin)
    for linewords in data:
        for word in linewords:
            print("%s%s%d" % (word, separator, 1))   #打印输出单词及其数量
if _name_ == "_main_":
    main()
```

然后编写 Reduce 程序 reducer.py，内容如下：

```
from operator import itemgetter
from itertools import groupby
import sys
def read_mapper_output(file, separator = '\t'):                  #利用生成器输出按行读取的单词
    for line in file:
        yield line.rstrip().split(separator, 1)
def main(separator = '\t'):
    data = read_mapper_output(sys.stdin, separator = separator)
    for current_word, group in groupby(data, itemgetter(0)):   #按单词进行分组
        try:
            total_count = sum(int(count) for current_word, count in group)
            print("%s%s%d" % (current_word, separator, total_count))
        except valueError:
            pass
if _name_ == "_main_":
    main()
```

选取一组测试数据放入 input.txt 文件，内容如下：

```
hello welcome to beijing how
world hello how welcome into hello
```

在 Dos 命令行中执行以下命令：

```
type input.txt | python mapper.py | sort | python reducer.py
```

得到汇总后的结果如下：

```
beijing    1
hello      3
how        2
into       1
to         1
welcome    2
world      1
```

此处仍然采用了操作系统的 sort 命令对 mapper.py 的输出结果进行排序处理，在设计时也可以在 reducer.py 文件中自行编写排序功能，从而省略掉对操作系统 sort 命令的使用。

本章小结

Python 提供了有力的大数据处理能力，适用于大数据应用系统的开发。考虑到大数据系统中数据量大、数据类型多、价值密度低和要求处理效率高等特点，必须有更加强有力的实现手段和编程方法，函数式编程是 Python 语言突破传统编程思维，从业务本身出发所设计的更为贴近业务的抽象泛型。

函数式编程中的第一个概念就是高阶函数，其具体使用过程中允许将变量指向函数，也允许以变量的方式使用函数，将一个函数作为另外一个函数的输入参数。Python 内置的 map()和 reduce()函数也是典型的高阶函数，此外还包括过滤函数 filter()和排序函数 sorted()。

函数式编程除了允许函数作为参数之外，还允许将函数作为结果返回，这种方式可以将任意一个函数转化为惰性计算，增加了处理的灵活性。这种函数式的返回结果促成了函数闭包的实现，闭包函数拥有外函数和内函数，且外函数的返回值是内函数的引用。

装饰器可以有效提高程序设计的简洁性和灵活性。函数装饰器的实现事实上就是运用了函数闭包的原理，以此可以实现无参函数、有参函数、带有返回值的函数等的装饰器，还可实现通用的装饰器。此外，本章还介绍了偏函数的使用方法。

Hadoop 流式数据处理依赖于标准输入输出进行命令的执行和数据的传递，而 Hadoop 模式下的 MapReduce 编程模型正是充分运用了这种流式的处理框架，通过对数据的分割映射、排序和归并汇总等操作，可以充分运用多个设备的联合作业，实现对海量数据的并行式处理。因此，Hadoop 模式下的 MapReduce 是一种大数据处理的通用模型。

习题

1．利用 map()函数方法实现对列表对应元素 3 次方和的计算，已知参与运算的列表为 [1,2,3], [4,5,6], [7,8,9]，结果列表包含 3 个元素，第一个元素为 $1^3 + 4^3 + 7^3$，其他结果元素依此类推。

2．对于以下程序，分析并写出其执行结果。

```
def outer(a):
    b = 2
    def inner():
        nonlocal b
        b = a*b
        return b
    return inner
if _name_ == '_main_':
```

```
f1 = outer(1)
print(f1(), end=' ')
print(f1(), end=' ')
f2 = outer(5)
print(f2(), end=' ')
print(f2(), end=' ')
```

程序执行结果为______________________。

3．对于以下程序，分析并写出其执行结果。

```
def outer(x):
    def inner(y):
        nonlocal x
        x -= y
        return x
    return inner
if _name_ == '_main_':
    f1 = outer(20)
    print(f1(1), end=' ')
    print(f1(3), end=' ')
    f2 = outer(30)
    print(f2(1), end=' ')
```

程序执行结果为______________________。

4. 已知一组学生分数包括三门课程，利用分组方法求出每个学生的平均分，按以下格式输出(每行一个学生)：学生名　平均分，其中平均分输出时要求小数点后保留一位。

[['Zhang', 80], ['Wang', 51], ['Li', 80],
['Zhang', 50], ['Wang', 72], ['Li', 63],
['Zhang', 90], ['Wang', 82], ['Li', 73]]

5. 写出以下程序的输出结果。

```
def sigma(func):
    a = 0
    def inner(value):
        nonlocal a
        a += func(value)
        return a
    return inner
@sigma
def power(x):
    return x**2
if _name_ == '_main_':
    print(power(2), power(3), power(4))
```

程序执行结果为______________________。

6. 利用程序自行实现排序功能，实现对例 15-17 程序的改造，完成改造后，只需要采用以下命令即可得到期望的结果：

```
type input.txt | python mapper.py | python reducer.py
```

参 考 文 献

[1] HETLAND M L. Python 基础教程[M]. 北京：人民邮电出版社，2010.

[2] BOWNEY A B. 像科学家一样思考 Python[M]. 北京：人民邮电出版社，2016.

[3] 约翰・策勒. Python 程序设计[M]. 王海鹏，译. 北京：人民邮电出版社，2018.

[4] 董付国. Python 程序设计[M]. 2 版. 北京：清华大学出版社，2016.

[5] 嵩天，礼欣，黄天羽. Python 语言程序设计基础[M]. 北京：高等教育出版社，2017.

[6] LUTZ M. Python 学习手册[M]. 李军，等译. 北京：机械工业出版社，2009.

[7] MCKINNEY M. 利用 Python 进行数据分析[M]. 李军，等译. 北京：机械工业出版社，2014.

[8] AYRES I. 大数据思维与决策[M]. 宫相真，译. 北京：人民邮电出版社，2014.

[9] 王汉生. 从数据分析到商业价值[M]. 北京：中国人民大学出版社，2017.

[10] 张若愚. Python 科学计算[M]. 2 版. 北京：清华大学出版社，2016.